新编农技员丛书

葱蒜类蔬菜生产配套技术手册

张爱民 等 编著

中国农业出版社

编 写 人 员

张爱民　孟　雷　韩振亚　张洪永
刘　飞　王秀梅　刘赤诚　贾　瑞

前　言

葱蒜类蔬菜是一类具特殊香辛的"鳞茎类"蔬菜，属百合科葱属多年生草本植物，作一二年或多年生栽培，每年采收或一年多次采收，周年生产与供应。这类蔬菜常以扁平斜条形或圆筒形叶、叶鞘及鳞茎供鲜食、加工或作调料，又称香辛类蔬菜或鳞茎类蔬菜。这类蔬菜主要包括大蒜、洋葱、韭菜、大葱、分葱、香葱、胡葱、韭葱及薤等，其中原产我国的有韭菜、大葱、分葱、薤等。

葱蒜类蔬菜在我国栽培广泛。其中韭菜、葱和大蒜可周年生产，大蒜、洋葱和大葱等不仅耐贮藏，而且还能加工成各种深加工产品，从而做到周年供应。葱蒜类蔬菜不仅在国内的销量大，而且加工出口的态势很好，国际市场拓展的空间及其销售潜力巨大。以大蒜为例，中国已成为全世界最主要的大蒜生产国，也是单向出口量最大的农产品，出口量居蔬菜出口品种之首，中国大蒜出口量已占世界大蒜贸易量的 90%，出口范围已扩展到全世界 130 多个国家和地区。

随着近年来全国各地农村产业结构调整的不断深化，葱蒜类蔬菜生产规模稳中有升，发展大蒜、洋葱、大葱、香葱、韭菜等葱蒜类蔬菜的生产，已成为许多农区实现农业增效、农民增收的一条有效途径，部分地区已成为当地蔬菜产业发展的新亮点和农民增收新的增长点。如山东章丘大葱、四川成都和江苏徐州韭黄、上海嘉定大葱、江苏徐州大蒜和洋葱、江苏太仓白蒜、射阳大蒜、兴化香葱等都已形成了较大规模和突出特色，徐州、兴化等不少地方还以生产基地为依托，以加工企业为龙头，形成了葱蒜类蔬菜产—加—销各环节相互促进的产业链，在推进"三农"和社会主义新农村建设中发挥了十分重要的作用。

为使基层一线农技人员及广大农民朋友系统掌握葱蒜类蔬菜生产中的有关关键技术知识，应中国农业出版社之约，我们组织了长期从事蔬菜技术研究和推广的有关专家共同编写此书，该书较系统地介绍了葱蒜类蔬菜的植物学性状、生物学特性和实用栽培技术及贮藏、保鲜和加工技术等，以供基层一线农技人员、广大农民朋友及蔬菜加工企业参考。愿本书在发展葱蒜类蔬菜产业、致富农民等方面能给广大农民朋友提供一些帮助。

本书在编写过程中，得到了多方面的支持和帮助，特别是江苏省农业科学院蔬菜研究所研究员汪兴汉，在本书编写过程中给我们提供了许多宝贵的意见和建议，并对书稿进行了仔细的审阅、补充、修改和完善，付出了大量心血，在此表示深深的谢意。同时，本书在编写过程中也参考了许多著作与资料，因篇幅所限，书中仅列出其中的一部分，其余的未能一一列出，在此谨向这些著作与资料的作者表示我们由衷的感谢！

　　由于编写人员水平有限，书中缺点、不足、甚至谬误之处恐难避免，敬请各位专家和广大读者朋友不吝赐教，批评指正。

编　者

2011 年 6 月

目　录

前言

第一章　概述 ································· 1

第一节　葱蒜类蔬菜的种类 ··················· 1

第二节　葱蒜类蔬菜的主要特征特性 ··········· 4

第三节　葱蒜类蔬菜的食用价值 ··············· 5

　　一、葱蒜类蔬菜的食用营养 ··············· 5

　　二、葱蒜类蔬菜的药用价值 ··············· 7

第四节　我国葱蒜类蔬菜生产现状及前景展望 ··· 8

　　一、生产现状 ··························· 8

　　二、前景展望 ·························· 10

第二章　大蒜生产配套技术 ················· 12

第一节　大蒜生物学特性 ··················· 12

　　一、植物学性状 ······················· 12

　　二、生长发育阶段及对环境条件的要求 ····· 14

第二节　大蒜的类型和主要品种 ············· 19

　　一、类型 ····························· 19

　　二、品种 ····························· 21

第三节　大蒜栽培技术 ····················· 42

　　一、栽培季节与方式 ··················· 42

　　二、大蒜生产茬口及主要栽培模式 ········· 43

　　三、大蒜脱毒繁殖与提纯复壮 ··········· 47

四、蒜头栽培技术 ……………………………………… 64

　　五、薹蒜栽培技术 ……………………………………… 72

　　六、青蒜苗生产技术 …………………………………… 74

　　七、蒜黄栽培技术 ……………………………………… 77

　　八、独头蒜栽培技术 …………………………………… 79

　第四节　大蒜生产上常见问题及解决途径 ……………… 80

　　一、大蒜二次生长 ……………………………………… 80

　　二、蒜头开裂和散瓣 …………………………………… 85

　　三、大蒜管状叶 ………………………………………… 86

　　四、大蒜干尖与黄尖 …………………………………… 87

　　五、抽薹不良 …………………………………………… 88

第三章　洋葱生产配套技术 …………………………………… 89

　第一节　植物学性状 ……………………………………… 89

　　一、根 …………………………………………………… 89

　　二、鳞茎 ………………………………………………… 89

　　三、叶 …………………………………………………… 90

　　四、花、果实、种子 …………………………………… 90

　第二节　洋葱的生育特性 ………………………………… 91

　　一、营养生长期 ………………………………………… 91

　　二、生殖生长期 ………………………………………… 93

　第三节　洋葱对环境条件的要求 ………………………… 94

　　一、温度 ………………………………………………… 94

　　二、日照 ………………………………………………… 94

　　三、土壤肥料 …………………………………………… 95

　　四、水分 ………………………………………………… 96

　第四节　洋葱栽培季节和栽培方式 ……………………… 96

　　一、南方地区 …………………………………………… 97

　　二、黄河流域等中纬度地区 …………………………… 97

　　三、华北北部、东北南部、西北大部分地区 ………… 97

四、夏季冷凉的山区和高纬度的北部地区 ·············· 97

第五节　洋葱品种类型和优良栽培品种 ················· 98

一、品种类型 ·· 98

二、优良栽培品种 ··································· 100

第六节　洋葱栽培技术 ······························· 106

一、茬口安排 ······································ 106

二、育苗技术 ······································ 106

三、整地施肥与定植 ······························· 111

四、洋葱大田管理技术 ····························· 113

第七节　洋葱先期抽薹原因及防止 ···················· 116

一、先期抽薹原因 ··································· 116

二、防止方法 ······································ 116

第八节　洋葱的繁殖与种子生产技术 ·················· 117

一、种株开花习性 ··································· 117

二、大株留种 ······································ 117

三、小鳞茎留种 ····································· 118

四、小株留种 ······································ 119

第四章　韭菜生产配套技术 ····························· 120

第一节　植物学性状 ································· 120

一、根 ··· 120

二、茎 ··· 120

三、叶 ··· 121

四、花 ··· 121

五、果实 ··· 121

第二节　生育特性 ··································· 121

一、营养生长期 ····································· 122

二、生殖生长期 ····································· 122

第三节　对环境条件的要求 ··························· 123

一、温度 ··· 123

二、光照 ……………………………………… 123

三、土壤肥料 ……………………………… 124

四、水分 …………………………………… 124

第四节 主要栽培季节和栽培方式 ………… 125

一、露地栽培 ……………………………… 125

二、保护地栽培 …………………………… 126

第五节 韭菜栽培技术 ……………………… 126

一、主要品种 ……………………………… 126

二、茬口安排 ……………………………… 132

三、整地施肥 ……………………………… 133

四、播种育苗 ……………………………… 133

五、定植 …………………………………… 135

六、栽后管理 ……………………………… 137

第六节 韭菜的繁殖和良种繁育 …………… 141

一、韭菜的繁殖 …………………………… 141

二、良种繁育 ……………………………… 142

第七节 拱棚和改良阳畦青韭栽培 ………… 143

一、拱棚和改良阳畦的结构和建造 ……… 143

二、栽培技术 ……………………………… 144

第八节 大棚青韭栽培 ……………………… 145

一、品种选择 ……………………………… 145

二、播种及苗期管理 ……………………… 145

三、扣膜保温 ……………………………… 145

四、扣棚后管理 …………………………… 146

五、收获 …………………………………… 146

六、拆棚及管理 …………………………… 146

第九节 温室青韭栽培 ……………………… 146

一、温室结构 ……………………………… 146

二、养分回根栽培技术 …………………… 147

三、养分不回根栽培技术 ……………………………………… 149

第十节　韭菜软化栽培 …………………………………… 149

一、黄淮海地区窖栽韭黄技术 …………………………… 150

二、夏秋季韭黄软化栽培技术 …………………………… 153

三、地窖囤韭黄栽培技术 ………………………………… 154

四、五色韭栽培技术 ……………………………………… 156

五、三色韭栽培技术 ……………………………………… 157

第十一节　四季薹韭栽培技术 …………………………… 158

一、适期早播育壮苗 ……………………………………… 158

二、早栽稀植促早薹 ……………………………………… 159

三、加强管理增产量 ……………………………………… 159

四、适时采收 ……………………………………………… 160

第五章　葱类生产配套技术 ………………………………… 161

第一节　植物学性状 ……………………………………… 161

一、根 ……………………………………………………… 161

二、茎 ……………………………………………………… 162

三、叶 ……………………………………………………… 162

四、花 ……………………………………………………… 163

五、果实和种子 …………………………………………… 164

第二节　生长发育特性 …………………………………… 164

一、营养生长期 …………………………………………… 165

二、生殖生长期 …………………………………………… 166

第三节　对环境条件的要求 ……………………………… 167

一、温度 …………………………………………………… 167

二、光照 …………………………………………………… 168

三、水分 …………………………………………………… 168

四、土壤营养 ……………………………………………… 169

第四节　繁殖方式与采留种技术 ………………………… 170

一、葱类的繁殖方式 ……………………………………… 170

二、采留种技术 ·· 172

第五节　类型与主要品种 ····································· 176

　　一、大葱 ·· 176

　　二、分葱 ·· 179

　　三、香葱 ·· 181

　　四、楼葱 ·· 182

第六节　栽培季节与栽培模式 ····························· 182

　　一、栽培季节 ·· 182

　　二、高效栽培模式 ·· 184

第七节　大葱栽培技术 ·· 189

　　一、播种育苗 ·· 189

　　二、定植 ·· 191

　　三、定植后的管理 ·· 192

　　四、采收 ·· 194

　　五、青葱栽培 ·· 194

第八节　分葱栽培技术 ·· 195

　　一、茬口安排 ·· 195

　　二、整地移栽 ·· 195

　　三、肥水管理 ·· 196

　　四、适期采收 ·· 196

第九节　香葱栽培技术 ·· 196

　　一、地块选择 ·· 196

　　二、整地作畦 ·· 197

　　三、育苗 ·· 197

　　四、移栽 ·· 197

　　五、田间管理 ·· 198

　　六、适时采收 ·· 198

第十节　胡葱栽培技术 ·· 198

　　一、季节安排 ·· 199

二、整地、施基肥 ……………………………………………… 199

三、种植密度 …………………………………………………… 199

四、田间管理 …………………………………………………… 199

五、采收 ………………………………………………………… 200

第十一节　楼葱栽培技术 ………………………………………… 200

一、育苗 ………………………………………………………… 200

二、定植 ………………………………………………………… 201

三、田间管理 …………………………………………………… 201

四、收获 ………………………………………………………… 202

第六章　韭葱与薤生产配套技术 …………………………………… 203

第一节　植物学性状 ……………………………………………… 204

一、韭葱 ………………………………………………………… 204

二、薤 …………………………………………………………… 204

第二节　对外界环境条件的要求 ………………………………… 205

一、温度 ………………………………………………………… 205

二、光照 ………………………………………………………… 205

三、水分 ………………………………………………………… 205

四、土壤肥料 …………………………………………………… 205

第三节　主要品种介绍 …………………………………………… 206

一、韭葱 ………………………………………………………… 206

二、薤 …………………………………………………………… 207

第四节　栽培季节与栽培模式 …………………………………… 208

一、栽培季节 …………………………………………………… 208

二、高效栽培模式 ……………………………………………… 208

第五节　栽培技术 ………………………………………………… 210

一、韭葱露地栽培技术 ………………………………………… 210

二、华北韭葱大棚栽培技术 …………………………………… 211

三、薤的栽培技术 ……………………………………………… 213

四、薤苗的立体软化栽培技术 ………………………………… 214

五、珍珠玉蒿头栽培技术 ……………………………… 215
第七章　葱蒜类蔬菜病虫草害防治技术 ………………… 217
　第一节　大蒜主要病虫草害防治技术 ………………… 217
　　一、大蒜主要病害与防治 …………………………… 217
　　二、大蒜主要虫害与防治 …………………………… 231
　　三、大蒜田草害防治 ………………………………… 241
　第二节　洋葱主要病虫草害防治技术 ………………… 243
　　一、洋葱主要病害与防治 …………………………… 243
　　二、洋葱主要虫害与防治 …………………………… 251
　　三、洋葱田草害防治 ………………………………… 252
　第三节　韭菜主要病虫草害防治技术 ………………… 253
　　一、韭菜主要病害与防治 …………………………… 253
　　二、韭菜主要虫害与防治 …………………………… 256
　　三、韭菜田草害防治 ………………………………… 259
　第四节　大葱主要病虫草害防治技术 ………………… 261
　　一、大葱主要病害与防治 …………………………… 261
　　二、大葱主要虫害与防治 …………………………… 272
　　三、大葱田草害防治 ………………………………… 280
第八章　葱蒜类蔬菜贮藏保鲜与加工技术 ……………… 281
　第一节　贮藏保鲜技术 ………………………………… 281
　　一、蒜薹贮藏保鲜 …………………………………… 281
　　二、蒜头贮藏保鲜方法 ……………………………… 285
　　三、洋葱的贮藏 ……………………………………… 287
　　四、大葱的贮藏 ……………………………………… 293
　第二节　加工技术 ……………………………………… 294
　　一、蒜薹加工 ………………………………………… 295
　　二、蒜头加工 ………………………………………… 298
　　三、洋葱加工 ………………………………………… 316
　　四、大葱加工 ………………………………………… 321

　　五、小香葱加工 ································· 322

附录 ··· 325

　　附录1　NY 5228—2004　无公害食品　大蒜生产技术
　　　　　规程 ································· 325
　　附录2　NY/T 5224—2004　无公害食品　洋葱生产技术
　　　　　规程 ································· 330
　　附录3　NY/T 5002—2001　无公害食品　韭菜生产技术
　　　　　规程 ································· 338
　　附录4　NY/T 744—2003　绿色食品　葱蒜类蔬菜 ········ 349

主要参考文献 ································· 356

第一章

概　述

第一节　葱蒜类蔬菜的种类

葱蒜类蔬菜，百合科葱属中以嫩叶、假茎、鳞茎或花薹为食用器官的二年生或多年生草本植物。主要包括韭菜、葱、洋葱、大蒜、薤等普遍栽培的类型；亦包括少量栽培的这类蔬菜的变种及其他类型，如根韭、楼葱、顶球洋葱、分蘖洋葱、韭葱、细香葱、胡葱等。因多能形成鳞茎，并含有特殊的辛辣味，故亦称之为"鳞茎类蔬菜"或"香辛类蔬菜"。

长期以来多数学者将这类蔬菜在分类上将其隶属于百合科葱属，而少数学者却将其归为石蒜科葱属。这是因为百合科的共同特征是花无佛焰状总苞，子房上位；石蒜科的特征是花具佛焰状总苞，子房下位。而葱属植物的特征是具佛焰状总苞，子房上位。鉴于其既不同于百合科，而又不同于石蒜科的特征，因此建议将葱属植物单独列为"葱科"。

上述葱蒜类蔬菜的种类中韭菜、大葱、分葱、薤等原产我国；大蒜、大葱在我国北方地区栽培较多；分葱、叶用大蒜、薤在南方栽培较多；韭菜在南北方均普遍栽培，并通过多种栽培方式，做到周年生产与供应。

葱蒜类蔬菜的种类见表1-1。

表 1-1　葱蒜类蔬菜主要种类

名称及别名	类别与类型	原产地及分布	产品器官	繁殖器官	栽培季节与产区
洋葱，别名葱头、圆葱	百合科葱属中以肉质鳞片和鳞芽构成肉质鳞茎的二年生草本植物 除普通洋葱外，还有分蘖洋葱和顶球洋葱2个变种	起源于中亚，伊朗、阿富汗北部及俄罗斯中亚地区，20世纪传入我国，在各地都有种植	由肥厚的鳞片和鳞芽组成的鳞茎供食用	种子	全国各地都有栽培，但以北方为多
大蒜，别名胡蒜、蒜	百合科葱属中以鳞芽为主构成鳞茎的栽培种，一二年生草本植物。 有紫皮蒜和白皮蒜；大瓣蒜与小瓣蒜以及阔叶蒜与狭叶蒜，硬叶蒜与软叶蒜等类型	原产欧洲南部和中亚。我国早有栽培且面积最大	幼苗、花茎和鳞茎均可食用	鳞茎（蒜头）上的蒜瓣播种，亦可用气生鳞茎繁殖	全国各地均有栽培
韭（韭菜），别名草钟乳、起阳草、懒人菜等	百合科中以嫩叶、柔嫩花茎为主要产品的多年生宿根草本植物。 有根韭和叶韭2个种，并形成根韭和叶韭、花（薹）韭和叶、花兼用韭4种类型	起源于我国，后传至日本，欧美各国有少量栽培	以嫩叶、柔嫩花茎（韭菜薹）为食用器官	种子繁殖为主，亦可分株繁殖	原产我国，各地都有栽培 北方地区主要春季、秋季栽培，而南方地区可以周年生产
大葱，别名木葱、汉葱	百合科葱属中以叶鞘组成的肥大假茎和嫩叶为产品的二三年生草本植物。葱包括大葱、分葱、胡葱和楼葱，其中栽培的大葱又分为长白型、短白型和鸡腿型3个品种类型；依分蘖习性的不同又可分为普通大葱和分蘖大葱	原产我国西部及相邻的中亚地区	幼苗可作"小葱"全株食用，长成大葱时以软化变白的假茎即葱白供食用	种子繁殖	我国为主要栽培国，分布很广。淮河、秦岭以北和黄河中下游为主产区。我国各地采用不同品种、不同播期、露地多季节种植及设施栽培，大葱能周年生产，周年供应

（续）

名称及别名	类别与类型	原产地及分布	产品器官	繁殖器官	栽培季节与产区
分葱，别名四季葱、菜葱、冬葱等	百合科葱属中葱的一个变种，一年生或多年生草本植物，作一年生或二年生蔬菜栽培。又可分为不结籽型（分株繁殖）和结籽型（种子或分株繁殖）	原产于我国及亚洲西部，我国久有栽培	以叶和假茎即葱白食用	分株繁殖为主，其中结籽类型可少见用种子繁殖	主要分布于江苏、浙江、安徽、上海、江西等地。北方亦有栽培
胡葱，别名蒜头葱、瓣子葱、火葱、肉葱等	百合科葱属中宿根性的二年生草本植物，作二年生蔬菜作物栽培	原产于中亚或西亚，我国唐代即引入栽培	嫩叶及鳞茎供食用，嫩叶多作调料，鳞茎炒食或加工腌渍	不易结子，以鳞茎繁殖	长江流域以南各省栽培较多
细香葱，别名四季葱、香葱、虾夷葱等	百合科葱属多年生草本植物，作二年生蔬菜作物栽培	北美、加拿大、北欧及亚洲均有野生种，并早被驯化，现分布热带、亚热带地区	嫩叶、假茎均可供食用，产品柔嫩具特殊香味，多作调味用	不易结子，用分株繁殖	我国长江流域以南各地均见少量栽培
韭葱，别名扁葱、扁叶葱、洋蒜苗等	百合科葱属中能形成肥嫩假茎即葱白的二年生草本植物	原产欧洲中南部、古希腊、古罗马时即有栽培，后普遍种植	嫩苗、鳞茎、假茎、花薹可供食用，炒食、作汤或作调料。多代替青蒜苗食用	种子繁殖	19世纪80年代传入我国，现河北南部、安徽西部、湖北襄阳等地少量成片种植，广西栽培较久
楼葱，别名龙爪葱、龙角葱等	百合科葱属中葱的一个变种，为多年生草本植物	我国南北大部分地区及前苏联、日本等国有栽培	假茎、嫩叶作调料，花茎上的气生鳞茎肥大的可供食用	不能结子，以分株或气生小鳞茎发育成的小葱株繁殖	我国南北部分地区都有栽培

（续）

名称及别名	类别与类型	原产地及分布	产品器官	繁殖器官	栽培季节与产区
薤，别名藠头、藠子、菜芝等	百合科葱属中能形成小鳞茎的多年生宿根性草本植物，作二年生蔬菜作物栽培	原产中国、前苏联、朝鲜、日本均有分布，并少量栽培	小鳞茎盐渍、糖渍或炒食	不易结籽，以鳞茎繁殖	湖南、湖北、云南、广西、四川、贵州多有栽培

第二节　葱蒜类蔬菜的主要特征特性

　　葱蒜类蔬菜多数原产于亚洲西部大陆性气候区，由于其年内温度变化及昼夜温差较大，空气干燥，土壤湿度季节变化明显，故使其在系统发育过程中逐步形成了相应的形态特征。主要植物学性状相似，根为喜湿性呈弦状的须根系；茎为短缩的茎盘，在其上着生的叶为耐旱的叶形，分为叶身和叶鞘两部分，叶身呈扁平斜条形或圆筒形；管状叶鞘抱合成假茎，或基部显著增厚构成鳞茎。假茎和鳞茎都具有贮藏功能。这类蔬菜的生育周期分为营养生长与生殖生长两个阶段。营养生长期多具分蘖特性。又同属于绿体春化作物，在低温下通过春化后，在长日照和适温下抽薹、开花、结籽。通过春化后植株茎盘上的叶芽分化成花芽，继而抽生出花茎，在花茎顶端着生由佛焰状总苞包被的伞形花序或气生鳞茎。伞形花序由多个小花组成，每个小花具 6 枚花被，两性花，雄蕊 6 枚，雌蕊 1 枚，子房上位，3 心室，每心室具 2 枚胚珠，雄蕊先熟，异花授粉。果为蒴果，种子黑色。

　　葱蒜类蔬菜以叶和叶的变态器官假茎、鳞茎为产品，都含有具香辛味的挥发性物质，其主要成分以多种烯丙基硫化物为主。这类挥发性物质，除能增加人们的食欲外，还具有杀灭和抑制某些对人体和植物有害的病原物的作用，对人类的某些疾病有一定的疗效。

这类蔬菜一般耐寒性较强，而其耐热性则较弱，适宜于春、秋季生长，一般用于秋季和春季栽培。其中大蒜、洋葱、胡葱等在夏季停止生长进入休眠；而韭菜、大葱、分葱等夏季虽能生长，但在高温下生长形成的产品品质老化、粗糙。适于疏松的土壤种植，忌湿怕涝。植株叶丛直立或半直立，适宜于密植。大蒜、胡葱、薤、分葱中的一些品种的花器退化，不能正常结籽，故须进行分株等无性繁殖。洋葱、韭菜等虽能结实，可用种子繁殖，但种子寿命亦短，经两次越夏后的种子活力显著降低。

第三节　葱蒜类蔬菜的食用价值

一、葱蒜类蔬菜的食用营养

葱蒜类蔬菜产品中不仅含有丰富的碳水化合物、蛋白质、钙、磷、铁等矿物质，多种维生素等营养成分；同时还普遍含有白色油脂状挥发性物质，具有特殊的辛辣味和强的刺激味，有去腥功能，且能活化维生素 B_1，既可以增进人们的食欲，还具有抑菌与杀菌作用，有着药用价值。

大蒜除含有糖类成分外，还含有半胱氨酸、组氨酸、赖氨酸、丙氨酸、精氨酸、天门冬氨酸、亮氨酸、蛋氨酸、苯丙氨酸、脯氨酸、色氨酸、丝氨酸等 15 种氨基酸。含有镁、钠、铁、磷、钾、锌、铜、锰、钡、钙、硒、锗等微量元素和维生素 A、维生素 B 及维生素 C 以及脂肪类、肽类、含硫化合物等。还含有 0.2% 的主要由 10 多种硫醚化合物组成的挥发油，其中包括大蒜素（二烯丙基二硫醚）占 76%，大蒜新素（二烯丙基二硫醚）占 13%，大蒜辣素（二烯丙基硫代亚磺酸酯）以及甲基烯丙基三硫醚，甲基乙烯基三硫醚和少量柠檬醛、芳樟醇、α-水芹烯等。

洋葱除含有其他营养成分外，还含硫醇、二甲硫化物、三硫化物等，以及枸橼酸、芥子酸、多糖、黄酮类、多种氨基酸及胡萝卜素。韭菜中除含其他营养外，还含有硫化物、苷类及苦味物质。韭菜籽中含有生物碱及皂苷，丰富的氨基酸、微量元素，其中以蛋氨酸和铁、锰、锌等含量较高。葱白中主要成分除含较多蛋白质、糖类、维生素 B_1、维生素 B_2、维生素 C 以及钙、铁、镁外，还含有蒜素、二烯丙基硫醚、脂肪油和黏液质等。

薤白中含挥发油，其中包含多种硫化物甲基丙烯基、三硫化物、二烯丙基硫、二烯丙基二硫等；蒜氨酸、甲基蒜氨酸、大蒜糖，以及亚油酸、油酸、棕榈酸等脂肪酸。另从薤白的抗凝和抗癌活性部位分离到 6 个化合物均为甾体皂苷类化合物。

葱蒜类蔬菜所含营养成分见表 1-2。

表 1-2　葱蒜类蔬菜每 100 克食用部分的营养成分含量

成分含量	大　蒜				韭　菜			洋葱	大葱
	鲜蒜头	青蒜苗	蒜薹	蒜黄	韭菜	韭黄	韭菜薹	鳞茎	大葱
水分（克）	69.8	89.4	86.0	92.9	92.0	93.7	90.1	88.3	91.0
蛋白质（克）	4.4	3.2	1.2	3.1	2.1	2.2	1.0	1.8	1.7
脂肪（克）	0.2	0.3	0.3	0.2	0.6	0.3	0.5	0.0	0.3
糖类（克）	23.6	4.9	10.0	2.0	3.2	2.7	5.9	8.0	5.2
热量（千焦）	472.8	146.4	200.8	92.0	113.0	92.0	133.9	163.2	126.0
粗纤维（克）	0.7	1.8	1.8	1.0	1.1	0.7	1.9	1.1	1.3
灰分（克）	1.3	0.9		0.8	1.0	0.4	0.6	0.8	0.5
钙（毫克）	5.0	30.0	22.0	37.0	48.0	10.0	37.0	40.0	29.0
磷（毫克）	44.0	41.0	53.0	75.0	46.0	9.0	57.0	50.0	38.0
铁（毫克）	0.4	0.6	1.2	1.6	1.7	0.5	2.2	1.8	0.7
胡萝卜素（毫克）	0.02	0.96	0.2	0.03	3.21	0.05	1.01	微量	60.0
硫胺素（毫克）	0.24	0.11	0.14	0.12	0.03	0.03	0.07	0.03	0.03
核黄素（毫克）	0.03	0.1	0.06	0.07	0.09	0.05	0.07	0.02	0.05

（续）

成分含量	大 蒜				韭 菜			洋葱	大葱
	鲜蒜头	青蒜苗	蒜薹	蒜黄	韭菜	韭黄	韭菜薹	鳞茎	大葱
尼克酸（毫克）	0.9	0.8	0.5	0.4	0.9	1.0	0.9	0.2	0.5
抗坏血酸（毫克）	3.0	77.0	42.0	16.0	39.0	9.0	14.0	8.0	17.0

注：其中大葱黄醇 10 微克，维生素 E 0.03 毫克，钾 144 毫克，钠 4.8 毫克，镁 19 毫克，锰 0.28 毫克，铜 0.4 毫克，锌 0.08 毫克，硒 0.67 毫克。

引自苗明三主编《食疗中药药物学》，科学出版社，2001。

二、葱蒜类蔬菜的药用价值

葱蒜类蔬菜除有较丰富的营养，增进食欲，去腥解腻外，还有抑菌、杀菌作用，有很好的药用价值。

根据苗明三主编《食疗中药药物学》介绍，大蒜性味辛，温。具有消肿、解毒、杀虫功能。用于痈疖、肿毒、癣疮；肺痨、顿咳、痢疾、泄泻；钩虫、蛲虫病。药理研究表明：大蒜还有抗氧化作用；还有抗癌作用，能阻断致癌物质亚硝胺的化学合成，阻断细菌、霉菌对亚硝胺合成的促进作用，还能抑制癌细胞的分裂增殖。大蒜素具有降低胃内亚硝酸盐含量和抑制硝酸盐还原菌的作用，还具有降低人体血糖、降低血脂作用等。经常食用生蒜还有降血压作用，对治疗心血管疾病亦有帮助。

洋葱性味辛，温。具发表、通阳、解毒功能。用于创伤、溃疡及妇女滴虫性阴道炎等症。药理研究表明：洋葱具有杀菌、杀虫作用；降脂、降压以及降血糖作用等。

葱白性味辛，温。归肺、胃经。具发汗解表，散寒通阳，解表散结功能。用于伤寒头痛、阴寒腹痛、虫积内阻、二便不通、痢疾、痈肿等症。药理研究表明：葱白具有抗菌、灭虫、壮阳等作用。葱白热水提取液及大葱匀浆等有抗癌作用。

薤白性味辛，苦，温。归肺、胃、大肠经。有通阳散结，行气导滞功能。用于胸痹疼痛，痰饮咳喘，泻痢后重。药理研究表明：薤白具有抗菌和抑制血小板聚集等作用。

韭菜性辛，温。归肝、胃、肾经。有温中、行气、解毒功能。用于胸痹、噎膈、反胃、吐血、鼻出血、跌扑损伤、虫蝎螫伤等症。韭菜籽性味辛，甘，温。归肝、肾经。具有温补肝肾，壮阳固精功能。用于阳痿遗精，腰膝酸痛，遗尿尿频，白浊带下。

第四节　我国葱蒜类蔬菜生产现状及前景展望

一、生产现状

目前我国大蒜栽培面积约 1 000 万亩[①]。主要分布在山东金乡、苍山、莱芜、安丘等地约 150 万亩，江苏邳州、铜山、丰县、贾汪、射阳等地约 140 万亩，河南杞县、中牟、开封、通许等地约 130 万亩，河北永年等地约 80 万亩，湖南约 70 万亩，云南大理白族自治州等地约 50 万亩，四川彭州、广汉、什邡等地约 40 万亩，甘肃庆阳、成县等地约 40 万亩，陕西兴平、武功等地约 30 万亩，安徽亳州等地约 20 万亩。

年产大蒜头约 1 200 万吨，平均每 667 米^2 1 000 千克左右。常年出口约占总产 10% 左右。我国出口蔬菜主导产品出口量超过 10 万吨的首批品种就是鲜蒜头和冷藏蒜头，其次是其他鲜或冷藏蔬菜。世界大蒜产品的消费量平均每年以 20% 速度递增，巴西等中南美地区和东南亚国家的需求量呈不断增长的态势，我国大蒜出口已发展到六大洲的 128 个国家和地区。

洋葱面积约 200 余万亩，年产量约 800 万吨。主要分布在山东金乡，江苏丰县，甘肃酒泉、玉门，内蒙古乌兰察布、商都，吉林延吉，黑龙江齐齐哈尔，四川西昌，云南元谋，福建厦门等

---

① 亩为非法定计量单位，1 亩＝1/15 公顷≈667 米^2——编者注。

产区。新洋葱先后上市时间：云南元谋洋葱首先上市，2月底建水洋葱上市，3月底西昌洋葱陆续上市，4月底至6月上旬，江苏徐州和山东的洋葱陆续上市，8～9月份北方地区的洋葱陆续上市。我国已成为世界洋葱生产较大的4个国家（中国、印度、美国、日本）之一。

根据行业统计资料，云南、甘肃、山东和江苏的徐州是我国出口洋葱的主产地，洋葱出口企业则集中在以安丘为中心的山东、以徐州为中心的江苏、以厦门为中心的福建。其中山东省约占出口份额的60％，江苏省约占出口份额的30％。洋葱是世界性产品，日本、韩国、俄罗斯以及东南亚是中国洋葱的主要进口国，随着国际贸易的发展，出口规模也在不断地增加，现在每年的出口规模在70万吨左右，其中日本占到一半份额。出口日本的洋葱中，去皮洋葱的比例逐年增加，与普通的保鲜洋葱相比，去皮洋葱的出口量已经占到出口总量的70％～80％。销往东南亚的洋葱总量也在不断增加。

我国大葱栽培面积是世界上最大的国家，有3 000余年的栽培历史。常年播种面积在800万亩左右，占世界栽培面积的90％，年产量1 700余万吨。主要分布在我国山东、河北、河南、辽宁、陕西等省，如山东章丘、河北隆尧、河南新野、辽宁新民等主产区。其中以山东栽培面积最大，约占全国面积的16％，产量的23％以上。部分鲜葱和脱水产品出口国外。

韭菜常年栽培面积100万左右，全国均有分布。以山东寿光、江苏徐州、河南平顶山等地栽培最为集中。

分葱、韭葱和薤主要分布在长江以南地区，面积在20万亩左右。部分鲜品和脱水产品出口。

当前存在的主要问题：

1. 种植随意性大　葱蒜类蔬菜由于受市场及出口等因素的影响，常年种植面积波动较大，特别是大蒜、洋葱等品种，价格高的年份，盲目扩大面积，价格低出口受阻的年份，就大量缩减面积，种植随意性对该产业的发展产生较大不利影响。

2. 组织化程度低 由于千家万户分散种植，组织化程度低，不能准确掌握栽培面积、品种、产量等信息，加之政府宏观调控手段乏力，使产品价格年度间起伏较大，有时甚至相差十几倍，蒜贱伤农、蒜贵伤民现象时常发生。

3. 精加工产品少 葱蒜类蔬菜精加工企业少，除大蒜、洋葱有少量精深加工产品外，大多为简单加工产品或初级产品，其附加值低，且不耐贮运，易造成丰年产品积压腐烂，歉年市场短缺供不应求的被动局面。

4. 贸易壁垒增多 大蒜、洋葱等出口较多的葱蒜类品种，随着欧盟、美国、日本对进口农产品提出较高的要求；加之近年该类蔬菜面积扩大迅速，连作障碍严重，病虫害增多，对产品质量造成一定影响，增加了出口的成本和难度。

二、前景展望

葱蒜类蔬菜为人们普遍食用的蔬菜，或生食，或炒食或作调料，还可腌渍、速冻、脱水加工。如大蒜可以开发保健系列产品，脱水蒜片、大蒜粉、玉晶蒜片、蒜蓉、大蒜油、大蒜酒、口服液及蒜汁饮料等；大蒜药用产品开发包括大蒜素胶囊、大蒜膏、大蒜糖浆、大蒜浸出液、大蒜液注射液等；以及日用化工产品开发无臭蒜素沐浴液、护发生发水、保鲜防腐剂等。洋葱亦可加工脱水洋葱片、制作洋葱胶囊、提取洋葱油等。加工水平的提高，不仅缓解了农民葱蒜类蔬菜生产的后顾之忧，也为这类蔬菜拓展了进一步发展的空间。

发展葱蒜类蔬菜生产应重点做好以下工作：

1. 实行标准化生产 按照有机、绿色或无公害农产品的生产要求，从基地建设、品种引进、肥水管理、病虫防治、产品贮运等各个环节实行标准化生产。在生产上实行统一种苗、统一管理、统一供肥、统一植保，并建立完整的质量可追溯体系，保证产品质量，打造国内外知名品牌，增强国内外市场竞争力。

2. 发展农民合作组织　农民合作组织能有效分散生产的农户增强抵御市场风险能力，并按照一定质量标准进行生产，由合作组织负责农户培训和技术指导，统一技术规程和物资配送。生产出质量可靠、信誉度高的产品，占据一定份额的国内外市场，使该产业健康稳步发展。

3. 应用适销品种　根据国内外市场需求，引进推广硬度高、球形好、品质佳、耐储性强的洋葱品种，是占领消费市场、提高产品价格的重要途径。如东南亚气候炎热湿润，消费者在洋葱品质的选择上很在意硬度、皮色、个头，一般要求有两层以上老皮，偏爱个头较小、不掉皮的洋葱，目前在我国北方的一些种植区专门选择小型的洋葱并进行密植，出口东南亚，实现产、销双赢。近年来国内部分出口洋葱基地正向内蒙古、甘肃等地转移，因该地区气候条件有利于提高洋葱的产量和耐储性，产品深受市场欢迎。

4. 建立多元化市场销售渠道　葱蒜类蔬菜受市场影响，价格波动较大。建立出口和内销，批发和网售，现货和期货等多种形式的销售渠道，相互间既有联系，又有分工，各自拥有一批固定客户，一旦某一方面销售不畅，其他渠道可互补跟上，使产品销量、价格相对稳定，降低市场风险。同时地方政府应鼓励企业参加国内外产品销售展示会，以获取更多信息和产品订单，稳定和扩大销售渠道。

5. 扶持深加工企业　政府部门应有计划地在投资贷款、科研项目、基地补贴和税收等方面给予相应的优惠政策，扶持发展一批精深加工的龙头企业，使内销企业加工消耗更多的原材料，以拉长产业链，增加产品附加值；使外销出口企业不断开发出精深产品，提升国际市场竞争力，促进我国葱蒜类蔬菜产业的发展。

第二章

大蒜生产配套技术

第一节 大蒜生物学特性

一、植物学性状

(一)根

大蒜的根是从蒜瓣基部的茎盘上发生的,为弦线状须根,称为不定根,没有主根。蒜瓣背部(外侧)的茎盘边缘发根较多,腹部(内侧)发根较少。主要根系分布在5～25厘米深的土层中,横向分布范围约30厘米,属浅根性蔬菜,须根上的根毛少,吸水力弱,所以喜湿,喜肥,不耐旱。

(二)鳞茎

通常所称的蒜头,植物学名词是鳞茎,构成鳞茎的各个蒜瓣,植物学名词叫鳞芽。蒜头和蒜瓣的基部都有一个扁平的盘状致密组织,称茎盘。它与植物正常的茎不同,属于茎的变态,又称变态茎。蒜头成熟以后,茎盘木质化,有保护蒜瓣、减少水分散失的作用,所以大蒜贮藏时要用完整的蒜头。

鳞芽是由大蒜植株叶片叶腋处的侧芽发育而成,所以又称"鳞腋芽"。鳞芽由2～3层鳞片和1个幼芽构成。外面1～2层鳞片起保护作用,称为保护鳞片或保护叶。最内一层是贮藏养分的部分,称为贮藏鳞片或贮藏叶。在鳞茎肥大时,保护叶中的养分逐渐转运到贮藏叶中,最终形成干燥的膜,俗称蒜衣,贮藏叶则发育成肥厚的肉质食用部分。贮藏叶中包藏1个幼芽,称发芽叶。不同类型品种的鳞芽即蒜瓣数目不一,早熟品种每个鳞茎由

7～8个或10多个鳞芽组成，晚熟品种每个鳞茎由10～20个鳞芽组成。大瓣品种鳞芽多集中在花茎周围最内层1～2叶腋中，鳞芽即蒜瓣大而少，分两层排列；而小瓣品种鳞芽即蒜瓣小而多，呈内外交错多层排列，形成一个有10多个蒜瓣的鳞茎，发生在花茎外围第一至第五层叶腋中。鳞茎形状因品种而异，有圆、扁圆或圆锥形等多种。鳞芽多数近半月形，紫皮蒜稍短，白皮蒜较长。独头蒜近似圆球。

（三）叶片

大蒜的叶片包括叶鞘和叶身两部分。叶鞘呈圆筒形，着生在茎盘上。每一片叶均由先发生的前一叶片的出叶口伸出，许多层叶鞘套在一起，形成直立的圆柱形茎秆，由于它不是植物学上的茎，故称"假茎"。叶与叶之间的叶鞘长度随叶位的升高而增加。一般在花茎伸出最后一片叶的叶鞘口以后，叶鞘停止生长。叶鞘的长短和出叶口的粗细，与抽取蒜薹的难易有关。叶鞘越长、出叶口越细的品种，蒜薹越难抽出。

大蒜的叶片未展出前为折叠状，展出后扁平且狭长，平行脉，互生，对称排列。叶片的排列方向与蒜瓣的背腹连线垂直。

（四）气生鳞茎

大蒜鳞茎顶部的生长锥分化为花芽后，逐步发育抽生蒜薹。蒜薹的下部为花茎，顶端着生花苞称总苞。总苞成熟后开裂，可以看到许多小的鳞茎，称气生鳞茎、空中鳞茎，俗称蒜珠或天蒜。1个总苞中的气生鳞茎数依品种而异，少则几个，多则数十个乃至100多个。气生鳞茎的构造与蒜瓣基本相同，也可以作为播种材料。总苞中除了气生鳞茎以外，还有一些紫色的小花，与气生鳞茎混生在一起。小花有花瓣6片，分两轮排列；雄蕊6枚，呈两轮排列；有1枚柱头，子房3室。但花的发育多不完全，一般不能形成种子。即使形成少量发育不良的种子，也难以成苗，没有利用价值。

二、生长发育阶段及对环境条件的要求

(一)生长发育阶段

大蒜的一生先后经历萌芽期、幼苗期、花芽与鳞芽分化期、花茎伸长期、鳞茎膨大期以及休眠期等 6 个生长发育阶段。

1. 萌芽期 是指播种萌芽至基生叶出土,春播大蒜历时 7~10 天;秋播大蒜由于休眠及高温的影响,历时 15~20 天。贮藏后期大蒜的鳞芽顶部已分化 4~5 片幼叶,播种后仍继续分化,且不断生根,多达 30 余条,最长根可在 1 厘米以上,以纵向生长为主。萌芽期生长所需养分主要靠种瓣供给,由于根系生长快,亦可从土壤中吸收部分养分与水分。

2. 幼苗期 幼苗期是指第一片真叶展出至花芽、鳞芽开始分化。早熟品种春播,幼苗期 50~60 天;晚熟品种秋播,幼苗期长达 180~210 天。这个时期是叶的生长期,根系和叶片的生长量均大,根的加长生长速度最快。根系生长转入横向生长,同时长出少量侧根,长出的叶数多,约占总叶数的 50%,叶面积占总叶面积的 40%,这个时期历经秋、冬季的寒冷和春季的温暖两个季节,两种不同的气候条件,秋、冬季节,气温低,生长量小,但叶及假茎的组织柔嫩,可采收作青蒜苗供应;春暖后气温升高,叶片生长加快,加之日照延长,花芽和鳞芽即将分化,需要的养分较多,此时种瓣中的养分消耗殆尽,转入自养生长阶段,叶片出现黄尖现象,需要人工追肥予以补充。

3. 花芽与鳞芽分化期 秋播品种中的早熟品种,花芽和鳞芽开始分化期处于冬季,由于受低温的影响,分化过程缓慢,花芽和鳞芽从分化开始到分化结束需 100 多天,中熟品种次之,晚熟品种分化结束需要的天数较少。春播大蒜品种的花芽和鳞芽开始分化期处于温度逐渐升高、日照逐渐加长的春季,分化进程快,花芽和鳞芽从分化开始到分化结束需 15~35 天。

在花芽和鳞芽分化期中,分化能否正常进行,关系到蒜薹和

蒜头的产量和质量。培养健壮的大蒜植株，为花芽和鳞芽分化提供丰富的养分至关重要。在此期内，生长锥停止分化叶芽，已分化的叶芽陆续伸出叶鞘并展开，株高、茎粗和叶面积迅速增加，为花茎伸长和鳞茎膨大制造和贮备养分。一般情况下，当植株叶生长至5~8片时，生长锥开始分化花芽。但不同品种、不同栽培地区甚至同一地区的不同播种期，对大蒜花芽开始分化时的展叶数，或多或少都有影响。所以，各地应对本区域的主栽品种进行花芽分化期的观察，以确定在本地区具体条件下花芽开始分化时的展叶数，作为田间管理的外部形态标志。

花芽分化状态分级如下：

0级——顶端生长锥扁平，陆续分化叶原基；

1级——生长锥呈半圆球形，停止分化叶原基，即将分化花芽；

2级——生长锥伸长，高出叶鞘基部，周缘长出总苞，花芽分化开始；

3级——生长锥继续伸长，明显变肥大并呈凸凹不平状；

4级——生长锥出现许多小突起；

5级——生长锥上的小突起分化为空中鳞茎及小花，花芽分化结束。

鳞芽分化状态分级如下：

0级——叶腋中无鳞芽原基；

1级——一般在终止叶下方的叶腋中出现球形鳞芽原基，鳞芽分化开始；

2级——鳞芽原基上分化出1片幼叶；

3级——鳞芽原基上分化出2片幼叶。

计算分化指数，以确定分化开始期和分化结束期。分化指数计算公式如下：

花芽分化指数 $= \sum (级别 \times 株数)/(5 \times 调查总株数)$

鳞芽分化指数 = $\sum$（级别×株数）/（3×调查总株数）

花芽分化指数达 0.4 时为分化开始期，达 1 时为分化结束期；鳞芽分化指数达 0.3 时为分化开始期，达 1 时为分化结束期。

4. 花茎伸长期 是指花芽分化结束到花茎采收，历时 30～35 天。这个时期营养生长与生殖生长并进。全部叶片展出，植株叶面积达最大值。发生大量新根，原有根系开始老化；茎叶、蒜薹快速生长，植株重量迅速增加，占总重的 1/2 以上。待蒜薹采收后，由于植株体内养分向贮藏器官鳞茎中转运，植株的鲜重下降，但干重迅速增长。

5. 鳞茎膨大期 从鳞芽分化至鳞茎成熟即为鳞茎膨大期，早熟品种此阶段历时 50～60 天，其中鳞茎膨大盛期是在花薹采收后的 20 天左右。鳞芽生长最初很慢，至花茎伸长后期才开始加快，花茎采收后鳞茎生长最快，至鳞茎膨大期鳞芽增重占净重的 84.3％，因此这个阶段鳞芽的生长好坏是决定鳞茎大小，产量高低的关键。适时采收花茎（蒜薹），亦利于鳞茎的生长与增重。

6. 休眠期 大蒜鳞茎成熟后即进入休眠状态，这时即使给予适宜的温度和水分，大蒜也较难萌芽和发根，这段时间称为大蒜的生理休眠期。通过生理休眠期的长短，因品种而异。秋播蒜中的早熟品种，一般为 80～90 天；中早熟和中熟品种如苍山大蒜等，一般为 70 天左右；晚熟品种如天津红皮等一般为 60 天左右。春播蒜的生理休眠期，早熟及中熟品种一般为 60～70 天；晚熟品种一般为 50～60 天。

早熟品种生理休眠期较长，中熟品种次之，晚熟品种较短的情况，与品种的耐贮性之间并没有必然的联系。休眠期长的品种，不一定比休眠期短的品种耐贮藏，因为生理休眠期结束以后，在同样环境条件下，鳞茎中贮藏物质和水分的损失及发芽的速度，与不同品种间呼吸强度及水分蒸发量等生理特性方面的差异有关。

（二）对环境条件要求

冷凉的环境适宜大蒜生长。大蒜生长的温度范围为 −5～26℃。通过生理休眠期的大蒜，在 3～5℃ 条件下即能发芽生根。其茎叶生长适温为 12～16℃，花茎与鳞茎发育适温为 15～20℃，超过 26℃，植株生理失调，茎叶发生干枯，鳞茎停止生长。4 叶 1 心时可耐 −10℃ 左右的低温。冬季月均气温低于 −5℃ 地区大蒜不能自然越冬。0～5℃ 低温条件，大蒜植株经过 30～40 天完成春化。在长日照及较高温度条件下，花芽与鳞茎开始分化。

大蒜喜湿、怕旱。大蒜为浅根性作物，播种前土壤湿润有利发芽与出苗，所以播种时如土壤墒情不足应适当浇水。幼苗期（种蒜内贮藏养分消耗、蒜瓣干缩即俗称退母）退母后和花茎与鳞茎生长期都需要充分的水分供应。大蒜叶虽耐旱性较强，但根系入土浅，吸水能力弱，所以大蒜要求有较高的土壤湿度，而且不同的生育期，对土壤湿度有不同的要求，一般播种后保持土壤湿润，使幼芽、幼根加快生长，按时出苗。幼苗期保持土壤见干见湿，能促进根系发育生长。幼苗期以后对土壤水分要求逐渐提高，抽薹期和鳞茎膨大期，对土壤水分的要求达到高峰。鳞茎发育后期，需水量迅速减少，应控制浇水，促进鳞茎成熟和提高蒜头的耐贮性。

大蒜对土壤要求比较严格，以富含有机质、疏松肥沃的砂质壤土最为适宜。砂土地保水、保肥能力差，生产的蒜头小，但辣味强；黏土地，土质黏重，蒜头小而呈尖形；盐碱地种蒜，蒜瓣易腐烂而招蒜蛆为害，蒜苗瘦弱，返碱时植株易倒伏。土壤过酸时，影响根系生长和矿质营养的吸收。大蒜适宜生长在 pH 5.5～6.0 的微酸性土壤中。要想使大蒜生长良好，达到高产、高效的目的，就必须不断地培肥地力，提高土壤供肥能力，创造适宜大蒜生长发育的水、肥、气、热相互协调的土壤条件。试验研究和生产实践表明，每 667 米^2 生产鲜蒜头 1 500 千克左右，耕层土壤的肥力基础应为：土壤有机质 1.27％～1.35％，全氮 0.076％～0.091％，全磷 0.11％～0.121％；土壤容重 1.08 克/厘米³，总孔隙度 59％。深耕细作、增施肥料是培肥地力的有效措施。深耕能加厚土壤耕作层，改良土壤结构，协调土壤透水、蓄水、保水、保肥和透气的矛盾，有利于土壤微生物的活动，能使土壤释放出较多的矿质元素。同时，还有利于根系下扎，扩大根系吸收范围，增强吸收水分、养分的能力，满足大蒜生长发育的需要，夺取大蒜高产。根据大蒜产区的高产经验，秋播大蒜在前茬作物收获后，要尽量抢茬耕翻，晒透垡土，一般要晒垡10～15 天，进一步熟化土壤。在同样条件下，早耕翻晒垡比晚耕翻晒垡可增产一成以上。但若遇秋旱，则不要晒垡，要在抢墒耕翻后，及时耙细耙平，保护好墒情。墒情不足时，可在腾茬前造墒。耕翻深度，一般在 25～30 厘米。耕翻过深翻出的生土过厚，肥力会相对降低，影响当年大蒜的增产，如土壤耕作层较浅，需要加深耕作层时，要逐年加深，同时要结合深松，以保持熟土在上，生土在下，保证当年产量。春播大蒜，在冬前耕翻土地施足基肥的基础上，可采用垄作的方法播种。垄作可加厚活土层，地表有沟有垄，能减少径流，增强土壤蓄水抗旱和保肥能力，同时便于集中施肥，加快培肥地力，提高大蒜产量。结合耕翻整地，施足基肥。基肥要以充分腐熟的有机肥如厩肥、农家土杂肥为主，化肥为辅，可增施部分过磷酸钙等磷肥、草木灰和大蒜专用肥、生物有机肥等，以改良土壤，培肥地力，满足大蒜生长需要。在增施有机肥的同时，可把氮素化肥总量的 30％作基肥施入。

　　大蒜是需肥较多而且较耐肥的蔬菜之一。其不同生育时期对营养元素的吸收动态随植株生长量的增加而增加：发芽期所需的营养由种蒜提供。幼苗期随着种蒜贮藏的营养逐渐消耗，蒜瓣开始干缩，生产上称为"退母"。此期大蒜的生长完全靠从土壤中吸收营养，吸肥量明显增加，如土壤养分不足，植株易出现营养青黄不接而呈现叶片干尖。进入鳞芽、花芽分化期，新叶停止分化，以叶部生长为主。植株的生长点形成花原基，同时在内层叶腋处形成鳞芽，根系生长增强，植株进入旺盛生长期，营养物质的积累增多，加速土壤养分的吸收利用。进入抽薹期。此期营养生长和生殖生长并进，生长量最大，需肥量最多。在蒜薹迅速伸长的同时，鳞茎也逐渐形成和膨大，根系生长和吸肥能力达到高峰。蒜薹采收后，鳞茎进入膨大盛期，以增重为主。此期吸收的养分和叶片及叶鞘中贮存的养分集中向鳞茎输送，鳞茎加速膨大和充实。根、茎、叶的生长逐渐衰老，对营养的吸收量不大，鳞茎膨大所需要的养分，大多数来自于自身营养的再分配。大蒜对各种营养元素的吸收量以氮最多，钾、钙、磷、镁次之，各种营养元素的吸收比例为：氮∶磷∶钾∶钙∶镁＝1∶0.25～0.35∶0.85～0.95∶0.5～0.75∶0.06。每生产 1 600 千克大蒜需吸收氮 13.4～16.3 千克、磷 1.1～2.1 千克、钾 7.1～8.5 千克、钙 1.9～2.4 千克。鳞芽和花芽分化后，是大蒜一生中氮磷钾三要素吸收的高峰期；抽薹前是微量元素铁、锰、镁的吸收高峰期；采薹后，氮磷钾三要素及硼的吸收量再次达到小高峰。在氮磷钾三要素中，缺氮对产量影响最大，缺磷次之，缺钾影响最小。三要素同时缺乏时，对大蒜产量的影响最大。

第二节　大蒜的类型和主要品种

一、类型

大蒜起源于亚洲中西部，传入我国约有 2 000 余年的历史。在此漫长的栽培过程中，大蒜在不同的生态环境下，通过自然变异与人为选择，逐步形成了目前相对固定的类型。

我国大蒜品种资源丰富，根据生产目的不同可大致划分为：头用型、薹用型、头薹兼用型、苗用型、苗薹兼用型；依据皮色可划分为：紫（红）皮蒜、白皮蒜；根据蒜瓣多少可划分为：多瓣蒜、少瓣蒜和独头蒜。依全生育期长短可分为极早熟、早熟、中熟和晚熟等四大类型。

樊治成、陆帼一等（1994）将引自北纬 22°～45°、东经 77°～127°的 73 个大蒜品种，根据对低温的不同反应分为 3 个生态类型：

（一）低温反应敏感型

这一生态型品种对低温反应敏感，花芽和鳞芽分化需要的低温期较短，低温的界限较高，耐寒性较差。鳞茎形成和发育对日照要求不严格，在 8 小时的短日照条件下也可以形成鳞茎，但在 12 小时日照下鳞茎的发育较好。这一生态型品种分布在北纬 31°以南的平川地区，为秋播品种。大蒜生态型的形成不但和纬度有关，而且在很大程度上受海拔高度的影响。例如，西藏江孜大蒜产区的纬度为 28°55′，但海拔高度达 4 500 米左右，其生态特性与低温敏感型品种有很大差异。

（二）低温反应迟钝型

这一生态型品种对低温反应迟钝，花芽和鳞芽分化需要经受长时期的低温，耐寒性较强。鳞茎形成和发育对日照长度要求较严格，在 12 小时日照下一般不能形成鳞茎。其中有些品种在 12 小时日照下虽然能够形成鳞茎，但鳞茎发育不良，单头重仅数克。而在 16 小时日照下，单头重可增加 1～2 倍。该类型多分布于北纬 35°以北地区及纬度虽低但海拔很高的地区（如西藏江孜）。此类品种以春播为主，其中也有少数可以秋播，如新疆伊宁红皮蒜。

（三）低温反应中间型

这一生态型品种对低温的反应介于低温反应敏感型和低温反应迟钝型之间。在 8～16 小时日照下都可以形成鳞茎，但在 14 小时左右的日照下鳞茎发育良好，日照时间增加至 16 小时，由于叶部提早枯黄，反而不利于鳞茎的发育。该类型适应性较强，分布范围较广，在北纬 23°～36°范围内都有分布。甚至在北纬

39°的地区还有个别品种，如天津红皮蒜，但它的适应性不如此类型中的其他品种。此类多为秋播品种。其中有少数品种，如陕西兴平白皮蒜、苏联红皮蒜、苍山大蒜、陕西耀县红皮蒜等，在北纬38°53′的陕西神木县春季播种，鳞茎发育良好，单头重与在地处北纬34°18′的陕西杨凌秋季播种者相比，差异不大。但抽薹率很低，甚至不抽薹。

二、品种

（一）白皮蒜类

1. 徐州白蒜　江苏省徐州地方优良品种，栽培历史悠久。中熟品种，生长势强、蒜株粗壮、蒜头肥大、洁白。株高60～80厘米，假茎高25～30厘米、粗1.5～2.0厘米；每株须根80～100根，长20～50厘米、粗0.05～0.2厘米，约2/3的须根分杈；一生有叶15～16片，叶色浅绿（越冬前）至深绿（返青后），排列紧凑，幼苗期植株开展，后期半直立，叶最长70厘米、宽3.4厘米，越冬时6～8片叶。薹长15～20厘米、粗0.5厘米。蒜头外皮（4～5层）白色，扁球形，纵径3.54～4.15厘米，横径5.85～6.99厘米，最大横径达9.7厘米，大于5厘米的蒜头占85%以上，单头重44.5～100.5克，平均单头重54.0～85.7克，最重达400克以上，每头8～12瓣。当地9月中下旬至10上旬播种，次年5月上旬收薹，5月下旬收蒜头，全生育期240～250天，每667米² 产薹120～150千克、干蒜头1 300千克，宜作蒜头栽培，适宜外销。

2. 苍山大蒜　山东苍山地方优良品种。主栽品种有蒲棵、糙蒜和高脚子。

（1）蒲棵　中熟品种，生长势强、适应性广、较耐寒。株高80～90厘米，假茎高35厘米左右，粗1.4～1.5厘米，一生有叶10～12片，条带状、绿色、宽大，叶长：1～6叶为10～30厘米、7～12叶为30～63厘米，宽2厘米左右。薹长60～80厘米，尾长 23～33 厘米、粗 0.46～0.65 厘米，单薹重 25～35 克，易拔薹，脆嫩味佳。蒜头外皮（3 层）薄、洁白，横径 3.5～4.5 厘米、高 3.2 厘米左右，单头重 28～34 克，最重达 40 克以上，每头 6～7 瓣，蒜衣黄白稍呈赤红色，肉质细嫩、黏辣郁香。生育期 240 天左右，每 667 米^2 产薹 500～750 千克、蒜头 800～1 000 千克。

（2）糙蒜　中早熟品种，头大瓣少、长势旺盛。株高 80～90 厘米，假茎较细长，高 35～40 厘米，须根 85～90 条，叶色较蒲棵淡，开展度较小，叶比蒲棵狭窄，长 30～50 厘米、宽 1.5～2.0 厘米。薹的长势逊于蒲棵，色绿。蒜头横径 4.0～4.6 厘米，单头重 30 克以上，每头 4～6 瓣，瓣高 3.2～3.4 厘米。全生育期 230～235 天，耐寒性不如蒲棵，薹和蒜头产量与蒲棵相近。

（3）高脚子　中熟品种，株高 85～90 厘米，高者达 100 厘米以上，假茎高 35～40 厘米、粗 1.4～1.6 厘米，须根 80～95 条。薹粗长，绿色。蒜头外皮（3～4 层）白色，横径 4.5 厘米、高 3.5 厘米，单头重 31 克以上，最大约 38 克，每头 6 瓣，肉黄白色，质脆细嫩。全生育期 240 多天，每 667 米^2 产蒜薹 500 千克左右、鲜蒜头 900 千克以上。

3. 青龙白蒜　又称临海白蒜，以株壮、薹粗、头大、味浓而著名，在国际市场上享有盛誉。中熟品种，株高 75 厘米左右，开展度中等，一生有叶 11 片，剑形、直立、色深绿，长 45 厘米左右、宽 2～3 厘米。抽薹率 100％，长 50～60 厘米、粗 0.6～0.8 厘米，单薹鲜重 40～45 克。蒜头外皮洁白，略呈扁球形，横径 4～5 厘米、高 3～4 厘米，每头 8～10 瓣，蒜瓣肥厚，单头鲜重约 70 克、干重约 50 克。味浓郁香辣，品质上乘。宜在中性或微碱性土壤上种植。全生育期 250 天左右，每 667 米^2 产蒜薹 1 300 千克左右、蒜头 1 500 千克左右，可作青蒜苗和蒜薹、蒜头兼用品种。

4. 太仓白蒜 江苏省太仓地方优良品种。皮白，头圆整，瓣大而匀，香辣脆嫩，耐贮藏，中早熟品种，株高 25～55 厘米，假茎粗 0.7～1.5 厘米，总叶数 13～14 片，常有绿叶 5～7 片，叶宽而肥厚、色深绿，单株青蒜苗重 30～45 克。蒜薹粗壮鲜嫩，长 30～40 厘米、粗 0.7 厘米左右，单薹重 16 克左右。蒜头外皮洁白，圆整肥硕，横径 3.8～5.5 厘米（4 厘米以上的蒜头超过 80%），单头干重 35 克左右，每头有 6～9 瓣，单瓣干重 4.0～4.5 克，最重的达 7 克以上。味辛辣郁香，口感脆嫩。一般 9 月下旬至 10 月上旬播种，次年 5 月上旬抽薹，5 月下旬收蒜头，全生育期 230～240 天，每 667 米^2 产青蒜苗 750～1 125 千克、蒜薹 250～375 千克、干蒜头 700～1 000 千克，是薹、头兼用型良种。在东南亚地区可自然贮藏到次年 3～5 月份上市。

5. 余姚白蒜 浙江省余姚、慈溪地方品种。中熟品种，耐寒、长势强、个大色白。株高 70～90 厘米，假径粗 1.64 厘米，每株有根 104 条；开展度 30～45 厘米，叶表有蜡质层，顶叶长 57.4 厘米、宽 2.2 厘米。薹长 50～70 厘米、粗 0.7 厘米左右。蒜头和蒜衣外皮均白色，扁球形，横径 4.6 厘米左右，单头重 38 克，每头 7～9 瓣，单瓣重 4.9～5.2 克。味辣浓香，品质上乘。当地 9 月下旬至 10 月上旬播种，次年 5 月上旬收薹，5 月下旬收蒜头，全生育期约 240 天，单作每 667 米^2 产蒜头 1 000 千克以上。

6. 毕节大白蒜 又名贵州白蒜、白皮香蒜、八牙蒜。主产贵州省毕节地区，晚熟品种，耐寒、头大色白。株高 50 厘米以上（高山区略低），一生有叶 8～10 片，色浓绿、直立，叶宽 2～3 厘米。薹长 50～55 厘米。蒜头外皮（3 层）和蒜肉均白色，扁圆锥形，横径 5～7 厘米，单头 6～12 瓣，一般为 8 瓣，单头重 35～45 克。辣味浓，很受外商欢迎。适应海拔 1 500 米以上的山区栽培，当地 8 月中下旬在玉米行里套种，翌年 5 月收薹，6 月中下旬收蒜头，全生育期 270～300 天，套种每 667 米^2 产蒜薹

100 千克、干蒜头 150~250 千克。

7. 吉阳白蒜 主产于湖北吉阳山一带，中早熟品种，生长旺盛、抗逆性强、较耐贮藏。苗期生长快，色浓绿，不易早衰。植株高大，一般株高 92 厘米以上，假茎高 45~60 厘米、粗 1.6~2.5 厘米。一生有叶 10~12 片，叶长 51~75 厘米、宽 3~4 厘米。根系发达，抗倒伏性强。蒜薹粗细均匀、上市早，黄绿而脆嫩，长 70~90 厘米，单薹重 25~40 克。蒜头皮薄色白，横径 4~5 厘米，单头重 35~50 克，每头 8~10 瓣，单轮排列。脆嫩而汁浓、味甘而鲜辣。当地 8 月中旬至 10 月中旬均可播种，翌年 5 月中旬收获，全生育期 235 天左右。该品种系青蒜苗、蒜薹和蒜头兼用型良种。

8. 舒城大蒜 安徽舒城地方品种。中晚熟品种，株形紧凑、适应性强、头大肉厚。株高 80~90 厘米，开展度 16~18 厘米，一生有叶 8~9 片，色浓绿、无蜡粉，叶长 46 厘米、宽 3 厘米。抽薹较早，味浓质优。蒜头外皮薄、白色，扁球形，横径 6 厘米、高 4.5~5.0 厘米，单头重 50 克左右，每头 9~13 瓣，抱合较松、瓣匀、肉肥厚，辣味浓郁。当地 8 月下旬 9 月中旬播种，次年 5 月中旬收薹，6 月上旬收蒜头，全生育期 260 天左右。宜作青蒜苗和蒜头栽培。

9. 嘉定蒜 上海市嘉定名优大蒜品种。嘉定是我国大蒜出口历史长、出口量大的大蒜生产基地。嘉定蒜有嘉定 1 号和嘉定 2 号 2 个品种。

嘉定 1 号大蒜又称嘉定白蒜。株高 80 厘米，株幅 30 厘米。假茎高 30 厘米，粗 1.3 厘米。全株叶片数 13~15 片，叶片绿色，较直立，最大叶长 50 厘米，最大叶宽 2.5 厘米。蒜头扁圆形，横径 4 厘米，形状整齐，外皮白色，单头重 22 克。每个蒜头有蒜瓣 6~8 瓣，分两层排列，内、外层蒜瓣数及重量差异小。蒜瓣形状、大小整齐，平均单瓣重 3 克。蒜衣两层，色洁白。抽薹性好，蒜薹绿色，长 43 厘米，粗 0.5 厘米，单薹重 14 克。每

667 米² 产蒜薹 250～300 千克，产蒜头 600～700 千克。生育期 240～245 天。

嘉定 2 号大蒜又名嘉定黑蒜。其特点是叶色深绿，叶身较宽，假茎较粗，蒜薹粗而长，蒜头大，味稍淡，是目前该产地的主栽品种。生育期 240 天，成熟期较嘉定 1 号蒜稍早。株高 86 厘米，株幅 33 厘米，株形较嘉定 1 号蒜略开张。假茎高 41 厘米，粗 1.4 厘米。全株叶片数 12～14 片，叶片较肥大，最大叶长 55 厘米，最大叶宽 2.6 厘米。蒜头扁圆形，横径 4 厘米，形状整齐，外皮白色，单头重 24 克。每个蒜头有蒜瓣 6～8 瓣，分两层排列，蒜瓣形状、大小整齐，内、外层蒜瓣数及重量的差异很小，平均单瓣重 3.3 克。蒜衣两层，白色，基部略带紫色，蒜衣紧包瓣肉。抽薹性好，抽薹率接近 100%。蒜薹深绿色，长 51 厘米，粗 0.7 厘米，单薹重 15 克左右。每 667 米² 产蒜薹 350 千克左右，产蒜头 650～750 千克。

10. 兴平白皮　陕西省兴平市地方品种。植株生长势强。株高 94 厘米左右，株幅 30 厘米左右。假茎高 42 厘米，粗 1.7 厘米。单株叶片数 12～13 片，最大叶长 68 厘米，最大叶宽 3 厘米。叶色深绿。蒜头近圆形，横径 4～5 厘米，外皮白色。平均单头重 30 克，大者可达 40 克。每个蒜头有蒜瓣 10～11 瓣，分两层排列，内、外层蒜瓣数及重量无明显差异，瓣形整齐，蒜衣一层，白色，平均单瓣重 3 克。抽薹性好，抽薹率 100%。蒜薹长约 50 厘米，粗 0.7 厘米，平均单薹重 11 克。

当地于 9 月下旬播种，翌年 5 月下旬采收蒜薹，6 月中下旬采收蒜头。为晚熟品种，多用于加工成糖醋蒜、白玉蒜（咸蒜肉）销往国内部分省、直辖市及出口日本。辣味浓，品质好，晚熟，耐贮藏。

11. 吉木萨尔白皮　新疆维吾尔自治区吉木萨尔县地方品种。因蒜头大、蒜瓣肥、皮色洁白、品质优良、产量高、耐贮藏而享誉国内外，为出口创汇的重要品种。株高 75 厘米，株幅 34

厘米。假茎高 15 厘米，粗 1.4 厘米。单株叶片数 14 片，最大叶长 57 厘米，最大叶宽 2.5 厘米。蒜头扁圆形，横径 5 厘米左右，外皮白色。平均单头重 37 克，大者可达 80 克。每个蒜头有蒜瓣 10～11 瓣，分两层排列，内、外层各有 5～6 个蒜瓣，外层蒜瓣比内层蒜瓣稍大，瓣形整齐，蒜瓣间排列紧实，蒜衣一层，淡黄色，平均单瓣重 3.5 克。抽薹率 95％以上，但蒜薹短而细。

当地于 4 月中旬播种，7 月中旬至 8 月上旬采收蒜薹，9 月上旬采收蒜薹。生育期 150 天，为晚熟品种。每 667 米^2 产蒜薹 100～150 千克，蒜头 1 500 千克，高产者可达 2 000 千克。耐贮藏。

12. 拉萨白皮蒜 西藏自治区拉萨市郊地方品种。蒜头扁圆形，大而整齐，外皮白色。平均单头重 150 克，大者达 250 克。每头蒜有蒜瓣 20 多个，蒜衣白色。耐寒、耐旱，抽薹率低。

当地可实行春、秋两季栽培，3 月上中旬或 10 月上中旬播种，8 月下旬至 9 月上旬收获蒜头。每 667 米^2 产干蒜头 2 500 千克左右。

13. 榆林白皮蒜 陕西省北部榆林地区地方品种。株高 51 厘米，株幅 42 厘米。单株叶片数 7 枚，叶面蜡粉多。蒜头近圆形，横径 4.5 厘米左右，外皮白色，平均单头重 70 克。每个蒜头有蒜瓣 14～17 个，分 3～4 层排列，蒜瓣小而细长。蒜薹短小。

当地为春播，晚熟，较耐寒，耐瘠薄。

14. 白皮狗牙蒜 吉林省郑家屯地方品种。株高 83 厘米，株幅 18 厘米，株形较直立。假茎高 36 厘米，粗 1.2 厘米。单株叶片数 22 枚，最大叶长 51 厘米，最大叶宽 2.2 厘米。蒜头近圆形，横径 5 厘米左右，外皮白色，平均单头重 30 克。每头蒜有蒜瓣 15～25 个，分 2～4 层排列，蒜瓣形状像狗牙，平均单瓣重 1.2 克。蒜衣一层，淡黄色，不易剥离。抽薹率低，蒜薹细小，无商品价值。

当地于3月下旬播种，7月下旬至8月下旬采收蒜头，每667米² 产600～750千克。多做青蒜苗生产用或腌渍用。

15. 临洮白蒜　甘肃省临洮县地方品种，株高95厘米，株幅24厘米，假茎高41厘米，粗1.1厘米，单株叶片数18片，最大叶长52厘米，最大叶宽2厘米，蒜头近圆形，横径5厘米左右，外皮白色，平均单头重33克，每头蒜有蒜瓣21～23个。分4～5层排列，外层蒜瓣最大，向内逐渐变小，平均单瓣重1.7克，蒜衣一层，白色。

当地于3月上旬播种。7月中下旬收获蒜头，抽薹性较差，蒜薹短而细，主要用作青蒜苗栽培。

（二）紫（红）皮蒜类

1. 二水早　又名二早子。四川省金堂地方良种。早熟品种，耐寒、适应性强、生长势旺、抽薹早。株高60～80厘米，假茎长45厘米、粗1.0～1.4厘米，一生有叶10～12片，剑形、上冲、肥厚，色绿，蜡粉较多，叶长34～40厘米、宽2.4～4.0厘米。6～8片叶时抽薹，蒜薹浅绿色，长60～72厘米、粗0.45～0.71厘米，单薹重20～35克，最重达50克以上。蒜头外皮较厚，微紫色，中等大小，圆形，横径3.5～4.5厘米、高2.8厘米，单头重15～23克，最大35克，每头8～9瓣，排列规则、紧瓣，瓣衣紫红色，干后易变褐色，单瓣重1.8克。休眠期短，不耐贮藏。当地以采收青蒜苗为目标的8月中下旬播种。以采收蒜薹为目标的9月中旬播种，越冬期达6～8叶，次年1～2月份收青蒜苗，3月下旬至4月上旬抽薹，4月份采薹上市，5月上旬收蒜头，全生育期210天。每667米² 产青蒜苗1 500～2 000千克、蒜薹300～650千克、蒜头500～700千克。该品种宜作青蒜苗和薹蒜栽培。

2. 三月黄　江苏省大丰地方良种，该品种抽薹前有明显落黄特性，且时值农历三月，故得此名。中熟品种，抗寒性较强、春季落黄明显。株高70厘米，一生有叶10片，长50厘米，色浓绿。蒜薹长 45～50 厘米、粗 0.5～0.7 厘米。蒜头外皮淡紫色，略呈扁球形，横径 4 厘米左右、高 3.3～3.5 厘米，单头8～10 瓣，头重 30～40 克。辛辣味浓，品质好。8 月中下旬播种作青蒜苗栽培，9 月下旬至 10 月上旬作薹、头栽培播种，全生育期 250～255 天，每 667 米^2 产青蒜苗 2 000～3 000 千克、蒜薹500～725 千克、蒜头 1 000～1 250 千克，是青蒜苗、蒜薹和蒜头兼用型良种。

3. 超化大蒜 产于郑州。中晚熟品种，根系不发达，有叶7～9 片。蒜薹粗壮，鲜嫩多汁。蒜头外皮紫色，个肥大，每头5～6 瓣，单头重 40 克，蒜味浓郁。秋分播种，次年 5 月中旬收薹，6 月上旬收蒜头，全生育期 255 天左右。在保护地里半避光下栽培 20～30 天可收一茬蒜黄，每 667 米^2 产蒜黄 3 000～4 000千克。该品种宜作蒜薹、蒜头或蒜黄栽培。

4. 隆安红蒜 广西隆安县地方品种。早熟品种，具有抗热性强、高产优质等特点。株高 57 厘米，假茎粗 1.7 厘米，根系发达，叶长 52 厘米、宽 1.5 厘米，青蒜苗产量高，味道鲜美。蒜薹易抽出，且能在较高气温下抽薹。蒜头外皮紫色，每头 7瓣，瓣小，单头重 11 克左右。每 667 米^2 产青蒜苗 1 800～2 000千克、蒜薹 700～800 千克、蒜头 400～700 千克，是青蒜苗（宜夏播）及蒜薹、蒜头兼用的良种。

5. 衡阳早薹蒜 湖南省衡阳市从隆安红蒜中选育出来的良种。中早熟品种，长势旺、蒜苗粗壮、抽薹早。植株直立，叶宽茎粗。株高 60 厘米，假茎长 7～10 厘米、粗 2 厘米，一生有叶8～12 片，呈长条形、绿色，蜡粉少，叶长 46 厘米、宽 3.2 厘米，青蒜苗单株重 95 克，最重达 125 克。蒜薹长 40 厘米，绿色脆嫩。蒜头外皮白色间紫红，每头 18～25 瓣，瓣瘦小。7 月上旬至 9 月上旬均可播种，11 月至翌年 1 月中旬青蒜苗上市，2 月中旬开始采薹（比隆安红蒜提早 10～20 天），4 月中旬收蒜头，每 667 米^2 产青蒜苗 2 000～3 000 千克、蒜薹 300～350 千克，故宜作青蒜苗和早薹蒜栽培。

6. 嘉祥紫皮蒜　山东省嘉祥地方良种。株高 80～105 厘米，每株有须根 80～100 条，长 20～50 厘米，一般有 70% 左右的须根发生分杈，假茎高 40～50 厘米、粗 1.6～1.8 厘米。叶片狭长、直立，长 45～50 厘米、宽 2.5～2.8 厘米，叶面有蜡质层，耐干旱。薹长 60～90 厘米、粗 0.7～0.8 厘米。蒜头外皮为紫红色，呈球形，横径 3.0～4.5 厘米，头围 14 厘米左右，多为 4～6 瓣，少数达 8 瓣以上，瓣大小均匀，外皮深紫红色，色泽鲜艳，单头重 25～30 克，单瓣重 4.2～4.5 克。香辣味浓烈，蒜泥黏度大，营养丰富，品质极佳。于秋分至寒露前后播种，次年芒种收获，全生长期 240 天左右，每 667 米² 产蒜薹 600 千克、蒜头 1 250 千克，高产达 2 000 千克以上。该品种宜作蒜薹、蒜头栽培。

7. 苏联 2 号大蒜　又名苏联红皮蒜。中熟品种，生长势强、抗热性能好。株高 73.5～98.5 厘米，假茎粗壮，长 40～50 厘米、粗 1.6～2.2 厘米，须根 80～110 条，少量分杈，一生有叶 12～13 片，长 50～80 厘米、宽 3～4 厘米，叶色深绿，耐寒性强，越冬时可达 7 片叶。抽薹率 60%～70%，蒜薹短而细，长 70～90 厘米（含蒜尾长度）、粗 0.4～0.6 厘米，单薹重 7～10 克，黄绿色，纤维少、品质优，但不耐贮。蒜头外皮浅紫色，个肥大，横径 5.2 厘米，单头蒜重 50 克左右，最大鲜重 200 克、干重 152 克，单头 10～14 瓣，其中内层小瓣 1～3 个，蒜头休眠期较短，不耐贮。秋分至寒露播种，翌年 5 月中下旬收获，全生长期 234 天，每 667 米² 产青蒜苗 2 500～3 500 千克、蒜薹 150～200 千克、蒜头 1 500～2 000 千克。该品种宜作青蒜苗和蒜头栽培。

8. 宝坻大蒜　天津宝坻农家品种。其味纯浓郁，辛辣醇香，早在明、清时期就为御膳延馔的佳品，蒜头中辣素、水分、粗蛋白、纤维素、果胶质等含量均高于白皮蒜，风味上乘，在京津久负盛名。宝坻蒜分为两类：一是抽薹类，如六瓣红、马芽红、抱娃红；二是割薹蒜类，如柿子红、狗牙红。其中以六瓣红、柿子红为主，系春播中熟品种，全生育期 105～107 天。

（1）六瓣红　又名六大瓣。株高 65～75 厘米，须根 90～110 条，假茎粗大，一生 9 片叶，互生、直立，开展度 20 厘米，叶色浓绿，叶面蜡粉较厚，宜密植。抽薹早，蒜薹粗壮，肉质肥厚，产量高。蒜头外皮紫红色，最大横径 6.5 厘米左右，横径达 4 厘米的蒜头超过 80%，单头重 50～60 克，蒜头多为 6 瓣，单层排列，瓣肥大均匀，质密坚硬，易贮存。每 667 米² 产干蒜头 800～1 000 千克。该品种宜作蒜薹和蒜头栽培。

（2）柿子红　株高 70 厘米，须根 60～80 条，一生 9 片叶，叶片较长，叶色浅绿，蜡粉较少，叶片平展，叶尖下垂，呈披针形，开展度 25 厘米，宜稀植。抽薹晚，抽薹率低。蒜头扁圆形似柿子，横径 5.0 米，高 3.5 厘米，每头 4～6 瓣，单头重 40 克左右，蒜皮薄且脆，易破损，辣味柔和适口，贮存条件较严格，每 667 米² 产干蒜头 850～925 千克。该品种宜作蒜头栽培。

9. 昭苏大蒜　在新疆昭苏地区全生长期 323 天左右，晚熟品种，株高 75～80 厘米，须根 100～110 条，一生 9 片叶，叶色浓绿，叶面蜡粉较厚。蒜头呈浅红色，头围 15～20 厘米，单头重 59 克，大的达 84.4～87.2 克，单头 4～7 瓣，多为 6 瓣，瓣大而匀，肉质肥厚，辣味浓郁，芳香持久，锗含量高。休眠期长，耐贮藏。该品种宜作蒜头栽培。

10. 宋城大蒜　又名围蒜，是从苏联 2 号大蒜中选育出来的，是我国主要出口大蒜的品种之一。中晚熟品种，株高 72 厘米左右，假茎粗 15 厘米，一生有叶 14～15 片，叶色浓绿，叶片宽厚上冲挺拔。抽薹率 70%～90%，蒜薹细短，单薹 5 克左右。蒜头外皮红色，头围 16 厘米左右，横径 5 厘米上下，单头重 50 克左右，重者达 120 克，单头 9～10 瓣，瓣形大小不匀，但小瓣重占不到 1.0%。全生育期 260 天左右，每 667 米² 产青蒜苗

2 000~2 500 千克、蒜薹 150~200 千克、蒜头 1 750 千克左右。以产蒜头为主，也可作青蒜苗栽培。

11. 金堂早蒜　四川省金堂县地方品种。因主要产于云顶山，又名云顶早蒜。株高 60 厘米，株幅 12 厘米左右。假茎高 25 厘米左右，粗 1 厘米左右。最大叶长 37 厘米，宽 2 厘米左右，全株有 11 片叶。蒜头扁圆形，直径 3 厘米左右，外皮淡紫色，单头重 12~16 克。每个蒜头有 8~10 个蒜瓣，分两层排列，平均单瓣重 1.5 克，蒜衣两层，淡紫色。抽薹率 80% 左右，蒜薹长 35 厘米左右，粗 0.6 厘米，平均单薹重 8 克，每 667 米² 产蒜薹 100~150 千克，蒜头 200 千克左右。蒜薹和蒜头产量虽较低，但早熟性好，属极早熟品种，生长期约 180 天。

在主产区于 8 月上旬至下旬播种，11 月下旬至 12 月上旬开始采收蒜薹，翌年 2 月上中旬收获蒜头。蒜薹和蒜头品质俱佳，加之上市早，所以产值高。耐寒性差，冬季叶片受冻后，上部干枯，引至北纬 34°地区秋播时，越冬期间死苗率高。耐热性较好。

12. 软叶蒜　四川省成都市郊区、新都、彭县为主要产区。又名新都大蒜。株高 86 厘米，株幅 15.3 厘米。假茎高 41 厘米，粗 1.5 厘米，全株叶片数 15 片，最大叶长 46.6 厘米，最大叶宽 3 厘米。叶片肥厚，叶色鲜绿，质地柔软，叶片上部向下弯曲，加上出苗后生长快，叶鞘粗而长，所以是做青蒜苗栽培的理想品种。蒜头呈短圆锥形，外皮淡紫色，单头重 25 克左右。每个蒜头约有 13 个蒜瓣，一般分 4 层排列，少数为 7 层，最外层多为 2~3 瓣，第二、第三层各为 3~4 瓣，第四层（最内层）多为 2~3 瓣，平均单瓣重 2.5 克。蒜形状和大小不整齐，第四层内的蒜瓣很小，似"楔子"，对单头重影响不大。蒜衣两层，紫色，紧包蒜瓣，不易剥离。该品种是典型的半抽薹品种，适应性强，不易退化。

13. 金山火蒜　广东省开平县一带的地方品种，为广东中部地区大蒜的代表品种。蒜农为了使蒜头采收后迅速干燥,以提早上市,延长贮藏期,先将蒜头在田间晾干,然后运至库中用烟熏,待烘干后远销东南亚国家及香港特区,故称火蒜。株高 60 厘米,株幅 9 厘米。假茎高 28 厘米,粗 0.9 厘米,全株叶片数 15～16 片,最大叶长 32 厘米,最大叶宽 2.1 厘米。蒜头长扁圆形,最大横径 3.4 厘米,最小横径 2.7 厘米,外皮淡紫色,平均单头重 10 克。每个蒜头有 7～10 个蒜瓣,分 3～5 层排列。1～3 层每层平均有 2～3 个蒜瓣,4～5 层每层多为 1 个蒜瓣,蒜衣两层,紫红色,平均单瓣重 1.5 克。在当地不抽薹或半抽薹。

当地一般于 10 月上旬播种,翌年 3 月上中旬收获蒜头,生育期 140～150 天。

14. 新会火蒜 广东新会地方品种。株高 56 厘米,株幅 9.6 厘米。假茎高 29 厘米,粗 0.9 厘米。全株叶片数 16～17 片,最大叶片长 31 厘米,最大叶宽 2.1 厘米。蒜头长扁圆形,最大横径 5 厘米,最小横径 4.3 厘米,外皮淡紫色,平均单头重 25 克,大者可达 30 克。每个蒜头有 9～13 个蒜瓣,分 3 层排列,最外层多为 1～2 瓣,2～3 层瓣数不规则,第二层少者 2 瓣,多者 6 瓣,第三层少者 4 瓣,多者 9 瓣。蒜衣两层,紫红色,平均单瓣重 2.2 克。在当地可抽薹。

15. 普宁大蒜 广东省普宁县地方品种,为广东省东部优良品种。株高 71 厘米,株幅 20 厘米。假茎高 24 厘米,粗 1.5 厘米。全株叶片数 12 片,最大叶长 45 厘米,最大叶宽约 3 厘米。蒜头长扁圆形,最大横径 4.6 厘米,最小横径 3.2 厘米,平均单头重 20 克。每个蒜头有 9～12 个蒜瓣,一般分 3 层排列,最外层多为 3 瓣,第二层 3～4 瓣,第三层 3～6 瓣,各层蒜瓣的大小没有明显差异。蒜衣两层,淡红色,平均单瓣重 2 克。在当地可抽薹。

16. 彭县蒜 四川省成都市郊彭县地方品种。有早熟、中熟和晚熟 3 个品种。植株高 75～89 厘米,中熟品种的植株最高,晚熟品种次之，早熟品种最低。株幅15.4～27.8厘米，晚熟品种最大，早熟品种最小，中熟品种居中。假茎高34～38厘米，中熟品种最高，晚熟品种次之，早熟品种更次之。假茎粗1.5～1.9厘米，中熟品种最粗，晚熟品种次之，早熟品种更次之。全株叶片数11～13片，早熟品种叶数最多，中熟品种次之，晚熟品种最少。最大叶长47.3～55.8厘米，中熟品种最长，晚熟品种次之，早熟品种更次之。最大叶宽3.06～3.55厘米。蒜头近圆形，外皮灰白色带紫色条斑，横径4～4.4厘米，中熟品种最大，晚熟品种最小，早熟品种居中。单头重22～33克，中熟品种最高，早熟品种最低，晚熟品种居中。每个蒜头有7～8个蒜瓣。分两层排列，外层4～5瓣，内层3～4瓣。瓣形整齐，内外层蒜瓣大小差异不大。平均单瓣重3～4克。蒜衣两层，紫色，易剥离。抽薹率以中熟品种最好，达100%，早熟品种和晚熟品种均达98%左右。蒜薹粗而长。中熟品种薹长50厘米，薹粗0.94厘米，平均单薹重20克，重者可达30克；早熟及晚熟品种稍差。蒜薹质脆嫩，味香甜，上市早，产量高。

在当地种植，每667米^{2}产蒜薹700千克左右，高者可达900千克；每667米^{2}产蒜头750～1 000千克。该品种的适应性较强，故彭县成为全国很多地区引进蒜种的基地。

17. 温江红七星　四川省成都郊县地方品种。又名硬叶子、刀六瓣。属中熟品种，生育期230天左右。株高71厘米，株幅15厘米。假茎长31厘米，粗1厘米。全株叶片数11～12片，最大叶长44厘米，最大叶宽2.5厘米。蒜头扁圆形，横径4.5厘米左右，形状整齐，外皮淡紫色，单头重25克左右。每个蒜头有蒜瓣7～8个，分两层排列，内、外层蒜薹数及重量差异不大，蒜瓣形状、大小整齐，平均单瓣重3克。蒜衣两层，淡紫色，不易剥离。抽薹率80%左右，薹长41厘米，粗0.5厘米，单薹重7克。

18. 来安大蒜　安徽省来安县相官镇地方品种，又名来安薹蒜,是当地蒜薹栽培优良品种。来安县也是全国蒜薹名产地之一。株高 100 厘米左右。假茎高约 40 厘米,粗约 1.5 厘米。全株叶片数 9~10 片,叶片绿色有蜡粉,下部 4~6 叶片多向下弯曲。叶长 30~45 厘米,叶宽 2~3 厘米。蒜头近圆形,横径 5 厘米左右,形状整齐,外皮白色带淡紫色条斑,单头重 35~40 克。每个蒜头有蒜瓣 12~13 瓣,分两层排列,一般外层为 6~7 瓣,内层为 6 瓣,外层蒜瓣大,内层蒜瓣小,而且夹瓣多,平均单瓣重 3 克。蒜衣两层,黄白色带淡紫色条斑。抽薹性很好,抽薹率可达 100%。薹生长整齐,可一次采收完毕。蒜薹粗而长,浅绿色,质地致密,长 60 厘米左右,粗 0.9 厘米左右,平均单薹重 25 克,重者达 35 克。耐贮藏,冷藏蒜薹可在春节前后供应。

当地薹用大蒜的适宜播种期为 9 月下旬至 10 月上旬。行距 27~33 厘米,株距 6.5~7 厘米,或行距 17 厘米,株距 10 厘米,每 667 米^2 3 万~3.5 万株。生育期 240 天。每 667 米^2 产蒜薹 500~600 千克,高者可达 700 千克;每 667 米^2 产蒜头 700~750 千克。因蒜衣容易剥离,适宜加工成脱水蒜片,20 世纪 80 年代初蒜片远销欧美、日本及东南亚等十几个国家和地区。蒜头耐贮藏,在室温下可贮藏至翌年 2 月份。

19. 鲁农大蒜 山东农业大学从苏联红皮大蒜中定向选育而成。植株长势强,株高 80 厘米左右,株形开张。全株叶片数 13 片,最大叶长 73 厘米,最大叶宽 4 厘米。蒜头扁圆形,横径 5 厘米左右,形状整齐,外皮灰白色带紫色条斑,单头重 50 克左右。每个蒜头有蒜瓣 10~13 个,分两层排列,外层 6~7 瓣,内层 4~6 瓣,外层蒜瓣肥大,内层为中小蒜瓣。蒜衣基部淡红色,平均单瓣重 4.5 克。抽薹率 80% 以上,蒜薹长 60 厘米左右,粗 0.7 厘米左右。休眠期短,播种后出苗快,苗期生长快,可利用中、小瓣进行密植作青蒜苗栽培。

20. 襄樊红蒜 湖北省襄樊市郊区地方品种。经襄樊市蔬菜研究所多年选择，成为以采收蒜薹为主的蒜薹和蒜头兼用优良品种。株高 87 厘米，株幅 24 厘米。假茎高 35 厘米，粗 1.5 厘米。全株有叶片 10～11 片，最大叶长 54 厘米，最大叶宽 3.1 厘米。蒜头近圆形，横径 4.5 厘米，单头重 22 克。每个蒜头有蒜瓣9～11 瓣，分两层排列，内、外层蒜瓣数及单瓣重差异不大。瓣形整齐，蒜衣两层，淡紫黄色，平均单瓣重 3 克。抽薹率 98％左右，蒜薹长 48 厘米，粗 0.8 厘米，单薹重 13 克左右。

21. 上高大蒜　江西省著名大蒜地方品种。株高 70～90 厘米。假茎高 25～30 厘米，粗 1.2 厘米，假茎下部紫红色。最大叶长 60 厘米，最大叶宽 2 厘米，叶色深绿，叶片厚，纤维少，表面有白色蜡粉。蒜头扁圆形，横径 4～6 厘米，外皮紫红色，单头重 45～75 克。每个蒜头有 6～8 个蒜瓣，蒜衣紫红色，瓣肥厚，辛辣味浓，品质优良。耐涝、耐寒、较早熟，生育期 210 天。

当地作青蒜苗栽培时，于 8 月中旬至 9 月上旬播种，11 月至翌年 2 月采收，每 667 米^2 产 2 000～2 500 千克。作蒜薹及蒜头栽培时，于 9 月底至 10 月中旬播种，翌年 4 月中旬收蒜薹，每 667 米^2 约产 250 千克；5 月中旬收蒜头，每 667 米^2 产 500～600 千克。

22. 都昌大蒜　江西省都昌地方品种。株高 60 厘米。假茎高 15 厘米，粗 1 厘米。最大叶长 50 厘米，最大叶宽 3 厘米，叶片深绿色，有白粉。蒜头扁圆形，横径 5 厘米，外皮紫红色，单头重 30 克。每个蒜头有 8 个蒜瓣，分两层排列，蒜衣紫红色。蒜味浓、品质好，较耐寒，为当地薹、头兼用的优良品种。

当地于 9 月中下旬播种，行距 13 厘米，株距 7 厘米，翌年 3 月下旬至 4 月上旬采收蒜薹，每 667 米^2 产 400 千克左右；4 月下旬采收蒜头，每 667 米^2 产 500 千克左右。

23. 四月蒜　湖南省隆回地方品种。株高 53 厘米。蒜头外皮紫红色，近圆形，整齐，横径 4 厘米左右，平均单头重 27 克左右。每个蒜头有蒜瓣8～9瓣，分两层排列，外层多为5瓣，内层3～4瓣，内、外层蒜瓣大小差异不大，瓣形整齐，平均单瓣重3克。瓣衣淡紫红色带紫色条斑，包被紧实不易剥离。抽薹率达100%，蒜薹粗实。

在当地为晚熟品种，5月上旬收蒜薹，5月底至6月上旬采收蒜头。

24. 茶陵蒜　湖南省茶陵地方品种，是湖南省大蒜栽培面积最大的品种，蒜头紫色。株高61～66厘米。蒜头扁圆形，横径5.9厘米，平均单头重56克。每个蒜头有蒜瓣11～12个。香辣味浓，品质好，在当地为中熟品种。

25. 广西紫皮　广西壮族自治区南宁市郊地方品种。株高72厘米左右，株幅31厘米左右。假茎高24厘米，粗1.5厘米。全株叶片数11～12片，最大叶长48.8厘米，最大叶宽2.8厘米。蒜头扁圆形，横径4.5厘米左右，形状整齐，外皮乳白色带紫色条纹，平均单头重30克。每个蒜头有蒜瓣11～12个，分两层排列，内、外层的蒜瓣数相近，各5～7瓣，蒜瓣大小相近，平均单瓣重2.5克。蒜衣两层，紫红色。抽薹性好，抽薹率90%以上。蒜薹长32厘米，粗0.74厘米，单薹重13克。

26. 陆良蒜　云南省陆良地方品种。株高67厘米左右，株幅30厘米左右。假茎高20厘米，粗1.5厘米。单株叶片数11片，最大叶长55厘米，最大叶宽3.5厘米。蒜头近圆形，横径4.5厘米左右，形状整齐，外皮灰白色带淡紫色条斑，平均单头重30克。每个蒜头有蒜瓣10～11瓣，分两层排列，蒜瓣形状、大小整齐，内、外层蒜瓣数及重量的差异很小，平均单瓣重3克。蒜衣两层，暗紫色。抽薹率94%以上，蒜薹长29厘米，粗0.8厘米，平均单薹重13克。

27. 毕节蒜　贵州省毕节地方品种。大蒜产区位于贵州西北部云贵高原东部丘陵地带，主要种植在海拔1 400～1 700米地段。株高91厘米，株幅44.6厘米。假茎高32厘米左右，粗

1.8厘米。单株叶片数13片，最大叶片长63厘米，最大叶宽4厘米。蒜头近圆形，横径5.3厘米，外皮淡紫色。平均单头重50克，大者达70克。每个蒜头有蒜瓣11～13瓣，多者达16瓣。分两层排列，蒜瓣间排列紧实，外层蒜瓣数一般比内层蒜瓣数少，但蒜瓣较大，平均单瓣重4克，大瓣重5.5～6克，瓣形肥大，蒜瓣背宽1.5厘米左右。蒜衣一层，淡紫色。抽薹率98%～100%，蒜薹长55厘米，粗0.9厘米，平均单薹重15克。

当地于8月下旬播种，翌年5月下旬采收蒜薹，6月下旬采收蒜头。每667米^{2}产蒜薹350～380千克，蒜头1 200～1 500千克。

28. 桐梓红蒜 贵州省桐梓地方品种。植株长势强，株形开张。叶片宽大，深绿色。蒜头外皮紫红色，平均单头重17克左右。每个蒜头有蒜瓣10～11瓣，分两层排列，蒜衣紫红色。蒜薹粗大，长约70厘米，粗约0.7厘米，平均单薹重14克。每667米^{2}产蒜薹470千克左右，蒜头500千克左右。耐寒性强。除适宜作以蒜薹为主的栽培外，因叶片宽大，苗期生长快，还适宜作青蒜苗栽培。

29. 蔡家坡红皮蒜 蔡家坡红皮蒜又名火蒜。陕西省岐山县蔡家坡镇地方品种，是该县驰名省内外的大蒜良种。该县也是陕西省生产蒜种的重要基地。株高约85厘米，株幅30厘米左右。假茎高33～34厘米，粗1.5～1.6厘米。单株叶片数12～13片，最大叶长63厘米，最大叶宽3.2厘米，叶色深绿。蒜头扁圆形，横径4.5～6厘米，外皮浅紫红色，平均单头重25克。每个蒜头有蒜瓣8～12瓣，分两层排列，内、外层蒜瓣数及单瓣重差异不大，瓣形整齐，平均单瓣重2克。蒜衣两层，淡紫色，抽薹性好，蒜薹粗而长，长约45厘米，粗约0.8厘米，抽薹率100%，抽薹期较整齐，上市早，品质佳。

该品种主要用作早蒜薹栽培，同时因生长快、叶片肥大、假茎粗而长，还适宜作青蒜苗（越冬）栽培。当地的适宜播种期为

9月中下旬，翌年4月中旬采收蒜薹，5月下旬至6月上旬采收蒜头。每667米^{2}产蒜薹500千克左右，蒜头750千克左右。如栽培青蒜苗，每667米^{2}可产3 000～3 500千克。

30. 普陀大蒜 陕西省洋县普陀地方品种。株高85厘米，株幅28厘米。假茎高33厘米，粗1.7厘米。单株叶片数11～12片，最大叶长55厘米，最大叶宽3.5厘米。蒜头扁圆形，横径4.5～5厘米，外皮淡紫色，平均单头重30克。每个蒜头有蒜瓣8～9个，分两层排列，内、外层蒜瓣数及重量差异不大，瓣形整齐，平均单瓣重3.6克。蒜衣两层，紫红色。抽薹性好，抽薹率99%。薹长46厘米，粗0.8厘米，单薹重19克，是以蒜薹栽培为主的优良品种。

31. 耀县红皮 又名耀县火蒜，陕西省耀县地方品种。株高85厘米，株幅44厘米。假茎高36厘米，粗1.4厘米。单株叶片数12～13片，最大叶长53厘米，最大叶宽3厘米。蒜头近圆形，横径4.2厘米，外皮浅紫色，平均单头重27.5。每个蒜头有蒜瓣7～8瓣，分两层排列，一般外层为2～3瓣，内层为4～5瓣，外层蒜瓣比内层蒜瓣大。蒜衣两层，淡紫色，平均单瓣重3克。抽薹性好，抽薹率100%。薹长46厘米，薹粗0.8厘米，单薹重17.3克。为蒜薹和蒜头俱佳的品种。

当地于9月中旬播种，翌年5月上旬采收蒜薹，6月上旬采收蒜头。每667米^{2}产蒜薹400～500千克，蒜头750～800千克。

32. 伊宁红皮 新疆维吾尔自治区伊宁地方品种。株高约90厘米，株幅43厘米。假茎高26厘米，粗1.6厘米。单株叶片数11～12片，最大叶长69厘米，最大叶宽3.7厘米。蒜头近圆形，横径5厘米左右，外皮紫红色，平均单头重50克。每个蒜头有蒜瓣6～7瓣，分两层排列，内、外层蒜瓣数及蒜瓣大小差异不大，瓣形肥大而整齐，蒜衣一层，紫褐色，平均单瓣重6.6克。抽薹率虽然可达100%，但蒜薹短而细，产量不高。

当地于9月中旬至10月中旬播种，翌年5月下旬至6月中旬采收蒜薹，每 667 米^2 产 150～200 千克。7 月中下旬采收蒜头，每 667 米^2 产 1 600 千克左右。生育期 285 天左右。在当地可贮藏至翌年 3～4 月份。

33. 格尔木红皮　青海省格尔木市郊地方品种。株高 82 厘米，株幅 26 厘米。假茎高 21 厘米，粗 1.5 厘米。单株叶片数 14 片，最大叶长 63 厘米，最大叶宽 2.9 厘米。蒜头近圆形，横径 6～7 厘米，外皮褐色带紫色条纹。平均单头重 76 克，大者可达 92 克。每个蒜头有蒜瓣 10～12 瓣，分 3～4 层排列，最外层多为 1 个蒜瓣，单瓣重 10 克左右。第二、第三、第四层的蒜瓣依次变小，但第四层的单瓣仍达 5 克左右，平均蒜瓣重 6.5 克，可见其肥大的程度。蒜衣两层，紫红色，瓣形整齐。抽薹性较差，多数不抽薹，蒜头中央形成 1 个蒜瓣，少数为半抽薹。

当地为春播品种，9 月份收获蒜头。

34. 江孜红皮蒜　西藏自治区江孜县地方品种。株高 79 厘米，株幅 23 厘米。假茎高 35 厘米，粗 1.2 厘米。单株叶片数 13 片，最大叶长 51 厘米，最大叶宽 2.1 厘米。蒜头扁圆形，横径 6～7 厘米，形状整齐，外皮灰白色带紫色条纹。平均单头重 75 克，大者可达 100 克。有蒜瓣 7～9 个，分两层排列，内、外层蒜瓣数相近，外层蒜瓣略大于内层，平均单瓣重 9.2 克。蒜衣两层，紫红色，容易剥离。

当地于 4 月上旬播种，9 月上旬收获蒜头。

35. 拉萨紫皮蒜　西藏自治区拉萨市郊地方品种。蒜头扁圆形，横径 7.5 厘米，外皮紫色，易破裂。平均单头重 108 克，大者达 127 克。有 8～20 个蒜瓣，一般为 11 瓣。平均单瓣重 10 克左右，大者达 14 克。蒜衣紫褐色。

当地一般于 3 月上中旬播种，7 月上中旬采收蒜薹，10 月下旬至 11 月上旬采收蒜头。

36. 下察隅大蒜　西藏自治区下察隅地区地方品种。蒜头近圆形，横径 7.7 厘米，外皮紫红色。平均单头重 66 克，大者达

100 克。每头蒜有蒜瓣 9～10 个，蒜衣紫色。

当地于 8～9 月份播种，翌年 6 月下旬至 7 月上旬收获蒜头。

37. 清涧紫皮蒜 陕西省清涧地方品种。蒜头扁圆形，横径 5 厘米左右，外皮灰白色带紫色条纹，平均单头重 30 克。每头蒜有蒜瓣 5～6 个，分两层排列，内、外层蒜瓣数及单瓣差异不大，瓣形整齐，平均单瓣重 5.4 克。蒜衣一层，紫红色，不易剥离。

当地于 3 月份播种，6 月上旬采收蒜薹，7 月上旬采收蒜头，为早熟品种。每 667 米² 产蒜薹 90～100 千克，蒜头 800 千克。

38. 阿城紫皮蒜 黑龙江省阿城传统名优地方品种。株高 84 厘米，株幅 32 厘米。假茎高 33 厘米，粗 1.3 厘米。单株叶片数 8 枚，叶色深绿，叶面有蜡粉。蒜头近圆形，横径 5 厘米左右，外皮灰白色带紫色条纹，平均单头重 30 克。每个蒜头有蒜瓣 6～10 瓣，分两层排列，外层蒜瓣数略多于内层，但蒜瓣大小差异不大，平均单瓣重 4 克，蒜瓣间排列紧实，蒜衣一层，紫红色，不易剥离。抽薹率 90％以上，但蒜薹产量低。

当地于 4 月份播种，7 月中旬采收蒜头，生育期 100 天左右，为当地的早熟大蒜品种。每 667 米² 产蒜头约 600 千克。

39. 开原大蒜 辽宁省开原县地方品种。株高 89 厘米，株幅 34 厘米。假茎高 34 厘米，粗 1.4 厘米。单株叶片数 10～11 片，最大叶长 60.5 厘米，最大叶宽 2.7 厘米。蒜头近圆形，横径 4.7 厘米，外皮灰白色带紫红色条纹，平均单头重 32 克。每头蒜有蒜瓣 7～11 个，分两层排列，平均单瓣重 3.5 克。蒜衣一层，暗紫色，易剥离。

当地于 3 月下旬播种，6 月中旬采收蒜头。

40. 海城大蒜 辽宁省海城市郊耿庄地方品种，又名耿庄大蒜。品种行销黑龙江、吉林、内蒙古等地，还远销加拿大、罗马尼亚及日本等国。株高 75 厘米，株幅 47 厘米，株形较开张。叶片淡绿色，叶面有蜡粉。蒜头近圆形，外皮灰白色带紫色条纹。

平均单头重 50 克，大者达 100 克。每头蒜有蒜瓣 5～6 个，蒜瓣肥大而且均整，香辣味浓。

当地于 3 月中旬播种，6 月上旬采收蒜薹，7 月上旬采收蒜头。每 667 米² 产蒜薹 100 千克，蒜头 1 000 千克。

41. 应县大蒜　山西省北部应县地方品种，名产地为小石口村。产品除销往大同市和雁北地区各县外，还销往内蒙古、河北等地，并出口日本。有紫皮和白皮两种，以紫皮为主。植株长势旺盛，叶片深绿有蜡粉，蒜头扁圆形，横径 5 厘米左右，外皮紫色，平均单头重 32 克，大者达 40 多克，每头蒜有蒜瓣 4～6 瓣，少数为 8 瓣，蒜瓣肥大而均整，肉质致密，辛辣味浓，品质高，蒜衣紫红色。

当地于 3 月下旬至 4 月上旬播种，6 月下旬至 7 月上旬采收蒜薹，7 月下旬至 8 月上旬采收蒜头。

42. 民乐大蒜　甘肃省民乐县地方品种。株高 78 厘米，株幅 34 厘米。假茎高 12 厘米，粗 1.2 厘米。单株叶片数 16 片，最大叶长 66.5 厘米，最大叶宽 2.4 厘米，蒜头近圆形，横径 5.2 厘米，形状整齐，外皮灰白色带紫色条纹，平均单头重 50 克。每头蒜有蒜瓣 6～7 个，分两层排列，内、外层的蒜瓣数及大小无明显差异，蒜瓣肥大而且匀整，平均单瓣重 7 克。蒜衣两层，暗紫色。

当地于 4 月上旬播种，7 月中旬采收蒜薹，8 月下旬采收蒜头。

43. 临洮红蒜　甘肃省临洮县地方品种，株高 73 厘米，株幅 28 厘米。假茎高 21 厘米，粗 1.5 厘米，单株叶片数 15～16 片，最大叶长 57 厘米，最大叶宽 2.8 厘米。蒜头近圆形，横径 4.5 厘米，外皮浅褐色带紫色条纹，平均单头重 30 克，每头蒜有蒜瓣 12 个，多者 14 个。分两层排列，外层瓣数较少、较大，平均单瓣重 2.3 克。在产地可以抽薹。

44. 土城大瓣　内蒙古自治区乌兰察布盟和林格尔县土城子

地方品种。株高 75 厘米，株幅 30 厘米。假茎高 15 厘米，粗 1.1 厘米，单株叶片数 8～9 枚，最大叶片长 57 厘米，最大叶宽 2.6 厘米。蒜头近圆形，横径 4.6 厘米，外皮灰白色带紫色条纹。平均单头重 28 克，大者达 50 克。每头蒜有蒜瓣 8～9 个，一般分 3 层排列。最外层多 1 瓣，重 4 克左右；第二层 4～5 瓣，平均单瓣重 2.5 克；第三层 3～4 瓣，平均单瓣重 1.8 克。蒜衣一层，紫红色。

当地春播夏收，可抽薹。

45. 银川紫皮 宁夏回族自治区银川市郊县地方品种。株高 65 厘米，株幅 25 厘米。假茎高 17 厘米，粗 1.7 厘米。单株叶片数 13～14 片，最大叶长 49 厘米，最大叶宽 3 厘米。蒜头近圆形，横径 4.3 厘米，外皮灰白色带紫色条纹，平均单头重 30 克。每头蒜有蒜瓣 8～9 个，分两层排列，外层 4～6 瓣，内层 3～5 瓣，内、外层单瓣重差异不大，瓣形整齐、均匀，平均单瓣重 3 克。蒜衣两层，紫红色。

当地春播夏收，抽薹性较差，薹细小，而且有半抽薹现象。

第三节 大蒜栽培技术

一、栽培季节与方式

我国幅员辽阔，各地气候不同、温光资源差别大，根据栽培季节不同，我国大蒜有春播蒜和秋播蒜。在自然状态下，北纬 38°以北地区冬季严寒，秋播蒜苗易受冻害，宜春播；北纬 35°以南地区冬季不很寒冷，蒜苗基本可以露地越冬，宜秋播；北纬 35°～38°之间地区春、秋播均可。但随着栽培技术的创新，利用设施与保温材料，如覆草、盖地膜等技术的应用，北纬 38°以北地区大蒜也可以秋播。

大蒜栽培方式根据覆盖物的有无可分为：露地栽培、秸秆覆盖栽培和地膜覆盖栽培等三种形式。

（一）露地栽培

多为长江流域和华南、西南蒜区采用，一是由于上述地区秋雨丰沛，温度下降迟缓，地温高、墒情好，不需要覆盖物保墒增温；二是由于上述地区冬季不寒冷，蒜苗能露地安全越冬。

（二）秸秆覆盖栽培

这是我国古老而传统的大蒜栽培方式，适宜全国各蒜区，大蒜播种盖土后，在其上铺一层禾本科作物或蚕豆、油菜秸秆，以保温增墒，利于出苗。秸秆覆盖一是抑制秋草出苗控制草害；二是在草烂后还田，培肥土壤。

（三）地膜覆盖栽培

一是缓解秋播的播种季节与茬口的矛盾；二是提高冬季地温，保温增墒，减少水分蒸发和养分流失，保持土壤疏松，增加氧气的含量；三是促进大蒜壮苗早发，减轻病虫害，提高等级蒜比例；四是促进早熟，提高产量，增加经济效益。

根据人们对大蒜食用习惯喜好和出口需要又可分为：①以收获蒜薹或蒜头为目的的常规栽培；②以食用假茎和叶片为目的的青蒜苗和蒜黄软化栽培；③以提高土地利用率和复种指数，增加经济效益为目的的多种间套作栽培。

二、大蒜生产茬口及主要栽培模式

（一）生产茬口

大蒜忌连作。连年在同一块地里种大蒜，或与葱蒜类蔬菜（大葱、洋葱、韭菜等）重茬，则病虫害严重，出苗率低，植株细弱，叶片发黄，蒜薹和蒜头产量降低。秋播蒜的前茬以小麦、大麦、玉米、高粱、瓜类、豆类、马铃薯、水稻为宜。这种轮作制度具有以下好处：

第一，水、旱作物轮作，土壤干、湿交替，可以增加土壤的透气性，使土壤微生物活动旺盛，改进土壤理化性质。

第二，大蒜根系分泌物对病菌的繁殖有抑制作用，加上蒜、稻轮作田改变了病虫生活的环境条件，可以减轻病害和地下害虫（金针虫、蝼蛄等）的为害。

第三，蒜稻轮作可以减轻稻田杂草和蒜田杂草的为害。

秋播大蒜的轮作制度：第一年春季栽种马铃薯、夏白菜等，收获后种大蒜；第二年大蒜收获后种水稻，收稻后种越冬小麦；第三年小麦收获后种植菜豆等夏菜，夏菜收获后再种大蒜；第四年大蒜收获后种玉米。如此轮换种植可以合理利用土壤肥力，改善土壤理化性质，减轻病虫及杂草的为害。

大蒜春播地区轮作方式：第一年春季种马铃薯、西葫芦、黄瓜或菜豆，收获后种大白菜，大白菜收获后土地休闲；第二年春播大蒜，大蒜收获后栽甘蓝、花椰菜、芹菜或播种胡萝卜、萝卜等；第三年再种夏菜。如此轮换种植。

头（薹）用大蒜多以一年一茬露地或地膜覆盖栽培为主。在大蒜秋播区，为提高生产综合效益，充分利用温光资源，近年来多进行以大蒜为主的间套立体栽培方式。秋播大蒜前茬以豆类、玉米及各种喜温的瓜菜为主，稻区可以和水稻轮作。

（二）生产上常用栽培模式

1. 大蒜—菠菜—南瓜—早熟花椰菜 作 180 厘米宽的畦，于 9 月下旬在紧靠畦的一侧种 6 行大蒜，行株距 20 厘米×10 厘米，占地 1 米。在 80 厘米的空当内开沟播种 3 行大叶菠菜。菠菜从 11 月陆续开始收获，直至翌年 3 月收获完毕。然后施肥、整地做成小高垄，其上覆地膜按株距 50 厘米于 4 月中旬定植 1 行南瓜（南瓜于 3 月中旬小拱棚营养钵育苗）。5 月底大蒜收后把南瓜秧引向空畦，理顺蔓叶、压蔓、留瓜，7 月下旬南瓜拉秧，可及时整地定植早熟耐热花椰菜——夏银花、白雪公主（均需提早 25 天在遮阳网下利用营养钵育苗，3～4 叶定植）。定植时施足底肥，犁耙整平后按 110 厘米放线，然后从线内侧向中间翻土做成高 15 厘米、宽 60 厘米的高垄。在垄两侧按 45 厘米株距定植 2 行花椰菜，每 667 米^2 栽苗 1 600 株。生长期间不蹲苗，肥水齐攻，注意防虫，出现花球后，掰下底部老叶盖在球上防阳光暴晒、灰尘污染，以免降低花球质量。夏银花、白雪公主都属于优质的耐热早熟花椰菜品种，花球洁白、紧实，夏季在一般气温下不会出现"毛花、黄球、紫花"现象。这茬花椰菜单球重700～800克，每667米^{2}产量1 000余千克。9～10月值秋淡季上市。该模式在河南中牟推广应用较多。

2. 大蒜—菠菜—西瓜—玉米 300厘米为一种植带，于10月初播种12行大蒜，占地220厘米。留下80厘米空当（预留带）播种菠菜。翌年菠菜收后，整地施底肥，4月下旬种植1行地膜西瓜。5月下旬大蒜收获后，及时把瓜秧引向蒜茬地，并整枝、压蔓理顺瓜秧。同时在蒜茬地中间种植1行玉米，株距25厘米，每667米^{2}保苗1 200株，过密影响瓜类蔬菜生长。7月下旬至8月收获西瓜，9月中旬收玉米后，施肥、整地继续播种大蒜。该模式在黄淮等大蒜产区应用较多，已成为当地主要栽培模式之一。

3. 大蒜—黄瓜—菜豆 该模式在山东苍山等大蒜产区推广应用。110厘米为一种植带，畦面宽80厘米，高10厘米，畦沟宽30厘米。选择苍山蒜中的早熟品种，于10月初播种，行距17厘米，每畦5行，株距7厘米，平均每667米^{2}保苗33 000株。播后覆土浇水覆地膜，以后按常规管理。蒜薹采收后浇2次水促进蒜头膨大。收蒜前如土壤墒情差可再浇1次水，备播夏黄瓜。黄瓜可选用抗热、抗病品种如津优4号、津春5号等。5月底将有机肥施入畦沟内深翻整平，在沟两侧按株距25～30厘米播种2行已催出芽的黄瓜，每穴2籽，覆土2～3厘米。播后3天出苗，中耕保墒，当瓜苗长至3～4片叶时每穴保留1株。6月初收蒜后在窄沟上方搭架，搭架时竹竿要向黄瓜植株外侧约10厘米处插入土中，以扩大窄行间距离。蒜茬地留作宽行走道。黄瓜出苗后约40天开始收获，采瓜期约40余天。7月中下旬在黄瓜的宽走道中施肥整地播种2行菜豆，品种选用芸丰623、丰收 1 号等早熟种，穴距 25 厘米，每穴 3 籽，黄瓜拉秧后，架豆可利用黄瓜架爬秧，9 月中旬开始收获。

4. 大蒜—冬甘蓝—南瓜—玉米 300 厘米为一种植带，在 200 厘米宽畦内于 9 月下旬播种 8 行大蒜，株距 8～10 厘米。翌年 5 月下旬收获。在播种大蒜的同时育甘蓝苗。选用冬性强、抗抽薹性好的越冬甘蓝品种，10 月中下旬定植在 1 米宽的小畦内，株距 30 厘米，每 667 米² 栽苗 700 余株，4 月中下旬甘蓝收后及时整地、施肥播种或定植已育好的南瓜苗，株距 50 厘米，每 667 米² 栽苗 400 株。南瓜选用干、面、甜的优良品种，如蜜本、黄狼等。大蒜收后及时把南瓜秧拉向蒜畦并整枝压蔓，同时在其行间套 1 行玉米，株距 25～30 厘米，每 667 米² 保苗 800 株，玉米选用大穗型高产品种豫玉 22。南瓜、玉米收获后不耽误播种或定植越冬作物。该模式多在河南等大蒜产区推广应用。

5. 大蒜—菠菜—辣椒—玉米 种植带 170 厘米宽，其中 100 厘米畦内种 6 行大蒜，株距 10～12 厘米，70 厘米宽的预留畦内稀播 3 行大叶菠菜。菠菜从 11 月份始收一直可收到翌年 3 月下旬。3 月中旬在温室或中拱棚（夜间加盖草苫）内育辣椒苗，品种选择大果型、微辣、肉厚的品种，如农研 16、农研 17、湘研 10 号等良种。5 月上旬在收获菠菜的预留带内整地、施底肥，然后在距大蒜两边行 10 厘米处两侧双株定植辣椒，株距 50 厘米，每 667 米² 栽苗 3 000 株。5 月底大蒜收后在宽行内按株距 100 厘米，一穴双株播种 1 行大穗型玉米，可选择豫玉 22、北京 108 等高产大穗良种。利用稀植玉米形成"花荫"环境给辣椒遮风、挡雨、挡强光，还可起到阻隔传播辣椒病毒的蚜虫迁飞，减轻辣椒病毒病的感染率。

该模式一般每 667 米² 产蒜头 500 千克、菠菜 300 千克、辣椒 2 500 千克，可在 8 月份收获嫩玉米，也可在 9 月份收老玉米。该种植方式菠菜收得早，有充裕时间对定植辣椒的预留带进行施肥、深翻、整理。而且可以提早定植辣椒。辣椒与大蒜二者共生期不足 1 个月。该模式多在黄淮流域种植。

6. 棉、粮、蒜、菜套种　棉、麦、蒜、菠菜套作是江苏省徐州市棉田多熟制栽培模式之一。具体做法是：宽 160 厘米划分为一个种植带。秋分（9 月下旬）时，按行距 20 厘米条播 4 行小麦，按行距 17 厘米、株距 10 厘米点播 4 行蒜。小麦行与大蒜之间的距离为 25 厘米。大蒜行中撒播菠菜。4 行大蒜中的两个边行在采收青蒜苗后，于 5 月中旬各移栽 1 行棉花，中间 2 行采收蒜头。6 月上旬小麦和大蒜收获后加强棉田管理。一般每 667 米^2 产皮棉 70 千克，小麦 220～240 千克，蒜苗 700～800 千克，蒜头约 200 千克，菠菜 200～300 千克。

7. 棉、蒜、瓜、菜套种　徐州市棉田多熟制栽培模式中，棉花、大蒜、西瓜、青菜套种。具体方法是：宽 220 厘米划分为一个植带。其中 120 厘米于 9 月份撒播青菜；另 100 厘米栽 6 行蒜，行距 20 厘米，株距 12 厘米。翌年早春青菜收获完毕后施基肥、整地。4 月下旬在靠近大蒜行的一侧各栽 1 行西瓜，株距 40 厘米左右。5 月中旬在西瓜行间栽 2 行棉花。6 月间大蒜收获完毕，原地成为西瓜的爬蔓畦。8 月间西瓜拉秧后，地里只留下棉花。这种套种方式一般每 667 米^2 产皮棉 90～100 千克，大蒜头 500～700 千克，西瓜 2 470 千克，青菜 1 600～2 000 千克。

三、大蒜脱毒繁殖与提纯复壮

（一）脱毒繁殖技术

由于长期连年种植、农户自留蒜种等原因，常造成大蒜体内带毒。利用大蒜茎尖、根尖、叶尖、蒜瓣、贮藏叶、营养叶、花茎、鳞芽、花原始体、气生鳞茎和大蒜体细胞等材料通过组织培养，从而形成脱毒大蒜试管苗的过程称为大蒜的脱毒繁殖。

大蒜连片重茬种植，也和其他大田作物一样，随着其病、虫、草害的适应与发生流行，常为害成灾。尤其是目前国际上还没有特效药防治的病毒病，一般田间显症率 30% 左右，严重的达 100％。它不仅病毒种类多，且传播虫媒种类也多，一般通过蚜虫、叶蝉、螨类和线虫等媒介害虫带毒传播蔓延，让人防不胜防，已发展成为国际上大蒜的头号"杀手"。大蒜病毒种类繁多，常造成蒜株矮化、花叶、扭曲、不抽薹或薹茎短小瘦弱、蒜头小，产量低，品质差，损失重，也是造成大蒜种性退化的首要因素。

人们为了有效地防治植物病毒病，将目光转向植物分生组织（因遗传和物种进化等原因而使该部位组织细胞中不含病毒粒子），在细胞克隆与脱毒组织培养领域取得了重要成果，并进入产业化生产。据徐培文研究报道，山东苍山蒜脱毒 4 代原种的蒜薹平均每根重达 37 克，为带毒苍山蒜（对照）的 2.55 倍；符合出口蒜头标准（头围≥15 厘米）的蒜头平均占 61.25％，是对照的 8.8 倍；蒜薹和蒜头的每 667 米^2 产量分别为 958.75 千克和 1 560 千克，比对照分别增产 155.5％和 114.0％，且增产效应可维持 5～10 个世代。据研究，脱毒大蒜增产的生物学基础是脱毒蒜叶面积比对照增大 71.0％～105.0％，叶绿素含量比对照增加 18.1％～47.1％。由此可见，大蒜脱毒快繁是恢复和提高其优良种性的关键技术措施。

正因为大蒜脱毒组织培养快繁技术能从根本上控制病毒病，恢复和提高大蒜的种性，增产增收，所以，近二三十年来国际上非常重视其技术研发与成果的产业化。我国从 20 世纪 80 年代初开始大蒜脱毒组培研究，首先脱毒组培成功并将脱毒蒜种应用于大田生产的是山东苍山蒜，但因其扩繁系数较低，需经防虫网室多代加以扩繁，这样势必增加脱毒蒜种苗再次感染病毒的机会和生产成本，导致种苗质量不高且价格较贵，难以大面积推广应用。脱毒蒜室内组培扩繁系数高低是制约其产业化的瓶颈技术环节。因此，围绕提高扩繁系数这一关键环节，南京农业大学蔬菜研究所博士生导师李式军教授带领其研究生连续攻关，于 1999 年由其弟子熊正琴硕士攻克，大蒜脱毒组织爆炸式产生新的生长点，并形成微型试管鳞茎，直接用于田间播种，扩繁系数高达七八十，从而奠定了脱毒大蒜产业化的前期技术基础，大大加快了其产业化进程。

大蒜病毒种类繁多。自1994年，美国Brierley和Smith首次报道几乎所有栽培品种均感染了大蒜花叶病毒病以来，据文献报道不完全统计，自然侵染大蒜的病毒有16种之多，具体划分为10组，其中分布于我国的主要有马铃薯Y病毒组、烟草花叶病毒组和香石竹潜隐病毒组三组病毒。

大蒜病毒可通过虫媒或汁液传播，其中虫媒是重要的传毒途径，可通过蚜虫、螨类和线虫等传播大蒜多种病毒。大蒜病毒对虫媒的专化性很强，且同类虫媒种间传毒也有差异，例如桃蚜可传播GLV-G和GMV，而甘蓝蚜、麦长管蚜和禾谷缢管蚜则均不能传播上述两种病毒。汁液传播是通过健株与病株的叶片相互摩擦，或人们田间作业，使健叶造成微伤，导致病毒从伤口传播。大蒜病毒经上述两种途径传播感染，再通过鳞茎传给下一无性世代，从而在大蒜营养体内长期积累，导致产量和品质下降。

病毒在植物体内的分布是不均匀的。在受侵染的植株中，顶端分生组织一般是无病毒的，或者只有浓度很低的病毒，在较老的组织中，病毒数量随着与茎尖距离的加大而增加。据有关检测表明，OYDV-G在鳞茎中的含量高于叶片，老叶的含量高于嫩叶。蒜株内除气生鳞茎外，其他任何组织中都含有病毒，但分布是不均衡的。

在大蒜病毒鉴定和组培苗汰毒过程中，可利用多种检测方法，如目测、指示植物鉴别、血清及电镜观察等。

大蒜脱毒组培是目前防治大蒜病毒病、恢复和提高大蒜种性的有效方法，大蒜脱毒组培包括培养基、脱毒取材、试管苗和试管鳞茎培养以及汰毒保纯等微繁过程。

至今已成功地利用大蒜营养茎尖、生殖茎尖、根尖、叶尖、蒜瓣、贮藏叶、营养叶、花茎、鳞芽、花原始体、气生鳞茎和大蒜体细胞等材料进行组培，形成脱毒大蒜试管苗。其中多用茎尖脱毒组培，茎尖大小通常为 0.1～0.9 毫米，茎尖越小，脱毒效果越好。大蒜茎尖培养结合热处理可以大大提高脱毒率。

1. 脱毒蒜种微繁的环境要求　在离体培养条件下，大蒜任何组织培养成脱毒试管苗、试管鳞茎，都需要适宜的基质、营养、温度、湿度、光照等条件；同时，需要外源补给适宜、适度的激素，以诱导和促进愈伤、生根、发芽、生长发育、成苗和鳞茎膨大等。具体要求如下：

（1）营养要求

①无机营养。氮、磷、钾、硫、钙、镁等大量元素和铁、锰、铜、锌、硼、钴、钼等微量元素是大蒜生长发育必需的营养元素。在培养基中的活性成分为离子形式，一种类型的离子可由一种以上的盐提供。

②有机营养。包括氮源和碳源。为了能使组织生长良好，在培养基中常需补加一种或数种维生素和氨基酸，其中，维生素 B_1 是必不可少的，维生素 B_3、维生素 B_6 和肌醇都能改善大蒜培养组织的生长状况。

（2）基质　脱毒蒜组培多用琼脂培养基作为基质，一般使用浓度为 0.5%～1.0%。

（3）激素　除了营养物质外，为了促进组织的器官的生长，通常必须由外源补给一种或数种植物生长调节物质，对这些物质的要求因外植体组织、培养阶段和增减目的的不同而有很大的变化。

①生长素。在组培中，生长素被用于诱导细胞的分裂和根的分化。常用的生长素有：NAA（萘乙酸）、IAA（吲哚乙酸）、IBA（吲哚丁酸）、NOA（萘氧乙酸）、2,4-D（二氯苯氧乙酸）等。其中，NAA 和 IBA 广泛用于生根，并能与细胞分裂素配合促进茎的增殖。2,4-D 是诱导外植体愈伤的组织不可缺少的，不同外植体对 2,4-D 浓度要求不同，茎尖需 0.125 毫克/

升2，4-D的MS培养基，试管苗的茎需0.5毫克/升2，4-D的MS培养基。

②细胞分裂素。主要具有促进细胞分裂和从愈伤组织或器官上分化不定芽，有助于使腋芽从顶端优势的抑制下解放出来，促进茎的增殖作用。常用的细胞分裂素有BAP（苄氨基嘌呤）或6-BA（6-苄基腺嘌呤）、ZT（玉米素）和KT（激动素）等，其中以6-BA最为常用。

③赤霉素。具有促进大蒜茎尖发生多芽及稳定微管、拮抗鳞茎形成的作用。赤霉素有20多种，在组培中所用的GA_3，但与前两类激素相比，GA_3不常使用。赤霉素主要由根系供给，去除根系可促进叶鞘细胞的膨大，有利于鳞茎形成。在大蒜鳞茎形成过程中，赤霉素含量先下降，后上升，赤霉素含量降低对鳞茎形成有利。长日照诱导大蒜植株体内赤霉素含量降低是事实，故长日照对鳞茎形成的促进作用是通过影响内源赤霉素水平实现的。

④乙烯。乙烯通过改变细胞壁形状和纤维素微纤丝的排列方向来刺激叶鞘细胞的侧向膨大，而不是纵向拉长。另外，乙烯可诱导叶片衰老，通过抑制叶片生长，使叶身和叶鞘长度相对比例发生改变，从而有利于鳞茎形成。

（4）酸碱度要求　在灭菌前，培养基的酸碱度一般调至pH5～6。当pH<5时，培养基（琼脂）不能凝固；pH>6时，培养基将会变硬。据有关专家研究，大蒜幼芽在pH为6.4时生长最佳，增殖最快，徐州白蒜和太仓白蒜组培幼芽分化数、发根数和幼芽生长的最佳培养基酸碱度为pH7.5。

（5）温度和光照要求

①温度。在大蒜试管苗培育中，温度一般为15～20℃，较低的温度及较大的温差有利于培育壮苗；试管蒜苗必须经过一段低温（<20℃）春化阶段后，进入较高温度和较长、较强的光照条件后才能诱导试管鳞茎的形成与膨大，大蒜试管鳞茎形成与膨

大的适温是 20～25℃。

②光照。对光照的要求实质上是对光周期、光强、光质的要求。

③光周期。试管苗培育的光周期以 12 小时为宜。光周期长短对鳞茎形成至关重要，较长的日照条件有利于鳞茎膨大。但鳞茎形成对光周期反应的要求因大蒜品种生态类型而异，如低温反应迟钝型蒜种，在 12 小时日照下，一般不形成鳞茎，日照长达 16 小时虽能形成鳞茎，但发育不良；而低温反应敏感型蒜种，在 12 小时日照下鳞茎发育良好。

④光强。在一定的光周期下，强光照比弱光照条件下易于形成鳞茎。光照强，合成的碳水化合物就增多，其积累的多少是鳞茎膨大的物质基础。但对鳞茎形成的诱导，即使弱光照，只要光照时数超过临界周期，均可开始形成鳞茎。

⑤光质。对大蒜使用白炽灯补光，对试管鳞茎形成与膨大具有明显的促进作用。植物光敏素的光平衡态 Φ 值与光质关系很大，通常用 R∶FR（红光∶远红光）光量子比率来衡量，随着 R∶FR 值降低，鳞茎膨大速度加快，光质在鳞茎形成中起着重要的调节作用，且这种调节作用与其内源乙烯生成可能有关。

2. 脱毒大蒜组培养基的制备

（1）配制浓缩储备液　大量元素浓缩 20 倍、微量元素浓缩 200 倍、铁盐浓缩 200 倍，除蔗糖之外的有机物质浓缩 200 倍。在配制这 4 种储备液时，应使每种成分分别溶解，然后再把它们彼此混合。

各种激素的储备液应当分别配制，如果不溶于水，则应先溶解在少量的适当溶剂中，然后再加蒸馏水到最终容积。根据所要求的激素浓度水平，其储备液的浓度可以为 0.001～0.01 微摩尔/升。生长素一般溶于 95% 酒精或 0.01 微摩尔/升的氢氧化钠中，后者的溶解效果更好。细胞分裂素一般溶于 0.5～1 微摩尔/升的盐酸或稀的氢氧化钠溶液中。赤霉素易溶于冷水，但 GA_3

溶于水后不稳定，容易分解，最好用95％酒精配成母液。

所有的储备液应储存在适宜的塑料瓶或玻璃瓶中，放置冰箱中保存。铁盐储备液必须储存于棕色玻璃瓶中。在使用这些储备液之前，轻轻晃动瓶子，如果发现其中有沉淀、悬浮物或微生物污染，则必须立即将其淘汰。在制备储备液和培养基时，应当使用蒸馏水或去离子水以及高纯度的化学试剂。

（2）制备培养基的步骤

①称量规定数量的琼脂和蔗糖，加水到最终容积的2/3，加热使之溶解。因蔗糖易溶解，也可以在琼脂溶解之后加入；②分别加入一定量的各种储备液。如果由于特殊原因需要在高压灭菌之后再加入维生素和激素，则可在调节这些物质溶液的pH后，使之通过微孔滤器（孔径为0.22～0.45微米）消毒；③加蒸馏水至培养基的最终容积；④充分混合后，用0.1微摩尔/升氢氧化钠和0.1微摩尔/升盐酸调节培养基的pH；⑤趁热将培养基（为均匀的液态）分装到所选用的培养容器中（约为容器容积的1/3）；⑥用包在纱布中的棉塞或铝箔、牛皮纸等其他适宜的塞或盖封严瓶口。⑦将其在121℃，1.15×10^5 帕压力下灭菌15～20分钟；⑧使培养基在室温下冷却后低温下保存，所有培养容器都必须做好标记，使得在高压灭菌和贮藏后也能清楚地识别。

3. 脱毒大蒜微繁的操作技术

（1）脱毒大蒜组培的技术体系　可以是试管苗，也可以为试管鳞茎。从外植体可以直接诱导芽的再生、增殖，保持种性稳定，也可以先诱导形成愈伤组织，再增殖分化。因此，大蒜组织培养可分为4条途径：一是由外植体诱导再生试管苗；二是由外植体直接诱导形成试管苗；三是诱导愈伤组织再生植株后在试管内形成小鳞茎；四是由直接萌芽形成的试管苗在试管内形成小鳞茎。

由于经愈伤组织途径容易发生变异，因此，在以保持品种优良特性为原则的脱毒扩繁过程中应慎用。

（2）脱毒大蒜组织无菌培养的步骤

①将大蒜瓣（或蒜薹切段）置于玻璃瓶中，在超净工作台上，先用75％酒精进行表面消毒5分钟，再在含有几滴活化剂的种类及浓度适当的消毒液（如0.2％升汞液）中消毒20分钟或12分钟。在消毒期间需摇动玻璃瓶2～3次；②消毒处理后，将消毒液倒出，加入适量的无菌蒸馏水，摇动数次，将水倒掉，如此重复3～4次；③将材料取出，置于已经灭菌的培养皿中；④在对大蒜材料进行消毒处理的同时，对所要使用的器械进行消毒，方法是把它们浸入95％酒精中，取出后再置酒精灯火焰上灼烧，待冷却后即可使用。所有器械往往需要在每次使用后消毒1次；⑤使用这些消毒过的器械从已经过表面消毒的材料上切取适当的外植体——茎尖；⑥将培养容器的盖或塞打开，将外植体接种到培养基上。如果使用的是玻璃容器，把瓶口置酒精灯火焰上烘烤数秒，然后迅速用瓶盖或瓶塞封严；⑦培养基及器皿灭菌采用常规方法即高压灭菌法操作。

（3）脱毒大蒜试管微繁的操作技术

①从外植体直接诱导芽和根的形成。从外植体直接诱导产生不定芽和根，一般要经过起始培养、不定芽的诱导和生根培养等过程。各种外植体在 MS、B_5、LS 培养基中均可再生为完整植株。

细胞分裂素的存在是芽形成的前提。较高浓度的 BA 促进芽形成，添加1～2毫克/升 BA 即可诱导芽的形成。无激素培养基利于生根，培养基中添加 NAA 促进生根，但添加 BA 会抑制生根。

外植体来源不同，对激素要求不同：花薹再生芽只需0.1毫克/升 NNA 的 MS 培养基；蒜瓣分化芽，低浓度生长素（NAA）与高浓度细胞分裂素（KT）配合分化最好；幼芽的增殖要求生长素浓度高于细胞分裂素，添加0.1毫克/升玉米素（ZT）时促进带幼叶的茎盘中不定芽的分化而形成丛生芽。加入一定浓度

GA_3 有利于茎尖诱芽。赤霉素的存在有利于芽的形成。

贮藏温度对植株影响随外植体而异。蒜瓣 5℃低温贮藏后促进芽和根的形成。而气生鳞茎 60 天 5～7℃低温处理后只促进发芽率，并不影响芽数。取材部位不同，萌芽能力差异很大。只有带节处的花茎培养才能诱导萌芽，花茎其他切段无效。

②试管苗的驯化、田间生长。试管苗一般需先用蛭石、岩棉、珍珠岩等做基质，营养液浇灌，进行驯化栽培。在移栽时接种 Glomus mosseae 可促进试管苗生根，提高成活率。有根小鳞茎的试管苗移栽成活率达 92%，明显高于有根但无小鳞茎的试管苗（53%）。

（4）脱毒试管鳞茎微繁的操作技术　试管鳞茎的培育一般要经起始培养、芽的增殖、试管鳞茎形成 3 个阶段。在外植体启动，愈伤组织诱导，试管苗生根等大蒜离体培养中均有关于大蒜试管鳞茎形成的实例。用茎尖、茎盘、带幼叶的茎盘、双鳞片、花薹等外植体，在 MS、或 B_5、或 LS 培养基上均能形成试管鳞茎。

低浓度激素（BA、NAA）促进鳞茎形成，甚至比无激素培养基为优。以茎尖为外植体时，低浓度的激素促进鳞茎的形成；茎盘为外植体时，2 毫克/升 BA 促进鳞茎的形成，高浓度 BA 促进芽形成。NAA 有利于小鳞茎根的形成，培养基中 1.0 毫克/升 NAA 使 80%小鳞茎生根。鳞茎在 2 毫克/升 NAA＋0.05 毫克/升 BA 的 MS 培养基上有利形成，在无激素培养基上膨大。

较高浓度（90～120 克/升）的蔗糖有利于鳞茎形成。在培养基中添加（5 克/升）活性炭能促进鳞茎的形成。长光照、远红光促进鳞茎形成与膨大。

不同生态类型品种在同一离体条件下形成鳞茎的数量、质量有差异。离体条件下，试管鳞茎的形成对光周期的要求在春、秋品种间差异显著，3～4℃低温预处理促进鳞茎形成，春蒜品种必须经过低温预处理才能形成鳞茎。

环境条件对鳞茎形成的诱导作用不能用改变培养基成分来替代。试管鳞茎不需驯化，直接移栽。试管鳞茎大小与田间发芽率、株高、产量呈正相关。试管鳞茎大小及种植密度影响鳞茎的产量及质量。形成的试管鳞茎（晚熟种）经 35℃～20℃～5℃后可打破休眠。

（5）提高微繁系数

①选择适宜的外植体。芽是脱毒蒜速繁的基础，诱导外植体直接产生脱毒多芽，可大大提高快繁基数。

大蒜品种间茎尖发生芽数差异明显。休眠鳞茎茎尖发芽数显著少于已经打破休眠的鳞茎。通过低温处理种蒜可明显增加茎尖发芽数，剥离茎尖大小也影响所发生的芽数，带 2～3 个叶原基的大茎尖比带 1 个叶原基的小茎尖发生的芽数多，但大茎尖所得苗的脱毒率低于小茎尖。将鳞茎置于 37℃热处理 20～30 天，大茎尖苗脱毒率与小茎尖相似。因此，先将鳞茎热处理，再剥离大茎尖培养，即可获得脱毒率高的多芽。

蒜薹产生的气生鳞茎，具有很强的腋芽萌发潜力；同时作为生殖器官和分生组织，生殖茎尖具有更多的腋芽原基和更强的脱毒潜力。大蒜不同品种间生殖茎尖发生芽数差异明显，芽多者往往生长较弱，必须切割分离多芽进行壮苗培养。

②提高代增殖系数。适时切割起始培养基中形成的多芽进行继代增殖，是提高代增殖系数关键环节。培养基中的激素种类、浓度及比例以及愈伤组织的诱导、分化及鳞茎形成等都会影响代增殖系数。

愈伤组织的诱导：培养基 MS、B_5、改良 B_5（BDS）、LS、N_6 中均可诱导愈伤组织产生。外植体不同，对激素要求有差异。茎尖和叶片在含 1～2 毫克/升 IAA 或 0.05～1.0 毫克/升 2,4-D 的培养基上具有很好的出愈率。2,4-D 和 KT 对诱导花梗形成愈伤组织是必要的。添加 2，4-D 后，花薹就会形成愈伤组织。花药培养在 2 毫克/升 NAA 的 B_5 培养基中，诱导愈伤组织效果好。分生状根瘤（MRTs）的形成需较低浓度（0.5 毫克/升）NAA 及无 KT，根瘤的形成与正常生根能力呈负相关。蒜瓣低温贮藏促进愈伤组织形成，但无 2，4-D 时，蒜瓣低温预处理并不促进愈伤组织的形成。花药 5℃低温预处理 1～2 天有利于愈伤组织的诱导。

愈伤组织的增殖：愈伤组织的生长一般不要求光照，温度以 25℃较宜。定轨摇床培养时，70 转/分钟时利于愈伤组织生长，150 转/分钟时促进球状体的形成，继而可再生成苗。茎尖愈伤组织在含较高浓度 BA、NAAR 的 MS 培养基中增殖生长最快。2 毫克/升 IAA 促进愈伤组织的生长，而 IBA、BA 无此作用。

愈伤组织的分化：愈伤组织的分化通常要求光照。不同来源的愈伤组织分化能力不同。从叶原基来的愈伤组织比从茎尖诱导的更易分化；从花药来的外植体最有利于芽的形成、增殖和生根，在 0.5 毫克/升 IAA＋5 毫克/升 BA 中最佳。分生状根瘤（MRTs）可作为一种好的外植体，因其形成的愈伤组织具有很好的器官形成能力。小根和花梗上部比大根、花梗基部来的愈伤组织易于芽和根的再生。

芽、根的分化条件有异：高浓度 NH_4^+ 利于芽分化。BA 对幼苗的分化是不可缺少的。王洪隆报道，高浓度细胞分裂素和低浓度的生长素利于芽的分化，在无激素的 MS 培养基中生根。低浓度的 BA、NAA 利于植株再生。

不同来源愈伤组织的分化对激素要求有异。从花薹来的愈伤组织在 2，4-D 存在时即可分化芽和根。试管苗根尖形成的根瘤分生组织可在 0.5 毫克/升 NAA 或 0.5～1.0 毫克/升 NAA＋1.0 毫克/升 KT 的 MS 培养基中再生为完整植株。愈伤组织的分化随培养基的不同，对激素要求也不同。不定芽的发生在 B_5 培养基中需要高浓度的 KT（2～4 毫克/升），在 LS 培养基中需要低浓度的 BA（0.25 毫克/升）。花药愈伤组织在 B_5 培养基上分化效果比在 LS 培养基上好。花梗愈伤组织经低温处理对芽分化是必要的。从愈伤组织分化出来的当代植株，由于根主要是从愈伤组织块上长出来，而不是从幼苗基部长出，最终造成根、芽脱离，移栽成活率只有 10%～20%，有效的解决方法是从幼苗直接诱导出鳞茎。

愈伤组织的变异：愈伤组织形成过程中的染色体变异可能与生长调节剂种类、浓度有关。Dolezel 等用 BDS 培养基研究表明，5～50 微摩尔/升 NAA 增加有丝分裂异常的细胞数目，但当总的激素浓度达 500 微摩尔/升时显著抑制有丝分裂活性，使有丝分裂异常，所以较低浓度的激素可使细胞有丝分裂正常化。

随继代时间延长，变异加重。愈伤组织继代 4 个月后，二倍体从开始的 52% 下降至 16%，且再生频率降低。继代时间 1 年后，芽的分化率从 60% 降至 10%。1～3 戈瑞辐照叶片后可促进愈伤组织生长，且不影响苗的再生，可用于突变体筛选。

综上所述，使试管苗健壮生长、提高试管鳞茎诱导率并促进其膨大的所有因素，都将影响脱毒大蒜微繁系数的提高。

4. 大蒜脱毒繁殖需要注意的事项

(1) 病毒检测　尽管在切取茎尖时十分小心，并且对其进行了各种有利于消除病毒的处理，也只有一部分培养物能够产生无病毒植株。因此，对于每一个由茎尖产生的植株，在用做母株以生产无病毒原种之前，必须针对特定的病毒进行检验。培养植物中，很多病毒具有一个延迟的复苏期。因此在头 18 个月内必须对植株进行若干次检验，只有那些的确已经脱除了某种病毒，才可以在生产上推广使用。由于经病毒检验的植株仍有可能重新感染，因而在繁殖过程和各个阶段还需进行重复检验，必须在能杜绝任何侵染可能性的条件下繁殖这些确定脱毒的植株。

(2) 优选株系　将培养后代按生长势分类，每次选用生长一致的植株进行继代培养，个体间就会生长充分，不受抑制。

(3) 适时诱导鳞茎形成　试管鳞茎的培育一般要经起始培

养、芽的增殖、试管鳞茎形成3个阶段。但芽的增殖阶段不能无限地进行下去，必须适时诱导鳞茎形成。试管鳞茎形成需要一定的幼苗生长为前提，同时应尽可能在温度较高的夏、秋季节诱导鳞茎形成，以降低生产成本，并能与大田生长季节相衔接。

（4）适时更新换代，防止玻璃化　当一种无菌培养方法建立后，很容易连续繁殖下去，而不与原亲本植株进行比较，就可能使培养早期发生的变异积累起来。同时，根据研究经验，若不断重复进行离体繁殖，部分培养物的叶片常常变成渍水状，几乎是半透明的，此类试管苗的生长和繁殖速度将会下降，最后甚至死亡，这就是玻璃化现象，很难彻底消除。因此，应当注意适时更新换代，防止玻璃化。

5. 提高脱毒蒜的繁殖系数

（1）提高脱毒大蒜微繁系数　提高脱毒大蒜微繁系数是提高脱毒大蒜良繁系数的基础。只有良繁基数足够大，才能使脱毒蒜种实现产业化。

（2）提高试管苗移栽成活率　在获得大量试管苗的基础上，提高试管苗的移栽成活率，是加速脱毒蒜繁殖的技术关键。试管苗根数多，长度适当，利于移栽成活。因此，将试管芽及时转入生根培养基，提供充分光照和适当温度，促使芽多生壮根，可提高移栽成活率。试管苗移栽1周内温度保持在18～20℃，及时浇水，加盖塑料薄膜，保持相对湿度在95%左右，利于成活。

栽培基质以蛭石为宜，注意及时补充营养液，以促进成活苗的健壮生长和鳞茎形成。

（3）促进脱毒鳞茎母种增重分瓣　促进脱毒鳞茎母种增重分瓣，可提高脱毒原种的繁殖系数。经脱毒蒜试管苗再培养鳞茎的，要做好以下两项工作：

①及时追肥。脱毒苗移栽后2周后，每日浇1/3浓度的B_5

培养基无机盐溶液，以后在营养液中添加尿素和硝酸钙，以改良植株营养状况，促进鳞茎增大。

②延长营养生长期。在适宜的温度、光照条件下，脱毒蒜植株具备足够的绿体是鳞芽分化和鳞茎增大的物质基础。延长营养生长期为植株营养体生长提供了必要的条件。一是鳞茎收获后早培养，早栽苗；二是在人工创造的条件下使植株越夏周年生长，秋、冬补光，使鳞茎迅速增大、分瓣，起到了加代繁殖的作用。

（4）利用气生鳞茎加速中、高代脱毒蒜的繁殖　田间观察发现，脱毒蒜气生鳞茎后代植株无病毒症状，且鳞茎增长迅速，经1代繁殖即达正常蒜种大小，2代植株鳞茎重往往超过来自同一单株的蒜头繁殖的鳞茎。通常2代以上脱毒植株就可产生大量气生鳞茎，生产上加以利用可加速中、高代脱毒蒜的繁殖。大蒜品种间单株产生气生鳞茎数差异较大，产生气生鳞茎少的品种气生鳞茎较大，出苗率相应增加。

6. 防止脱毒蒜的混杂和退化　脱毒蒜种繁殖过程中，常因脱毒不清、虫媒防治不力而致病毒再次感染造成良繁种性退化，甚至混杂，削弱甚至丧失大蒜脱毒复壮之功效。为此，必须采取以下措施进行提纯复壮。

（1）诱导外植体直接成芽防止变异　在大蒜脱毒培养过程中，以茎尖为外植体长成的组培苗，主要是通过腋芽进行增殖，所获得的试管苗与通过鳞茎繁殖的对照株无明显差异。通过遗传稳定性检测，未经愈伤组织而直接诱导外植体成芽的可显著降低其变异频率，说明通过腋芽增殖能较好地保持其遗传稳定性。

（2）选优汰劣，选头选瓣　脱毒大蒜后代一般还保持着原品种的生态和形态特征，但长势强旺，株形高大，叶色深绿，蒜头增大。同时，经过多次切割组培，在同一品种内不同株系间存在差异。通过系谱档案的建立，选优汰劣。同时要注意拔除仍带有病毒的植株，若有发现，整个株系圃都要严格检查，甚至要将一个株系内的植株全部拔除。

大蒜收获时，要严格选种，选择符合本品种特性的蒜头，单收、单藏。栽蒜时再选瓣，年年进行，可以提高种性。

（3）防止脱毒蒜受病毒再侵染　脱毒蒜在繁殖过程中受病毒再侵染后，同样表现生活力显著降低。所以应采取上述防止病毒再侵染的措施，尽可能地使蒜种无毒。

（4）脱毒原原种更新换代　由于在脱毒蒜扩繁过程中，难免会受到病毒的再侵染，如果症状不显现，则不易淘汰，且经多代无性繁殖后，生活力也有所下降。一般说来，脱毒蒜种植5～6代之后需要用脱毒原原种进行更新换代，复壮种性。

（二）大蒜提纯复壮

大蒜多采用蒜头无性繁殖。由于连续多年种植生活力易衰退，优良种性退化，病毒感染，产量降低，品质变劣等现象。生产中要经常对大蒜进行提纯复壮和选育新的替代品种。

1. 气生鳞茎复壮　气生鳞茎又称天蒜，属于无性器官，播种后可形成大蒜和蒜薹，它的形成与大蒜相同，它的性质如同种子，在生产上有相当大的利用价值，能形成蒜薹的大蒜基本都能形成天蒜。选用足够大小的气生鳞茎做种蒜是形成正常抽薹、分瓣蒜的物质基础。用气生鳞茎繁殖使蒜种复壮有其特殊优势。一是繁殖系数较高，是蒜头种蒜繁殖的3～6倍；二是后代生长势强，产量高。基本步骤包括：

（1）选种圃　选择具有原品种特性的健壮优株的蒜头供原种田用。

（2）原种田　用所选择的蒜头来生产大粒、饱满的优质气生鳞茎种子。

（3）原种1代繁育田　将气生鳞茎培育成蒜头，尽量减少独头蒜，增加分瓣数，提高繁殖系数。

（4）原种2代繁育田　创造良好的生长发育环境条件，发挥气生鳞茎后代优势，提高优良种性（表2-1）。

表 2-1　不同大蒜品种气生鳞茎数及大小
（程智慧、陆帼一，1992）

品　种	总苞粒数	平均单粒重（克）	品　种	总苞粒数	平均单粒重（克）
金堂早蒜	17	0.21	商南黑皮	23	0.25
二水早	15	0.38	普陀大蒜	71	0.20
温江红七星	79	0.04	宁强山蒜	136	0.03
彭县早熟	31	0.22	白河火蒜	111	0.09
彭县中熟	58	0.26	宝鸡火蒜	55	0.15
彭县晚熟	76	0.43	蔡家坡红皮蒜	162	0.07
襄樊红蒜	31	0.36	陇县大蒜	23	0.46
苍山大蒜	23	0.30	兴平白皮	18	0.33
嘉定2号	58	0.07	耀县红皮	7	0.50
太仓白蒜	46	0.07	商县黑皮	94	0.10
改良蒜	51	0.03	耀县竹叶青	27	0.33
山西白皮	62	0.02	来安薹蒜	110	0.06
银川白皮	29	0.02	商南白皮	7	1.43
伊宁红皮	63	0.08	贵阳蒜	280	0.01

2. 蒜头提纯复壮　生产上沿用的留种方法是从生产田收获的蒜头中选留蒜种，不能按照种子田的要求去栽培管理，加上选种目标不明确，致使原品种的优良特征特性得不到保持和提高。进行品种提纯复壮，必须建立完整的蒜种生产制度。

（1）确立选种目标

①以生产青蒜苗为主要目的品种，其选种目标为：出苗早，苗期生长快，叶鞘粗而长，叶片宽而厚，质地柔嫩，株形直立，叶尖不干枯或轻微干枯。

②以生产蒜薹为主要目的品种，其选种目标为：抽薹早而整齐，蒜薹粗而长，纤维少，质地柔嫩，味香甜，耐贮运。

③以生产蒜头为主要目的品种，其选种目标为：蒜头大而圆整，蒜瓣数符合原品种特征，瓣形整齐，无夹瓣，质地致密脆嫩，含水量低，黏稠度大，蒜味浓，耐贮运。

（2）繁殖原种　最简单的提纯复壮方法是利用一次混合选择法（简称一次混选法）。

每年按照既定目标，从种子田中严格选优，去杂去劣，将入选植株的蒜头混合在一起。播种前再将入选蒜头中的蒜瓣按大小分级，将一级或二级蒜瓣作为大田生产用种。

为了加强提纯复壮效果，还应将第一次混选后的种瓣（混选系）与未经混选的原品种的种瓣（对照）分别播种在同一田块的不同小区内，进行比较鉴定。如果混选系形态整齐一致并且具备原品种的特征特性，而且产量显著超过对照，在收获时，经选优、去杂、去劣后得到的蒜头就是该品种的原原种。如果达不到上述要求，则需要再进行一次混合选择和比较鉴定。然后用原原种生产原种。由于大蒜的繁殖系数很低，一般为6～8，用原原种直接繁殖的原种数量有限，可以将原种播种后，扩大繁殖为原种一代，利用原种一代繁殖生产用种。与此同时，继续进行选优、去杂、去劣，繁殖原种二代。如此继续生产原种，直至原种出现明显退化现象时再更新原种。

（3）大蒜原种生产技术要点　大蒜原种生产田的栽培管理与一般生产田相比，有以下6方面的特殊要求。

第一，选择地势较高、地下水位较低、土质为壤土的地段作为原种生产田。前茬最好是小麦、玉米等农作物。

第二，播种期较生产田推迟10～15天。迟播的蒜头虽较早播者稍小，但蒜瓣数适中，瓣形较整齐，可用作种瓣的比例高。

第三，选择中等大小的蒜瓣作种瓣。过大的种瓣容易发生外层型二次生长；过小的种瓣生产的蒜头小，蒜瓣少，有时还会发生内层型二次生长。二者都导致种瓣数量减少，质量下降。

第四，适当稀植。蒜头大的中、晚熟品种，行距20～23厘米，株距 15 厘米左右。蒜头小的早熟品种，行距 20 厘米左右，株距 10 厘米左右。原种生产田如种植过密，则蒜头变小，蒜瓣平均单重下降，小蒜瓣比例增多，可用作种瓣的蒜瓣数量减少。

第五，早抽蒜薹。当蒜薹伸出叶鞘口，上部微现弯曲时，采取抽薹法抽出蒜薹，尽量不破坏叶片，使抽薹后叶片能较长时期地保持绿色，继续为蒜头的肥大提供光合产物。

第六，选优、去杂、去劣。该项工作应在原种生产田中陆续分期进行。一般在幼苗期、抽薹期、蒜头收获期、贮藏期及播种前各进行 1 次。根据生产目的，各时期的选优性状标准要明确、稳定。

四、蒜头栽培技术

（一）整地施肥

根据大蒜根系特点，要求精细整地，深耕细耙，畦面平整，播前每 667 米^2 施腐熟的有机肥 4～5 米^3，腐熟饼肥 50～100 千克和大蒜专用肥 50～75 千克或复合肥 40～50 千克或过磷酸钙 15～30 千克，尿素 15～20 千克等速效化肥。将肥料撒施均匀后立即耕翻，深 25～30 厘米，细耙细搂 2～3 遍，使肥料与耕作层土壤充分混匀，做到地平肥匀，上虚下实。于播种前整地做畦，畦宽可根据当地具体情况，同时挖好田内三沟（横沟、纵沟和围沟），做到旱能灌，涝能排，旱涝保收。

（二）种瓣选择与处理

种瓣的选择要从蒜头收获后在田间即开始进行。从收获的大蒜植株中选择符合本品种特征、叶片无病斑、蒜头外皮色泽一致、蒜头肥大圆整、外层蒜瓣大小均匀的单株留种，单独贮藏。播种前掰蒜时从蒜瓣数符合原品种特征、无散瓣、无病虫的蒜头中选择无霉变、无伤残、无病虫、瓣形整齐、蒜衣色泽符合原品种特征、质地硬实的蒜瓣。然后将入选蒜瓣按大小分级。一般按重量分为大、中、小 3 级。各级蒜瓣的重量因品种而异，如苍山大蒜的大瓣重量为 6 克以上，中瓣为 4～5 克，小瓣为 2～3 克。蒜瓣大所含营养丰富，播种后根系发达，叶面积大，植株高，假茎粗，蒜薹粗，蒜头大，大蒜瓣比例高，商品价格高。但是，用大的蒜瓣作种时，由于用种量加大，成本升高，所以应考虑投入产出比。总之，以生产蒜薹和蒜头为目的时，选择适当大小的蒜瓣作种瓣，分级分畦播种，以便分别管理，使植株生产整齐。小蒜瓣可作为青蒜苗生产用种。掰瓣工作应在播种前进行，不要过早，防止蒜瓣干燥失水，影响出苗。掰好的蒜瓣应摊放在背阴通风处，防止风吹日晒和发热。

种瓣处理：①去茎盘。蒜瓣基部的干燥茎盘（茎踵）影响吸水，妨碍新根的发生，在掰瓣和选择蒜种的同时最好将茎盘剥掉，以利发根出苗。有的春播地区还将瓣衣剥除，但比较费工。在盐碱地种植大蒜时，为了防止返碱对种瓣的腐蚀，最好不要剥去瓣衣。②温水浸种。播种前一天，将蒜瓣放入 40℃ 温水中浸泡一昼夜，在此期间换水 2～3 次。经过浸种的蒜瓣，茎盘被泡烂并吸足了水分，播种后比用干蒜瓣播种的提早 5～7 天出苗，而且蒜头的收获期可提早 8～9 天。但是经过浸种处理的蒜瓣只宜湿播，不宜干播。③药剂浸种。用 50％多菌灵可湿性粉剂或 25％多菌灵水剂，加水配成 500 倍稀释水溶液，将种瓣浸泡 24 小时后捞出，晾干表面水分，立即播种。这样不但可促进根系生长，使蒜苗健壮，产量增高，而且能有效抑制蒜衣内、外部病菌的滋生和蔓延，减少烂瓣，提高出苗率。每 100 千克稀释液可浸泡种瓣 100 千克。

（三）适期播种

大蒜的播种期主要取决于土壤封（化）冻日期。秋播大蒜以越冬前长出 4～5 片真叶为宜，需 35～40 天，此时植株抗寒力最强。秋播适期日均温度 20～22℃，北方地区约出现在 9 月中下旬，长江流域出现在 9 月下旬至 10 月中旬，冬前长到 5～7 片叶，需 60～75 天。气温降到 7℃ 以下时即停止生长。各地应根据当地气候条件推算，一般秋季播种期在 9 月下旬至 10 月上旬，即秋分至寒露。春播大蒜在早春土壤解冻时，即 3 月上旬（春分前）播种，过早不仅播不下去，而且易冻坏蒜头，过迟则易形成独头蒜。随着地理纬度的增加，春播日期向后推移（表 2-2）。

表 2-2　全国大蒜主要产区播种期及收获期

产　区	品　种	播种期 （旬/月）	蒜薹收获期（旬/月）	蒜头收获期（旬/月）
广东	金山火蒜、新会火蒜、普宁蒜等	中/10	—	翌年上中/3
广西玉林地区	玉林红皮、玉林骨蒜	上/10	翌年下/2	翌年中/3
云南曲靖市越州区	越州红皮	下/8 至上/9	翌年/3	翌年上/4
贵州毕节	毕节大蒜	中下/8	翌年中下/5	翌年中下/6
四川成都	金堂早	上/8 至中/8	翌年下/11	翌年中下/2
	二水早	下/8 至上/9	翌年上中/3	翌年上/4
湖南茶陵、隆回、东安县	茶陵紫皮、四月蒜、东安紫蒜	中下/9	翌年下/4 至上/5	翌年上/5 至下/5
湖北襄樊市郊	襄樊红皮、二水早	下/8 至上/9	翌年下/3 至上/4	翌年上中/5
江苏太仓	太仓白蒜	下/9 至上/10	翌年下/4 至中/5	翌年下/5 至上/6
浙江慈溪、余姚、上虞、镇海等县	余姚白蒜	下/9 至上/10	翌年上/5	翌年下/5 至上/6
安徽来安、舒城	来安薹蒜、舒城白蒜	下/9 至上/10	翌年中/4 至上/5	翌年中/5 至下/5
江西都昌、上高	上高紫皮	下/9 至中/10	翌年下/3 至中/4	翌年下/4 至中/5
河南开封、中牟	宋城大蒜	中下/9	翌年中/5	翌年上/6

（续）

产　区	品　种	播种期（旬/月）	蒜薹收获期（旬/月）	蒜头收获期（旬/月）
山东苍山、济宁、金乡、嘉祥	蒲棵蒜、糙蒜、苏联红皮蒜、嘉祥紫皮	下/9至上/10	翌年中/5	翌年上/6至中/6
陕西岐山县	蔡家坡红皮	中/9至下/9	翌年中/4	翌年下/5至上/6
天津宝坻县	天津六瓣红	上/3	下/5	下/6
陕西清涧县	清涧紫皮	上/3至下/3	上/6	上/7
甘肃民乐、临洮、武威	民乐大蒜、临洮白蒜、临洮红蒜、新疆大白蒜	上/3至上/4	中/7	中/8至下/8
陕西应县、太谷	应县大蒜、山西紫皮	下/3至上/4	下/6至上/7	下/7至上/8
宁夏银川市郊	银川紫皮、银川白皮	上/3	中下/6	中/7
新疆吉木萨尔、乌鲁木齐、巴里坤	吉木萨尔白皮	中/4	下/7至上/8	上中/9
新疆昭苏县	昭苏六瓣蒜、伊宁红皮	中/10	翌年中/7	翌年中/8
辽宁开原	开原大蒜	下/3至上/4	中/6	中/7
吉林郑家屯	白皮狗牙蒜	下/3或近冬		下/7至上/8
黑龙江阿城	阿城紫皮、阿城白皮	上/4	中/6	中/7至上/8
西藏江孜县	江孜红皮	上/4		上/9
西藏拉萨市郊	拉萨紫皮	上中/3	上中/7	下/8至上/9

（四）播种方法

播种时应注意蒜瓣的方位和播种深度，趁墒播种。有时也采用先干播后浇水的方法，具体播种方法因做畦方式不同而异。

1. 种瓣方位　由于大蒜叶生长的方向与蒜瓣背腹线的方向

垂直，所以在播种时要求将蒜瓣背腹线的方向与播种行向一致，这样出苗后蒜叶就整齐一致地向行间伸展生长。为了使大蒜生长期间能更好地接受阳光，应尽量采用南北畦向，定方位播种。据黄明道（1993）测定，种瓣背腹线南北向播种的植株的光强分布、光合速率、净同化率和光能利用率分别比随即播种的增加66.2％、400％、63.7％和45.3％，蒜薹和蒜头分别增产68.8％和37.5％。

2. 播种深度 大蒜适于浅播，正如"深葱浅蒜"的农谚所说。一般播种深度以3～5厘米为宜。播种过浅易"跳蒜"，出苗时根系将蒜瓣顶出地面；播种过深出苗晚且弱，不利于后期蒜头膨大，产量低。具体的播种深度因种瓣大小、播种季节而不同。因春季土表温度高，所以春播蒜宜适当浅播，而秋播蒜可适当深播。大瓣蒜应适当深播，而小瓣蒜应适当浅播。

（五）合理密植

合理密植是充分利用土地、空间、阳光，达到优质、高产的关键措施。密度依种植目的而定。以蒜头为目的的适宜密度每667 米^2 为2万～3万株。

（六）田间管理（以秋播大蒜为例）

1. 出苗期 同期播种时，不同品种间出苗期有很大差异，少则8天（金堂早蒜、苏联红皮蒜、软叶蒜），多则20多天（陇县蒜、苍山大蒜、嘉定蒜、太仓白蒜等）。在此期间要保证土壤中有充足的水分和氧气，为蒜瓣的萌发出土创造条件，达到出苗早、苗全、苗齐的目的。土壤干燥田块，播种后立即灌水使蒜种与土壤密接，并供给萌芽所需水分。出苗前如果土壤表面板结，可轻灌一次水，防止因土壤板结缺氧而影响出苗。但出苗前土壤也不宜太湿，否则会因缺氧造成烂根、烂母等情况。所以，播种后如遇大雨，出现田间积水时，应及时排水。

为防除蒜地杂草，可在播种后出苗前施用化学除草剂。用丁·绿混合除草剂（60％丁草胺50克，加25％绿麦隆150克，对水 50 升）或莠去津 100～125 克，对水 50 升，在播种后出苗前喷于畦面，然后将畦面轻耙一遍，使药液混入土壤中，以增强除草效果。

2. 幼苗期　秋播大蒜的幼苗期一般是在冬季度过的，田间管理要培育壮苗，确保幼苗安全越冬。措施是：幼苗长出 2～3 片叶后，施提苗肥，每 667 米² 追施尿素 10 千克。施肥后随即灌水，然后中耕松土，蹲苗，使根系下扎，并防止过早烂母。土壤封冻前，在灌越冬水后，施"腊肥"，每 667 米² 施畜杂肥 2 000 千克左右，然后中耕，并向根部浅培土。有条件的地区可在灌越冬水后覆盖草粪，保墒、保温，有利于幼苗安全越冬。

3. 花芽和鳞芽分化发育期　在花芽和鳞芽分化发育期内，种瓣中的营养物质随着幼苗的生长而逐渐减少，由开始腐烂至完全消失（烂母）。一般于翌年春暖返青后，结合灌水施返青肥，每 667 米² 施尿素 10 千克或氮磷钾复合肥 30 千克，为幼苗返青后的旺盛生长提供充足的水分和营养。秋播大蒜中的极早熟和早熟品种及南方冬季比较温暖的地区，可提早追肥和灌水。例如，秋播地区于 9 月下旬至 10 月上旬播种的苍山大蒜，翌年 3 月中下旬烂母。

4. 花茎伸长期　花茎伸长期田间管理的重点是抓紧追肥和灌水，以满足花茎生长的需要，并为蒜头的肥大打下基础，防止蒜头肥大期缺肥早衰，具体措施是，当蒜薹"露尾"（总苞尖端伸出叶鞘）时，施"催薹肥"，结合灌水每 667 米² 施尿素 20 千克。以后土壤要经常保持湿润状态。采收蒜薹前 3～4 天停止浇水，以免蒜薹太脆，采收时易折断。

5. 鳞茎膨大期　蒜薹采收后，鳞茎膨大进入旺盛期，根、茎、叶的生长逐渐衰退，植株生长减慢，日平均吸收的氮、磷、钾量明显减少。这一时期要防止早衰，尽量延长叶片和根系寿命，促进蒜头膨大。具体管理措施是，在蒜薹采收后，及时浇催头水，以后小水勤浇，保持土壤湿润，促进蒜头膨大。蒜头收获前5～7天停止浇水，防止因土壤太湿造成蒜头外皮腐烂、散瓣及不耐贮藏等弊病。结合浇催头水，可根据土壤肥力和前期施肥情况，在肥力不足时可追施催头肥，每667米^{2}施尿素10千克、钾肥5千克。同时，可叶面喷施2%磷酸二氢钾。

南方在鳞茎膨大期常遇多雨天气，土壤湿度大，容易引起散瓣，影响蒜头质量，应注意开沟排水，降低土壤含水量。

（七）采收

当蒜叶色泽开始变成灰绿色，植株上部有3～4片绿色叶片，假茎变软，外皮干枯，蒜头茎盘周期的须根已部分萎蔫时便可采收。土质黏重的地区，选晴天早晨土壤较湿润时挖蒜；土质疏松的地块可用手拔出。挖出蒜头后就地将根系剪掉。如果是扎把贮藏，则应同时剪梢，留10～15厘米长的叶鞘；如果是编成蒜辫贮藏，则不用剪梢。修整后，将蒜头向下，蒜秆向上，一排排摆放，后一排的蒜秆盖在前一排的蒜头上，只晒蒜秆，不晒蒜头，以免蒜头被烈日晒伤。晾晒过程中注意翻动，使蒜头晾晒均匀。还要注意天气变化，防止雨淋。叶鞘短的早熟品种多采用扎捆贮藏：晒3～5天，蒜秆已充分干燥后扎成小捆，堆在阴凉处，待凉透后移至贮藏室。叶鞘长的品种多采用编蒜辫贮藏，将蒜秆晒至快干时，于早晨带露水运到阴凉处，将蒜头向外，蒜秆向内，堆成2米左右的圆堆，使蒜秆回潮变软以便编辫。编好的蒜辫背向上，蒜头向下，晾晒3～4天，使蒜秆充分干燥。如果蒜秆未晾干就贮藏，易造成发霉、腐烂，致使蒜瓣脱落。

（八）地膜覆盖栽培大蒜

地膜覆盖栽培大蒜在解决北方干旱地区耗水量大以及北纬38℃以北地区秋播安全越冬和提高出口级蒜率等问题上具有重要作用，大蒜地膜覆盖栽培除传统大蒜栽培技术外，还应掌握以下技术要点：

1. 精细整地　地膜覆盖栽培比常规露地栽培对土壤的要求

更严格。要求土壤肥沃，有机质含量高，地势平坦，土壤细匀、疏松，沟系配套，排灌通畅。

2. 施足基肥 地膜大蒜需肥量大，盖膜后又不便追肥，因此，在肥料运筹中要以基肥为主，追肥为辅。基肥以有机肥为主，化学肥料为辅，增施磷钾肥或大蒜专用肥。一般每 667 米²施土杂肥 4 000～5 000 千克或腐熟厩肥 2 000～2 500 千克，或畜禽粪肥 1 000～1 500 千克，饼肥 150～200 千克，过磷酸钙 25～30 千克，或大蒜专用肥或复合肥 40～50 千克。施肥后深耕细耙，使土疏松。整地作畦时，要达到肥土充分混匀、畦面平整、上松下实、土块细碎，做成宽 120～180 厘米的小高畦，两边开沟，沟宽 25 厘米，深 20 厘米。也可在前茬收获后，清理残茬地面喷洒免深耕土壤调理剂，播种前浅松土播种。

3. 提高覆膜质量 根据畦宽，选用 0.004 毫米厚的超薄地膜，一般用宽 200 厘米地膜覆盖。覆膜前先喷施除草剂，然后用覆膜机械或人工由上风处向下风处铺膜，使地膜紧贴畦面，两边用泥土压实，严防风鼓入膜内，充分发挥地膜的增温、保墒作用。

4. 适期播种 地膜有显著的增温、保墒作用，因此要适期晚播，一般比当地露地蒜迟 10～15 天，即北方蒜区 9 月下旬至10 月中旬，长江流域及其以南地区为 10 月中旬至 11 月上旬，越冬前达 4～7 叶。

5. 合理密植 播种密度应根据地力和栽培管理水平适当增加密度，一般每 667 米²3.5 万～8 万株。

6. 提高播种质量 播种前要精选种瓣，尽量选用一级种瓣，尤其是晚茬田更应如此，只有在种子不足的情况下才选用二级种瓣。要求种瓣达"五无"标准，即无病斑、无破损、无烂瓣、无夹心瓣、无弯曲瓣，同时用清水、磷酸二氢钾和石灰水分别浸种。播种时可采用开 4～5 厘米深的浅沟，按株行距定向（蒜瓣背向南）排种（先播种后覆膜），也可采用按株行距膜上打洞摆种（先覆膜后播种），并用细土盖匀，轻轻去除地膜上余土，以防遮光，影响增温效果。

7. 及时破膜放苗　先播种后覆膜的田块，约有80%的幼苗可自行顶出地膜，不能顶出地膜的应及时用小刀或铁丝钩、小竹签等破膜放苗，以防灼伤。

8. 严防后期脱肥　地膜大蒜长势旺盛，需肥量大，后期易脱肥，因此在中后期要追施蒜头膨大肥，后期根系吸肥能力减弱后要叶面喷施0.2%磷酸二氢钾或微肥1～2次，以满足大蒜对磷钾营养的需求，延长后期功能叶的寿命，促进蒜头膨大。

五、薹蒜栽培技术

（一）选择优良品种

选择蒜薹粗壮、蒜头外观颜色一致、瓣数相近且均匀饱满的品种，如四川二水早、云顶早、青龙白蒜等。

（二）精细整地，施足基肥

土壤经深翻并整细、整平，然后按2米规格放线，做成宽1.8米的畦面，两边开挖宽20厘米，深15厘米的丰产沟，结合整地每667米^{2}施土杂肥4 000～5 000千克或腐熟有机肥2 000～2 500千克或饼肥150～200千克及适量化学肥料。

（三）适期播种，合理密植

北方地区9月上旬播种。苏北地区9月中旬，长江流域9月下旬至10月中旬，华南地区8月上中旬。播前喷除草剂并用宽2米、厚0.004毫米地膜覆盖。将选好的蒜种先用井水浸泡12～16小时，捞出后再用10%的石灰水浸泡30分钟，再用0.2%磷酸二氢钾水溶液浸泡4～6小时，捞出后按行距18～20厘米、株距7～8厘米播种，播深3～4厘米，每667米^{2}栽40 000～50 000株。

（四）科学管理

一是及时破膜放苗。对不能自行破膜的幼苗要及时进行人工辅助出苗，用小铁丝弯成小钩进行破膜引苗。二是加强肥水管理。根据天气变化情况，封冻前浇 1 次越冬防寒水，黑龙江在10 月下旬，华北平原在"小雪"前后，苏北地区在大雪前后；翌年初春浇好返青水，黑龙江 4 月上旬，华北地区 3 月中旬，苏北地区 3 月上旬；结合浇返青水追施氮素肥料，特别要重施薹肥，孕薹肥提早到烂母前 5～7 天追施，促薹分化。在露尾前10～15 天重施薹肥，每 667 米² 可追尿素 15～20 千克或大蒜专用肥 15～20 千克。露尾后喷施微肥，促薹快速生长。采薹前 3～5 天停止浇水。

（五）适时采收

1. 抽拉法　一手捏住蒜薹上部距假茎口 3～5 厘米处，斜向上拉直蒜薹，用力要均匀，待蒜薹在假茎中断裂，发出轻微响声时，迅速抽出蒜薹。这种采薹法适用于假茎口较松（"口松"）、蒜薹细的早熟品种，或播期晚、蒜薹细小的大蒜。拉抽法效率高、省工，对假茎、叶及蒜薹的损伤小，采下的蒜薹适宜贮藏，也有利于蒜头的进一步肥大。但如果遇到阴雨天气，空气及土壤湿度大时，断薹较多，影响蒜薹产量。

2. 扎抽法　将竹筷子的细头或木条的先端用刀削成尖锥形，也可以将竹筷或木条先端一侧削一凹口，在凹口中心处钉入一个半截大针，针的断面一端烧红砸扁成铲状，宽约 2 毫米，长 1 厘米，凹口处针尖部露出 2～3 毫米。采薹时，一只手握住总苞下部，将蒜薹拉直，另一只手拿筷子尖或针铲，向假茎离地面 5～7 厘米处横向垂直扎入，切断蒜薹，即可将蒜薹抽出。少数难抽出的，可用工具凹口处的针尖，从有叶身的一侧将假茎上部两三个叶鞘顶端划开，便可抽出。扎抽法的优点是：蒜薹无划伤，断面齐，采薹后假茎不倒状，叶片较完整，蒜薹产量高。此法适用于稀植、假茎短粗且上下部粗度差异小、采薹期较早的早熟品种。

　　无论采用何种采薹方法，采薹均应选在晴天下午进行，这时植株体内水分较少，质地较软，弹性增加，薹不易折断。当蒜薹弯曲似秤钩，薹苞明显膨大，颜色由绿转白，薹近叶鞘又有4~5厘米长变成黄色时，即可采收。

六、青蒜苗生产技术

青蒜苗，是以鲜嫩翠绿的蒜叶和洁白嫩脆的假茎作为蔬菜供应市场。青蒜苗一年四季均可生产上市，因生产季节和上市时间不同，北方有立冬前上市的"早蒜苗"和早春上市的"晚蒜苗"；南方9月中下旬上市的"火蒜苗"，10月下旬至12月份上市的"秋冬蒜苗"及翌年1~2月份上市的"春蒜苗"和4~5月上市的"夏蒜苗"等类型。但随着品种和栽培技术及栽培设施条件的改进，生产时间并不严格，主要是依据市场需求。在青蒜苗生产上主要掌握以下技术关键：

（一）施足基肥

青蒜苗栽培密度大，需肥量大，且生长期短，即要求在较短的时间内长成较大的个体。因此青蒜苗栽培需要充足的肥水条件，且速效肥与长效肥相结合，施足基肥，促其地上部快速生长，才能获得优质高产的青蒜苗。在耕翻之前，每667米² 施腐熟厩肥4~5米³，或土杂肥5~6米³，或充分腐熟的人畜粪3 000~4 000千克，饼肥100~150千克，尿素5~10千克，钾肥5~7.5千克，或大蒜专用肥（或三元复合肥）20~30千克。

（二）打破休眠

由于大蒜有生理休眠期，夏季常因休眠期未结束及高温影响，播后出苗困难，因此要采取措施，人为打破休眠。通常采用冷水浸泡法和低温催芽法，即播前15~20天将分级的种瓣放在清水中浸泡12~18小时，捞出沥干水后放在窑洞或地窖里，并保持洞（窖）内气温10~15℃，空气相对湿度85%左右。在冷凉湿润的条件下，经15~20天后，大部分蒜瓣上已发出白根，即可播种。有条件的也可将上述经浸泡过的种蒜放入冷库、冰柜（箱）里或用绳吊在土井里（水面以上），经0~5℃低温处理3~

4周，即可打破休眠，促其生根发芽。在冷贮过程中要经常翻动或淋水，使温、湿度均匀，播种后方能出苗整齐一致。

（三）适宜播期

因青蒜苗上市时间不同，播期也有较大差异，一般北方地区国庆节至元旦上市的宜在7月下旬至8月上中旬播种，春节前后陆续上市的宜在9月上旬播种；南方地区国庆节前上市的宜在7月下旬、8月上旬播种，元旦至春节上市的宜在9月下旬至10月上中旬播种，"五一"节前陆续上市的宜在2月上中旬播种。

（四）科学播种

高温季节播种，先将畦面浇足水分，待表土晾干时即可播种，而且要求浅播以利出苗，第二天清晨再浇一次水，畦面撒一薄层细土，并盖一层厚3厘米左右麦秸，或搭架遮阴（有条件的可用遮阳网），保墒降温，减少蒸发，同时可防止大雨冲击，确保出苗和正常生长；晚播蒜宜开沟浅播，浇足底水后覆层薄熟土，再盖一层麦草，不需搭架遮阴。

（五）肥水管理

早蒜苗播种出苗阶段正值高温季节，在播后出苗前每隔2天浇水一次，直至齐苗。浇水时应在每天早晚天气凉爽时进行，并尽量浇凉水，每次浇水要适量，不能使土壤过湿，避免高温烈日引起的烂种，使蒜苗发黄，影响青蒜苗的产量和品质。越冬蒜苗要浇越冬水，追施腊肥，如667米^{2}追施腐熟厩肥2 000～3 000千克。开始返青时，及时浇返青水，每667米^{2}追施尿素10～15千克，促其返青生长。

（六）及时收获

一般青蒜苗播种后60～80天即可陆续上市。收获时可根据播种期先后和长势强弱，分期分批采收上市。收获有两种方式，一种是刀割青蒜苗，待伤口愈合后及时追肥，养好下茬青蒜苗；也可采用隔行或间株起刨青蒜苗，多数均采用分批分次连根刨起收获法。

（七）设施栽培青蒜苗

北纬 38℃以南地区秋播蒜都能露地或覆草安全越冬，而北纬 38℃以北地区，秋播蒜露地较难越冬，常进行春季播种。近年来，随着设施条件的改善，北方地区整个冬季均能进行青蒜苗生产。其主要栽培设施有日光温室和塑料大棚，栽培方法有日光温室栽培、多层架立体栽培、火炕栽培、电热温床栽培和塑料大棚或阳畦栽培等。目前主要采用日光温室和塑料大棚或阳畦栽培。

1. 品种选择　选择幼苗生长迅速、叶片肥厚鲜嫩、单株或单位面积产量高、适宜密植且节省蒜种的小瓣蒜做种，同时剔除受伤、发霉、有虫伤等的蒜头、蒜瓣。一般保护地青蒜苗多选用白皮蒜类的地方品种，如白牙蒜、马牙蒜和狗牙蒜等，它们均是设施青蒜苗栽培的理想品种。

2. 种蒜处理　将选好的种蒜剪去蒜脖假茎和根须，剥去部分外皮，露出蒜瓣，放在凉水中浸 24 小时（深秋初冬浸泡时间宜长些，立春前后浸泡宜短），但应避免浸泡过头造成散瓣（以蒜头播种）。同时将上述浸泡过的蒜种放在 0～10℃ 的低温下贮藏 30～45 天即可播种。

3. 播种　将处理过的种蒜去掉盘茎，以蒜头和蒜瓣栽培的均应按大、中、小分级。播种于棚室内宽 120～150 厘米的畦中，株行距为 3～4 厘米×13～15 厘米，或 5 厘米×6 厘米，播后浇水上覆细沙土 2～3 厘米。

4. 播种后管理　播种后出苗前，白天温度控制在 23～25℃，夜间 18℃，地温 18～20℃，当苗高 3～5 厘米时，白天保持20～22℃，夜间 16～18℃，苗高 30 厘米时，温度保持 16℃，收获前，温度降至 10～15℃。青蒜苗生长期间一般不追肥，但冬末、春初因蒜瓣经过冬贮后营养消耗较多，往往生长后劲不足，常造成蒜苗落黄，每 667 米² 可用尿素 1～1.5 千克对水 300 千克浇施，浇后随即喷清水洗净蒜叶上的肥液，以免造成烧苗。当苗高达 35～40 厘米即可收获，或根据市场需求收获。

七、蒜黄栽培技术

大蒜在无光和一定的温、湿度条件下，利用蒜瓣自身的养分，培育出叶片柔嫩，颜色淡黄到金黄，味香鲜美的蒜苗即蒜黄，这种栽培方式又称之为软化栽培。蒜苗软化栽培以北方为多，华北一带常用地窖或半地下式薄膜温室等软化，苏北和山东等地多采用露天（挖窖）、阳畦、薄膜拱棚或室内栽培。

（一）栽培季节

蒜黄生长期较短，每茬 20～30 天，每季收割 2～3 茬，整个栽培季节可生产 4～5 季蒜黄。每年 9 月至翌年 4 月均可生产。如地窖栽培 11 月上旬至翌年 1 月下旬或 12 月上旬至翌年 2 月下旬；温室软化栽培从 10 月上旬至翌年 2 月下旬或 10 月下旬至翌年 4 月上旬随时都可播种。

（二）蒜种选择

蒜黄生长所需营养主要来自蒜瓣。因此种蒜必须选蒜头大、瓣少而肥大的品种。如北京、天津、河北保定等地宜选择当地紫皮蒜；南方以当地白皮大蒜为好。夏末、初秋早期生产时，还要注意选用休眠期短的品种，同时要选用发芽势强、出黄率高，且蒜黄粗壮的一级大瓣，并剔除小瓣和霉变受伤的蒜瓣。

（三）栽培方式

蒜黄秋、冬、春季均可栽培。秋季温度较高，宜进行露天遮阳或室内避光栽培；冬、春温度低，应选择背风向阳的保护地（日光温室、塑料阳畦等）及地窖内遮光保（加）温栽培。

北纬 38℃ 以南地区宜选择日光温室及大棚进行半地下畦或平地建蒜黄池栽培；北纬 38℃ 以北地区宜选择日光温室电热温床和酿热温床栽培或进行窖式栽培生产蒜黄，也可根据当地环境选择室内避光和多层架式栽培等。

（四）设施建造和排种

大田保护地栽培：先建好宽 4～6 米，高 1.5 米，长 20～30 米的塑料棚，上面用两层塑料薄膜，中间加一层 20 厘米厚的稻麦草。塑料棚为半地下式，栽培床向下挖 30 厘米，挖的土堆在棚的四周以利保暖。做成 1～2 米宽的畦（以方便操作为准），然后铺一层 6 厘米厚的细沙土或砂质土壤。室内畦栽或窖床栽培：先铺 10 厘米厚菜园土，上铺 5 厘米厚细沙土，并喷小水，使 5 厘米表土浸湿。把蒜种（蒜瓣）用清水浸泡 18～24 小时，吸足水分后，一头紧挨一头或一瓣紧挨一瓣排栽在栽培床内，若蒜头过小，也可将蒜头掰成两半，去掉盘茎，直接排在床内，一般每平方米用种 15～20 千克。注意栽蒜时蒜头顶部要齐，以使植株长大后高低一致，便于收割，然后用木板压平，上覆一层细沙土，盖住种蒜，最后浇足水，上覆地膜，待露芽后撤掉地膜。

（五）科学管理

播后出芽前棚（窖）内空气相对湿度为 85%～90%，中期适当降低为 70%左右，一般每茬蒜黄浇水 2～4 次，栽后 5 天温度保持在 20～25℃，当蒜黄长至 6 厘米时，温度保持在 18～22℃，苗高 15 厘米时，温度以 16～20℃为宜，但不宜低于 15℃。日光温室、大棚内生产蒜黄，待苗高 15～17 厘米时，开始用黑色薄膜或草帘等遮盖进行黄化（软化）栽培；窖栽蒜黄，栽后 7 天内放下草帘，遮光保温，苗高 10 厘米左右时，每天保持 1～2 小时的弱光。栽后 12～15 天，每天 2～2.5 小时弱光。

（六）收割上市

一般栽培 15～20 天，蒜黄高 30～40 厘米时，即可收割第一刀上市，间隔 15～20 天又可收割第二刀上市。每次收割待伤口愈合后浇足水，并随水施入 0.5%尿素和 0.05%磷酸二氢钾，促进下茬蒜黄快速生长，一般可连续采收三茬。

八、独头蒜栽培技术

近年来独头蒜作为一种特色商品，在市场上颇受消费者欢迎，价格也比较高。南方的大蒜品种大多蒜头小，蒜瓣也小。北方也有一些蒜瓣多而小的白皮大蒜，食用时剥皮比较麻烦，其中除了一部分用作青蒜苗栽培外，多被当作废物抛弃，如果利用它们生产独头蒜，则可变废为宝。独头蒜可以加工成糖醋蒜，如湖北荆州、沙市生产的酸甜独头蒜，颗粒圆整，质地清脆，甜酸爽口，风味独特，成为畅销国内外及东南亚各国的传统名优商品，所用原料就是利用白皮大蒜中的小蒜瓣作蒜种培育而成。

（一）整地做畦

选择砂壤土或者轻壤土。前茬作物收获后，每 667 米^2 施腐熟圈粪 2 500 千克、过磷酸钙 50 千克作基肥。浅耕耙后做成宽 1.4 米左右的平畦，畦面平整。

（二）品种选择

生产独头蒜所用的种瓣必须是小蒜瓣，所以一般多从蒜瓣较多而小的大蒜品种中选择。但同为小蒜瓣而品种不同时，所得独头蒜的百分率和单头重有明显差异。据杜慧芳等（1996）报道，二水早、彭县早熟、温江红七星等早熟大蒜品种，采用重 0.5～1 克的蒜瓣作种瓣时，独头率可达 76%～92%，单头重 4～6 克。

（三）挑选种瓣

选择大小适宜的蒜瓣作种蒜，才能获得高的独头率和大小适中的独头蒜。如果种瓣太大，则会生产出有 2～3 个种瓣的小蒜头，使独头率降低；如果种瓣太小则生产出的独头蒜太小，丧失商品价值。一般要求独头蒜单重达到 5～8 克。为了生产出独头率高而且大小适宜的独头蒜，需要进行种瓣大小与独头率及单头重关系的试验。据湖北沙市郊区从事独头蒜生产的农户经验，采用当地白皮蒜品种中的小蒜瓣（又称"狼牙蒜"）作种瓣时，以百瓣重在 90 克左右为宜。

（四）播种生产

独头蒜的适宜播期必须在当地做分期播种试验才能确定。播早了，蒜苗的营养生长期长，积累的养分较多，易产生有 2～3 个蒜瓣的小蒜头；播晚了，独头蒜太小。一般秋播地区较正常蒜头栽培推迟 50 天左右播种为宜。每 667 米² 用种量一般为 100 千克左右。增大密度不仅是提高独头率的重要措施，也是提高单位面积产量的重要措施。播种时先按 15 厘米行距开沟，沟深约 6 厘米。然后按株距 3～4 厘米播种瓣，随即覆土厚 3～4 厘米。全畦播完后，均匀播撒小青菜种子，每 667 米² 用种量 0.5 千克左右，播后耙平畦面，灌水。混播小青菜的主要目的是利用小青菜发芽出苗快的特性，抑制蒜苗的生长，以增加独头率，减少分瓣蒜。

（五）田间管理

翌年早春将小青菜全部收获上市后，蒜田进行中耕、除草、追肥、灌水等项管理。在蒜头膨大期间要保证水分的充足供应。

（六）收获

秋播地区在翌年立夏前后（5 月上旬）当假茎变软、下部叶片大部分干枯后及时收蒜。收早了，独头蒜不充实；收迟了，蒜皮变硬，不易加工。加工用的独头蒜，挖出后及时剪除假茎及须根，运送到加工厂，防止日晒、雨淋。作为上市出售的鲜蒜，挖蒜后要在阳光下晾晒 2～3 天，防止霉烂。一般每 667 米² 产 300 千克左右，高产者可达 500 千克。

第四节　大蒜生产上常见问题及解决途径

一、大蒜二次生长

（一）形成原因

大蒜二次生长是近年来大蒜生产上经常发生的现象，俗称"马尾蒜"，它的发生严重地影响了大蒜的产量和品质，其发生原因主要有以下几点：

1. 品种遗传 ①只发生内层型二次生长，不发生外层型二次生长的品种有：温江红七星、苏联红皮蒜系统的品种（"改良蒜"、徐州白蒜、鲁农大蒜、宋城大蒜等）、天津红皮、嘉定蒜。②内层型及外层型二次生长均可发生的品种有：金堂早、二水早、苍山大蒜、白河白皮、襄樊红蒜、毕节大蒜、山西紫皮、宝鸡火蒜、呼沱大蒜等。③不发生二次生长的品种有：陕西宁强山蒜、广东新会火蒜等。

2. 蒜种贮藏温度 蒜种贮藏温度对大蒜的二次生长有明显的影响。低温有促进二次生长的作用，尤其是在低温环境中，随着贮藏天数的增加，二次生长发生率也逐渐增多。但品种间对低温反应程度有明显差异，中牟早熟蒜对低温反应最为敏感，在低温处理41～57天中内层型与外层型二次生长均明显增加，超过57天，出苗天数延长，苗子长势很弱，难以形成产量。宋城大蒜低温贮藏超过87天才会影响到正常出苗和幼苗的长势，而且多数为内层型二次生长。徐州白蒜对低温反应不敏感，抗二次生长能力较强（表2-3）。

表2-3 蒜种温度处理对二次生长的影响

（程智慧、陆帼一，1991）

品 种	处理温度（℃）	外层型二次生长		内层型二次生长	
		发生株率（%）	与对照相比（%）	发生株率（%）	与对照相比（%）
蔡家坡红皮	0～5	8.13	855.80	3.80	9 500.00
	14～16	15.42	1 623.20	3.39	8 475.00
	24～27（对照）	0.95	100	0.04	100
苍山大蒜	0～5	3.18	334.70	32.20	192.24
	14～16	4.15	436.8	23.15	138.21
	24～27（对照）	0.95	100	16.75	100

（续）

品　种	处理温度 （℃）	外层型二次生长		内层型二次生长	
		发生株率 （%）	与对照相比 （%）	发生株率 （%）	与对照相比 （%）
改良蒜	0～5	0.00	100	14.25	123.06
	14～16	0.00	100	14.94	129.02
	24～27（对照）	0.00	100	11.58	100

注：收获后置室内贮藏，播种前30天开始进行温度处理，对照仍在室温下贮藏。1988年8月31日播种。

3. 气候条件　大蒜二次生长发生的轻重，不同年份有很大差异。在秋播区凡是冬暖年，植株在冬季也进行缓慢生长，花芽、鳞芽分化得早，再遇到倒春寒使已经分化的花芽、鳞芽受到低温的刺激，再次分化鳞芽、花芽，在以后长日照、高温条件下可形成二次生长植株。

4. 播种期提早　近几年蒜农为了让大蒜提早上市，播种期有相应提早的趋势。尤其是早熟品种，播种时休眠期早已通过，播后很快出苗，冬前生长期长，花芽、鳞芽提前分化，遇早春低温极易发生二次生长。播种期和土壤湿度对外层型二次生长的发生影响不大，但对内层型二次生长的发生有影响。播期无论早晚，土壤湿度高（土壤相对含水量为90%）时，内层型二次生长发生株率比土壤湿度低（土壤相对含水量为50%）的极显著增高。土壤湿度高而且播期早时，对内层型二次生长的发生更有利。播期虽然早，但土壤湿度低时，则不利于内层型二次生长的发生。因此，在调查研究播种期与大蒜二次生长的关系时，应综合考虑上述各种因素，从而确定当地的适宜播种期。当然，大蒜适宜播种期的确定，既要考虑防止二次生长的需要，又要兼顾产量和效益。

5. 水肥条件　土壤水肥条件好，植株长势强，相对于水肥条件差的田块，二次生长发生率高。尤其是氮素化肥用量大，更利于二次生长的发生。在施用有机肥作基肥的基础上，氮肥的使用量和使用次数对二次生长也有影响。氮肥施用量大，二次生长株率高。同样数量的氮肥，施用次数不同，二次生长的发生情况也不同。据相关试验，每 667 米^2 施尿素 30 千克，分别在播种期、退母期和返青春期各施 1/3 的处理区，外层型二次生长和内层型二次生长都比分 2 次在播种期和退母期各施 1/2，或在播种期作为基肥施用的处理区增多。大蒜产区的农民认为，早春大蒜返青后施用的速效性氮肥量愈多，二次生长愈严重。

6. 覆盖栽培　据有关调查大蒜在大棚和拱棚栽培中 12 月份盖膜，二次生长的发生率在 80％以上。在日光温室内秋播大蒜，翌春 4 月份二次生长率达到 95％以上。覆盖栽培由于棚（室）内白天环境适宜大蒜生长，苗子长得快，花芽、鳞芽分化得早，夜间温度低，极易通过春化出现二次生长。

秋播地区覆盖地膜后，土壤温度升高，含水量增加，有效养分增多，使大蒜的整个生育进程都提前，植株生长旺盛，花芽和鳞芽分化期提前。花芽和鳞芽分化后常处在日照时间较短、土壤温度适宜及肥水充足等有利于二次生长发生的环境中，使二次生长植株增多。

春播地区由于同样的原因，植株生长旺盛，但经受的低温程度和低温持续期不够，花芽和鳞芽分化期推迟，蒜薹和蒜瓣不能正常发育，从而出现蒜薹短缩、苞叶较长、蒜薹不能伸出叶鞘、二次生长增多、蒜头畸形、蒜瓣数增多等现象。

（二）防止措施

二次生长所形成的蒜头从大小到整齐性，市场都难以接受。尤其是外层型二次生长所形成的蒜头，形状不正，多属于不合格产品。因此，防止二次生长的发生，尤其是外层型二次生长的发生，是保证大蒜质量的关键，具体要抓好以下几方面。

1. 品种选择　不同品种抗二次生长的能力不同。因此，可以通过多年种植经验了解不同品种对二次生长属于抗型还是易发型。尤其是对外层型二次生长的抗性更应了解清楚，因为该类型对蒜头的质量影响最大。如果目前所种的主栽品种属于二次生长易发型，可以通过引种试种后进行换种。从外地引种时，最好进行防止二次生长特别是外层型二次生长为主要目的的品种试验。秋播地区可在栽种前将蒜种放在冷库（16～17℃）或冰箱（0～5℃）中处理 30 天左右，并适当提早播种。收获时调查统计不同类型二次生长的株率和指数，可比较准确、快速地筛选出对诱发二次生长条件反应不敏感的品种。如果采用常规方法，连年种植观察，由于各年的气象条件，不一定对二次生长的发生有利，所以不易正确判断其二次生长特点，而且费时、费力。当然在确定品种时既选择对二次生长抗性强，更应该考虑适合国内外市场要求的优良品种。

目前苏联红皮蒜系列的品种（宋城大蒜、金乡蒜、鲁农大蒜、徐州白蒜）和苍山蒜，既适合出口外销，也适宜国内市场销售，二次生长发生率也低，即使发生也多属于内层型，对大蒜的质量影响较小。

2. 蒜种存放避开低温　冷库中贮藏的保鲜大蒜只能作为食用商品蒜，不能作为以收获蒜头为主的种用蒜。不论哪种熟性的品种，都会随着低温贮藏时间的延长，长势减弱，二次生长加重，尤其是早熟品种更甚之，不但外层型所含比例大，而且收获的蒜头几乎没有商品价值。

大蒜收获后进入夏季，只要存放地环境干燥，放在室内挂藏或装入网眼袋中堆藏即可。也可在室外搭建防雨、防晒棚，在棚下堆藏或挂藏，只要雨水淋不着、太阳晒不着就达到安全贮藏的目的。也不要在窑洞或甘薯窖中存放。

3. 掌握适宜播期　盲目提早播期是二次生长发生的原因之一。对易发生二次生长的早熟品种，更不能盲目早播，尤其在暖冬年情况下，早播二次生长更为严重。秋播区 9 月中下旬播种，越冬前长足 5～6 片叶、株高 18～20 厘米、假茎粗 0.7 厘米左右为宜。

4. 控制氮素化肥用量　基肥应以有机肥为主，适当配合氮磷钾三元复合肥。用化肥做追肥时忌大量氮肥单独施用。特别是返青期少施速效性氮肥。尤其在水多氮肥足的情况下，植株生长过旺，二次生长的发生率也高。

5. 地膜覆盖不宜过早　地膜覆盖栽培在大蒜集中产区已经成为提高产量和质量的重要手段。但使用不当也是诱发二次生长发生的一个原因。在同样冬暖倒春寒年份，地膜覆盖的大蒜二次生长明显多于不覆盖田块。因此，为了防止由于覆膜而引起的二次生长，覆膜时应注意以下几方面。一是秋播区覆膜的要比不覆膜的在适宜播期内向后推迟 5～6 天，防止苗期生长过旺，花芽、鳞芽分化过早，翌春遇低温产生二次生长。二是播期不推迟，改播种后立即盖膜为晚盖膜，待蒜苗全部齐苗后，天气已开始转凉，于 10 月中下旬采取一次性集中盖膜掏苗。这种方法可降低了二次生长发生率。另外，地膜覆盖的大蒜返青后要控制氮素化肥用量。

二、蒜头开裂和散瓣

（一）形成原因

一般情况下蒜头的外边应当有多层叶鞘紧紧包裹着，使蒜瓣不易散开。如若包裹的蒜皮层数减少，蒜瓣就会由于生长产生向外压力而胀破蒜皮形成开裂。另外，着生蒜瓣的短缩茎盘发霉腐烂造成散瓣发生。蒜头开裂和散瓣的原因主要有以下 6 个方面。

1. 与蒜瓣的生长膨大特性有关　有些品种蒜瓣在膨大过程中生长不均衡，中下部过于肥大，蒜瓣间相互挤压，由于受到茎盘的限制，外层的蒜皮承受不住这种向外的胀力，最后蒜瓣胀破蒜皮而开裂，被胀破的蒜皮发霉腐烂，但蒜瓣仍然着生在茎盘上形成散瓣。开裂的蒜头因没有外层蒜皮的保护，稍一挤压触动也容易散瓣。

2. 外层型二次生长的蒜头　外层型二次生长的蒜瓣多发生

在蒜头的外围且位置不定，这样就使蒜头形状不正，外层蒜皮也会受到一个不均衡的向外胀力而被胀破形成散瓣。

3. 土壤黏重、排水不良 土壤黏重，排水不良易造成外皮、鳞茎盘发霉腐烂出现开裂或散瓣。

4. 成熟后遇雨或收获前浇水 不论是收前降雨或浇水过迟，尤其是排水不良的黏土田块极易形成积水，这都会造成蒜皮和鳞茎盘腐烂而形成散瓣。

5. 收获过晚 已经成熟的蒜头如不及时采收，已经老朽的蒜皮和鳞茎盘就极易发霉腐烂出现散瓣。散瓣蒜给收获造成极大的困难。

6. 贮藏不当 蒜头在存放前一定要充分晾干，再装入透气的网眼袋中。切勿把未充分晾干的蒜头装在不透气的塑料袋或编织袋中，水分难以散失就易使蒜皮、鳞茎盘腐烂而散瓣。也不能在潮湿的地方堆放。总之，蒜头吸湿回潮，尤其在夏季气温较高的环境下，外层蒜皮、鳞茎盘较易发霉腐烂而出现散瓣。

（二）防止措施

选择适宜品种。采收前7～10天停止浇水，如遇下雨，应及时排除田间积水。及时收获，并在贮藏期间注意通风，防止发霉腐烂。

三、大蒜管状叶

正常大蒜叶下部由闭合型叶鞘构成假茎，上部为狭长形的叶身。但在生产中经常发现一些不正常株，即在靠近蒜薹的第一至第四片叶处出现闭合式如同大葱叶的管状叶。管状叶出现在紧靠蒜薹的内1叶时，蒜薹被包裹在叶内难以伸出，限制了蒜薹的生长，以后随着蒜薹的伸长，可以胀破管叶，但总苞的上部仍然套在管叶内。如果管状叶发生在内2叶上，管状叶套住蒜薹和正常的内1叶使它们难以伸出。如果发生在内3叶上，管状叶可套住蒜薹和内1、2两个正常叶，依此类推。管状叶形成的叶位愈靠外，所套住的功能叶也愈多。这些新生的功能叶正是蒜薹伸长、蒜头膨大所需养分的主要制造者。因此，管状叶的出现对蒜薹、蒜头的生长极为不利，会使蒜头、蒜薹的产量各减少 30% 左右。每株一般只出现一个管状叶。管状叶的形成与品种有关，中晚熟品种较易出现，早熟品种较少见。有些年份苍山蒜管状叶发生率可达 20% 左右。据程智慧（1990）试验，管状叶植株的蒜薹长度减少 27%、重量下降 29.7%；大蒜头横径减少 11.2%、重量下降 30.3%。及时划破管状叶，使蒜薹、蒜叶尽快伸出，可以消除其不良影响。管状叶还会使内层型二次生长株率增加，即使及时划开管状叶，也难以消除这种影响。

管状叶现象的产生除了与品种有关外，还与蒜种贮藏温度、种瓣大小、播期和土壤湿度有关。根据程智慧等（1990）报道，蒜种在 5℃ 或 15℃ 下贮藏，管状叶发生株率比在 25℃ 下贮藏的显著提高。大种瓣管状叶发生株率较高，蒜瓣重为 3.75～5.75 克的大种瓣，管状叶发生株率比 1.75 克重的小种瓣高 1 倍多。另外，播种期提前、种瓣大、土壤相对含水量低于 80%、冬暖年遇倒春寒等，管状叶发生株率增高。

根据目前已知发生大蒜管状叶的原因，秋播地区可采取以下防止措施：蒜种在室温下贮藏，避免长期处于 15℃ 以下的冷凉环境中；选用中等大小的蒜瓣播种，适期晚播，保持适宜的土壤湿度，避免长期缺水。一旦发现管状叶，应及时划开，以消除或减轻对蒜薹和蒜头的不利影响。

四、大蒜干尖与黄尖

冬季和早春在蒜田中经常可以看到叶尖泛黄干枯，原因主要有以下几方面：一是蒜瓣退母期养分供应不足。大蒜幼苗养分来源很大一部分来自种瓣中贮存的养分，退母表明种瓣养分已经耗尽，植株由异养进入完全自养阶段，在转换期可能会出现养分的"青黄不接"而产生叶尖泛黄和干尖现象。二是冬季干旱少雨雪。

封冻水没及时浇灌，即使浇过封冻水，由于冬季地温低，在根系吸水困难的情况下也会出现干尖、黄尖现象。三是土壤黏重。这类土壤春季地温回升慢，地上部分已开始生长，而根系因地温低吸收肥水能力弱，造成肥水供应不协调，常会出现黄尖、干尖现象。

减轻干尖、黄尖的途径，一是冬季注意浇封冻水，保证土壤水分充足，浇水后注意中耕保墒提高地温。二是覆盖地膜是减轻黄尖、干尖的重要技术措施。三是加深土层，促进根系生长，扩大吸收面积。

五、抽薹不良

大蒜的抽薹主要取决于品种的遗传性，有完全抽薹、不完全抽薹及不抽薹品种之分。但有时原来是完全抽薹的品种，却出现大量不抽薹或不完全抽薹的植株，这是由于环境条件不适或栽培措施不当造成的。贮藏期间已解除休眠的蒜瓣，或在萌芽期和幼苗期，经 0～10℃低温下 30～40 天后，就可以分化花芽和鳞芽，然后在高温和长日照条件下便可发育成正常抽薹和分瓣的蒜头。如果感受低温的时间不足，就遇到高温和长日照条件，花芽和鳞芽不能正常分化，就会产生不抽薹或不完全抽薹的植株，而且蒜头变小，蒜瓣数减少，瓣重减轻。秋播地区将低温反应敏感型品种或低温反应中间型品种放在春季播种时，便会出现这种情况。

第三章

洋葱生产配套技术

第一节　植物学性状

洋葱又称葱头、圆葱，属百合科葱属二年生草本植物，原产于中亚和地中海沿岸，其原产地属大陆性气候区，气候变化剧烈，空气干燥，土壤湿度有明显的季节变化。由于长期对这种环境的适应，洋葱在系统发育过程中，形态和生理上都产生了相应的变化。在形态方面，洋葱具有短缩的茎盘、喜湿的根系、耐寒的叶形和具贮藏功能的鳞茎。在生理特性方面，洋葱要求较凉爽的气温、中等强度的光照、疏松肥沃和保水能力强的土壤等，同时还表现出耐寒、喜湿、喜肥等特点。

一、根

根系是由白色弦线状不定根构成的须根系，着生在短缩茎盘的基部，根系不发达，分布较浅，90％的根系主要集中在20厘米以上的表土层范围内，无主根，根分枝力差，吸收能力弱。根系生长适温较地上部低，土壤10厘米地温5℃时根系即开始生长，10～15℃最适宜，24～25℃生长减缓。

二、鳞茎

洋葱在营养生长期间，茎短缩成扁圆形圆锥体即茎盘，叶和幼芽生于其上，须根系生于其下。鳞茎多为圆球形，外皮为紫红色、黄色或绿白色。鳞茎由叶鞘基部层层包裹而成，实为叶的变形，鳞茎外部鳞片呈革质羊皮纸状，具有保护内部肉质鳞片免于失水的功能。圆盘状"假茎"是由叶鞘包裹而成，其上着生"鳞片"。洋葱短缩的茎为圆盘状的"茎盘"，幼小时只有一芽又称"鳞芽"。膨大生长后，分裂出2～5个幼芽即侧芽，鳞茎由肥厚的鳞片（叶鞘基部）与鳞芽组成。故鳞茎的大小、重量与叶鞘的数目、增厚程度以及鳞芽数目多少直接相关。

三、叶

叶由叶身和叶鞘组成。叶身管状，中空，暗绿色，叶身内侧的下半部有纵向凹沟，表面有较厚的蜡粉，叶身是洋葱主要的同化器官，叶面积较小。这种叶的形态与结构，亦是一种抗旱的生态特征，是适应环境的结果。叶鞘上部最后形成"假茎"，一般10～15厘米，生长后期基部膨大成肉质"鳞茎"，每个鳞茎有2～5个鳞芽，鳞芽数量越多，鳞茎越大。叶数的多少和叶面积的大小，则主要取决于洋葱抽薹与否、幼苗生长期的长短和栽培管理技术等。

洋葱的鳞片，可分为开放性鳞片和闭合性鳞片两种。开放性鳞片是最后长出的3～4片功能叶和叶鞘基部加厚生长而形成的。它包在洋葱鳞茎的外层，其上部有正常的叶鞘和功能叶。闭合性鳞片是叶芽分化长出的2～3个变态幼叶发育而成。这种变态幼叶没有叶身，不能长出管状叶，短而粗的叶鞘在开放性鳞片中加厚生长。每株洋葱在鳞茎膨大期有叶芽1～5个，叶芽的数量因洋葱品种而异，每个叶芽形成一组闭合性鳞片。鳞茎的基部有一个盘状短缩茎，下生须根，上生鳞片。鳞茎成熟时，地上部叶片枯萎，进入休眠期。休眠期结束后，鳞茎中的每个腋芽都能抽生新叶长成一棵新植株。

四、花、果实、种子

洋葱定植后当年形成商品鳞茎，在低温短日照条件下通过春化作用，在温暖长日照下抽薹开花、结实，或顶生气生鳞茎。每个鳞茎抽薹数取决于所含鳞芽数。每个花薹顶端有 1 个球状花序，内有小花 200～800 朵，最多可达 2 000 朵以上。洋葱花被 6枚，其中萼片和花瓣各 3 枚，白色至淡绿色，颜色和形状均很相似，难以分辨。两性花，雄蕊 6 枚，分轮排列，内轮基部有蜜腺。雌蕊受精后结实，子房 3 室，每室 2 个胚珠。洋葱为雄蕊先熟植物，花柱在花初开时，长度仅 1 毫米左右，大约 2 天后花粉散尽才达到成熟的长度（约 5 毫米）。洋葱为异花授粉作物，但自交结实率也较高，在采种时要注意不同品种间应隔离。

洋葱的果实为三角形蒴果，成熟后自行开裂，每个蒴果内含 6 粒种子。种子为盾形，断面呈三角形，种子角质，外皮坚硬多皱，不易透水。种皮内侧有膜状的外胚乳，其内为内胚乳和胚。胚乳中含有丰富的脂肪和蛋白质，胚处于内胚乳中间，呈螺旋形。种皮黑色，种子小，千粒重 3～4 克，种子寿命较短，一般为 1 年。

第二节　洋葱的生育特性

洋葱为二年生蔬菜，生育周期的长短，因栽培地区及育苗方式的不同而异。一般当年形成商品鳞茎，翌年抽薹开花。抽薹数多少由鳞茎中的鳞芽数而定。作为二年生蔬菜，从种子播种入土到翌年新种子成熟采收为洋葱的一个生长发育周期，经历营养生长和生殖生长两个生长发育阶段。

一、营养生长期

是从种子播种出苗，幼苗生长至商品鳞茎即产品器官形成并成熟收获止，其中又经历了发芽期、幼苗期、叶片生长期、鳞茎膨大期、休眠期。

（一）发芽期

从种子萌动到第一片真叶出现为发芽期，需 10～15 天。洋葱种子发芽速度与温度的关系密切。5℃以下发芽缓慢，12℃以上发芽较快，在适宜条件下，播后 7～8 天才能出土。洋葱种皮坚硬，发芽缓慢，因此，播种不宜过深，覆土不能过厚，地面不能板结，要保持土壤湿润。

（二）幼苗期

从第一片真叶出现到长出 4～5 片真叶为幼苗期。一般幼苗期在定植时结束，但如果是秋季播种冬前定植的，则幼苗的越冬期也属于幼苗期。这个时期的长短因各地播种期、定植期不同而异，秋季播种冬前定植的，幼苗期为 180～210 天。包括冬前生长期 40～60 天，越冬休眠期 110～120 天，春季返青生长期约 30 天；春播春栽的，幼苗期为 60 天左右。幼苗期要培育壮苗，其生理苗龄是：株高 20 厘米，真叶 3～4 片，假茎粗 0.6～0.8 厘米，单株重 5～6 克。幼苗期应控制肥水，防止徒长，保安全越冬。苗龄过长，植株过大，会导致先期抽薹，影响产量和品质。

（三）叶片生长期

从幼苗长出 4～5 片叶至达到并保持 8～9 片功能叶，且叶鞘基部开始膨大称为叶片生长期。也就是从春季返青后，一直到鳞茎开始膨大的一段时间，需 40～60 天。这一时期与幼苗期没有本质的区别，却是形成大量同化面积、发达根系和生长最快的时期。洋葱根系与地上部先后转入迅速生长阶段，绿叶数增多，叶面积迅速扩大。随着叶片的旺盛生长，叶鞘基部增厚，鳞茎开始缓慢膨大。由于生长旺盛，植株需水、需肥量大，所以栽培上应保证充足的肥水供应，使洋葱及早形成一定的叶片数，促进地上部旺盛生长，为鳞茎的迅速膨大奠定物质基础。

（四）鳞茎膨大期

从植株停止发新叶且叶鞘基部开始膨大至鳞茎发育成熟为鳞

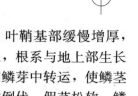

茎膨大期。洋葱地上部进入旺盛生长期后，叶鞘基部缓慢增厚，鳞茎开始膨大，随气温升高，日照时间加长，根系与地上部生长停止，叶身中的营养物质快速向叶鞘基部和鳞芽中转运，使鳞茎迅速膨大，直至成熟前，叶片开始枯萎衰败倒伏，假茎松软，鳞茎外层 1～3 层鳞片中的养分亦向内层鳞片转运，而干缩成膜状，鳞茎即可收获，历时 30～40 天。此时通过适当的肥水管理，以加速鳞茎的肥大。

（五）休眠期

成熟的鳞茎收获后，洋葱进入休眠期。洋葱生理休眠是对原产地夏季高温、长日照、干旱等不良条件长期适应的结果。这个时期即使给予良好的条件也不会萌发，因为处于生理休眠的洋葱对外界环境条件不敏感。洋葱的休眠现象，是洋葱可以贮藏较长时间的生理基础。休眠期的长短随品种、休眠程度和外界条件而异，一般 60～90 天。通过生理休眠期后，只要条件适宜，鳞茎就会发根、萌芽。生产上常通过人工晾晒与贮藏，促使洋葱进入强迫休眠阶段，以利延长供应期。

二、生殖生长期

采种的母鳞茎在经夏秋贮藏后，秋植或春植，次春长日照下抽薹开花至夏季种子成熟，为生殖生长期，历时 6～10 个月。洋葱鳞茎在贮藏期间感受低温条件，即可通过春化阶段。在洋葱生理休眠结束以后，将鳞茎定植于大田中，在高温和长日照条件下就可形成花芽。洋葱是多胚性蔬菜，每个鳞茎可以长出 2～5 个花薹，然后开花结实。一朵小花的花期一般为 4～5 天，每个花序的开花时间持续 10～15 天；同一植株不同花薹的抽生时间也有早晚，所以洋葱的花期一般为 30 天左右。从开花至种子成熟约需 25 天。一般情况下，温度高，种子成熟快，但饱满度差；温度低时，种子成熟慢。此期栽培管理的关键是通过肥水等管理，确保种株安全越冬，并使花薹生长健壮，防止倒伏，种子饱满。品种间应注意隔离，防止品种间混杂，确保种子纯度。

第三节 洋葱对环境条件的要求

一、温度

洋葱是耐寒性植物，对温度适应性强，洋葱不同的生育阶段对温度的要求和对温度的适应性有明显差别。种子和母鳞茎在 3～5℃可缓慢发芽，12℃加速，最适宜生长的温度为 13～22℃。种子发芽和幼苗生长的适宜温度为 13～20℃。幼苗期对温度的适应性最强，叶片能耐 0℃低温，根茎和幼芽能耐－5℃左右的冻土低温。健壮幼苗抗寒性强，可耐－7～－6℃低温。洋葱为低温感应型作物，需要较低的温度才能诱导花芽分化。多数品种在 2～5℃条件下通过春化，不同类型品种之间通过春化所需时间长短不一，一般历时 60～70 天，南方有些品种仅需 40～50 天，而某些北方品种则长达 100～130 天。洋葱发棵生长适宜的温度为 17～22℃。温度较低时生长速度慢，温度偏高时，根、叶发育不良，会提早结束发棵生长。洋葱鳞茎膨大期需要较高的温度，适宜温度为 20～26℃，15～24℃ 开始膨大，21～27℃生长最好，15℃以下不能膨大，温度超过 27℃，鳞茎膨大受阻，全株早衰，进入休眠状态。处在休眠期的成熟鳞茎，对温度的适应范围较广，在 5～35℃的温度范围内，生理机能不受伤害。但低温条件可减少养分的消耗。洋葱种株抽薹期，适宜温度为 15～20℃，种子发育期适宜温度为 20～25℃。温度偏低时，种子成熟期延迟。

二、日照

较长的日照也是鳞茎形成的主要条件，在短日照条件下，即使具备较高的温度条件，鳞茎也不能形成。一般情况下，日照越长，鳞茎形成越早、越迅速。鳞茎形成对日照时数的要求因品种而异。地区不同、品种类型不同，要求日照长短不一。我国北方栽培的洋葱品种，多属于长日照品种，必须在 13.5～15 小时的长日照才能形成鳞茎，这类品种也多为晚熟品种；南方地区栽培的品种多为短日照品种，仅需 11.5～13 小时，即可形成鳞茎，一般多为早熟品种。还有一些品种，其鳞茎的形成对日照的要求不太严格。因此不同地区在引种时，必须考虑所引品种是否适应当地的日照条件。如果把长日照品种引入南方种植，会因南方日照长度不能满足需要而延迟鳞茎的形成和成熟。同样，短日照型品种如果在北方种植，其鳞茎会在地上部分未长成之前就已形成，这同样会降低鳞茎的产量和质量。

三、土壤肥料

洋葱为喜肥作物。对土壤营养要求高，适宜于肥沃疏松、保水保肥力强的中性土壤，在黏壤土中生长，洋葱鳞茎充实、色泽好耐贮。但过于黏重的土壤透气性和透水性差，不利于洋葱发根和鳞茎膨大。轻质沙土因其保水、保肥能力差，也不适合种植洋葱。洋葱能耐轻度盐碱，要求 pH 6～8。

洋葱对土壤肥力要求：每 667 米^2 氮、磷、钾的标准施用量分别为 12.5～14.3 千克、10～11.3 千克、12.5～15 千克。洋葱在不同时期对肥料种类和数量的需求有差异。幼苗期以氮肥为主，鳞茎膨大期以钾肥为主，磷肥在苗期就应施用，以促进氮肥吸收和提高产品品质。发芽出土期，由于幼芽和胚根的生长主要依靠胚乳所贮藏的营养，所以很少利用土壤的营养。幼苗生长缓慢，幼苗生长量小，水分、养分消耗量也少。幼苗定植后，幼苗陆续长根发叶，但幼苗生长缓慢，生长量较少，需肥量也较少。幼苗返青后，生长量加大，需肥量也增加，特别是根系优先生长，随着根系生长量和生长速度的加快，需肥量和吸肥强度迅速增大，继发根盛期之后，进入发棵期，需肥量急剧增加，吸肥强度也达到高峰。从鳞茎开始膨大，到最外面的 1～3 层鳞片的养分向叶鞘基部和幼芽转移贮藏，而自行变薄、干缩成膜状，处在高温、长日照季节，叶片生长受到抑制，相对生长率和吸肥强度下降，但生长量和需肥量仍缓慢上升。随着叶片的进一步衰老，根系也加速死亡，需肥量减少，鳞茎的膨大主要由叶片的叶鞘中贮藏的营养转移供应。

四、水分

洋葱叶片管状，上有蜡粉，蒸腾作用小，比较耐旱，故空气中相对湿度不宜过大，一般以 60%～70%为合适。如果湿度过大，发病率会增加。

洋葱的根系分布较浅，吸水能力不强，因此在整个生长过程中除鳞茎收前一般均需要保持土壤湿度，尤其在发芽期、叶片生长盛期和鳞茎形成期更需要供应充足的水分。发芽期土壤水分充足，有利于发芽出苗。幼苗期和越冬前，要控制水分，要求土壤见干见湿，促进根、叶协调生长，防止幼苗徒长和遭受冻害。在幼苗生长盛期和鳞茎膨大期，均需充足的土壤水分，但不能过湿。抽薹期要控制土壤水分。开花期和种子成熟期，需要充足的土壤水分。洋葱鳞茎具有极强的抗旱能力，在极干旱的条件下，仍能长时间保持内部肉质鳞片中所含水分，以维持幼芽活动。所以在洋葱鳞茎收获前 7～15 天，要控制浇水，使鳞茎组织充实，加速成熟，防止鳞茎开裂，以提高产品品质和耐贮性，促进其进入休眠。土壤干旱可促进鳞茎提早形成，但产量显著降低。

第四节　洋葱栽培季节和栽培方式

洋葱栽培季节南北差异较大，栽培季节选择的共同点是将同化器官的生育期安排在凉爽季节，一般随纬度增加，播期逐渐提前，收获期不断推迟。

洋葱多以露地育苗移栽、地膜覆盖栽培为主。北方寒冷地区，也有采用保护地育苗栽培方式。

一、南方地区

冬季月平均气温超过7℃，洋葱幼苗可在露地条件下继续生长。一般初冬播种，冬季长成幼苗，翌年早春定植，初夏形成鳞茎。

二、黄河流域等中纬度地区

冬季最寒冷月份的平均温度在−7～−5℃，洋葱可在露地条件下安全越冬，但停止正常生长。这类地区一般秋季露地育苗，初冬定植，翌年夏季收获。

三、华北北部、东北南部、西北大部分地区

冬季寒冷，最冷月份平均气温低于−8℃，洋葱幼苗不能正常越冬，需要集中保护越冬，翌年春季定植，夏季形成鳞茎。

四、夏季冷凉的山区和高纬度的北部地区

一般春季露地播种育苗，夏季定植，秋季收获。

各地洋葱栽培季节参见表3-1。

表3-1　各地洋葱栽培季节

地　点	播种期（月/旬）	定植期（月/旬）	收获期（月/旬）
哈尔滨	3/上中、8上	4/下	9/上
佳木斯	2/下	4/下至5/上	7/上至8/上
长　春	8/中	4/上	7/中
沈　阳	2/中、8/下	3/下至4/上中	7/中下
呼和浩特	3/下	5/中下	8/上
北　京	8/下	10/中、3/下	6/下
天　津	8/下	10/下至11/上	6/下

（续）

地　点	播种期（月/旬）	定植期（月/旬）	收获期（月/旬）
石家庄	9/下	10/下至11/上	6/下至7/上
济　南	9/上	10/下至11/上	6/中下
南　京	9/中	11/下	5/上中
杭　州	9/下	12/下	5/上
兰　州	9/上	3/下至4/上	7/下
西　安	9/中	11/上中	6/中
昆　明	9/下	11/上	5/上
重　庆	9/中	11/中下	5/中下

第五节　洋葱品种类型和优良栽培品种

洋葱的品种类型从形态分类上可分为普通洋葱、分蘖洋葱和顶球洋葱3种类型。我国栽培的洋葱多为普通洋葱，分蘖洋葱和顶球洋葱栽培较少。

一、品种类型

（一）普通洋葱

每株形成一个鳞茎，生长强壮，个体大，品质好。能正常开花结实，以种子繁殖，少数品种在特殊环境条件下花序上形成气生鳞茎。耐寒性一般，鳞茎休眠期较短，贮藏期易萌芽。我国栽培的多为此种类型。

普通洋葱按其鳞茎的形状分为扁圆形、扁平形、球形、长椭圆形及长球形。按其成熟度不同可分为早熟、中熟和晚熟。也可按不同地理纬度将洋葱分为3个类型：

"短日"类型——适应于我国长江以南，纬度在北纬32°～35°地区。这类品种多为秋季播种，翌年春、夏季收获。

"长日"类型——适应我国东北各地，纬度 35°～40°以北地区。这类品种一般早春播种或定值（用小鳞茎），秋季收获。

中间类型——适应于长江及黄河流域，纬度在 32°～40°地区。这类品种，一般秋季播种，翌年晚春至初夏收获。

在每一类型品种中，还可按鳞茎皮色分为黄皮洋葱、红皮洋葱和白皮洋葱 3 种。

1. 黄皮洋葱　鳞茎的外皮为铜黄色或淡黄色，扁圆形、球形或高桩球形，味甜而辣，品质好，鳞茎含水量低，多为中晚熟品种。

2. 红皮洋葱　鳞茎紫红至粉红色，球形或扁圆形，含水量较高，辛辣味浓，品质较差。丰产，耐贮性稍差，多为中晚熟品种。

3. 白皮洋葱　鳞茎外皮白色，接近假茎部分稍显绿色，鳞茎稍小，多为扁圆形。肉质细嫩，品质优于黄皮洋葱和红皮洋葱。产量较低，先期抽薹率高。抗病性和贮藏性较差，一般为早熟品种，我国栽培较少。

（二）分蘗洋葱

与普通洋葱的茎叶相似，但管状叶略细，叶长约 30 厘米，深绿色，叶面有蜡粉。分蘗力强，丛生，植株矮小，单株分蘗后在其基部形成 7～9 个小鳞茎，簇生在一起。鳞茎个体小，球形，外皮铜黄色或紫红色，半革质化，内部鳞片白色，微带紫色晕斑。品质较差，但耐贮、耐严寒。通常不结种子，以小鳞茎繁殖，适合于严寒地区种植。其食疗价值较高，在东南亚市场需求量较大。

（三）顶球洋葱

与普通洋葱在营养生长时期相似，但基部不形成肥大的鳞茎。在生殖生长期一般不开花结实，而在花茎上形成 7～8 个气生鳞茎，以气生鳞茎作为繁殖材料，可直接栽植。既耐贮又耐寒，适合严寒地区种植。

二、优良栽培品种

(一)泉州中甲高黄

从日本引进的中晚熟品种。球茎高，球重 300～400 克，整齐度好，株型直立，叶色浓绿，细长。叶数 8～10 片，基部紧实，茎细长。食味可口，可以生食。温暖地区可以在 5 月下旬至 6 月上旬收获，相对同类品种，生长较快，产量高，耐贮藏。每 667 米² 产量为 4 300～4 600 千克。

(二)秋玉洋葱

从日本引进品种。品质上等，耐贮藏，北纬 40°以上可以栽培的长日照杂交一代黄皮洋葱。球茎高，球重 300 克以上，株型半展开型，整齐度好。叶色浓绿，不易抽薹、分球。抗倒伏。耐软腐病强，高产，每 667 米² 产量最高可达 5 000 千克以上。

(三)黄金大玉葱

从日本引进品种。适合于中日照地区栽培；耐寒性、抗病性强，容易栽培，整齐度好，中甲高形的大型丰产品种；球茎美观，球重 350～450 克，品质优良，耐贮性好。

(四)金冠洋葱

从日本引进的杂交一代品种，适合长日照地区种植。约 110 天成熟。圆球形，皮色铜黄色，有光泽，耐贮运。球茎均匀、整齐、紧实度好，不易裂皮，球重 250 克以上。抗病性强，是抢早上市的优良品种，适宜加工出口。

(五)凤凰大玉葱

从日本引进的中甲高黄改良品种。中甲高形，既早熟又丰产，最适合北纬 37°地区（如山东省）种植。球重 350 克左右，产量高，对霜霉病、灰霉病抗性强。适应能力强，容易栽培。适合中日照地区种植。

(六)中晚生 600

从日本引进的中晚熟杂交一代品种，6 月上旬收获。球型为甲高形，球茎黄色，球重 320 克左右，整齐度好、丰产。抗病性强，容易栽培。吊藏可存到次年的 2 月份，由于生长势旺，要避开早播。每 667 米² 产量为 5 000 千克。

（七）改良泉州黄玉葱

从日本引进的中早熟品种，比原泉州中甲高黄早熟 5 天以上，球型丰满、整齐，单球重 400 克左右，商品率高，丰产、优质、风味良好。不易抽薹，适于加工、抗运输、耐贮存。适于加工、出口。

（八）OP 黄

从韩国引进的短日照早熟品种。鳞茎高圆球形，浅棕色，个大，整齐，生长势中等，耐抽薹，高产、耐贮运，适宜加工出口。每 667 米² 产量 2 500 千克。

（九）连葱 4 号

江苏连云港市蔬菜研究所选育的中晚熟品种。生育期 250 天左右，植株生长势较旺，直立，株高 60～70 厘米，具 7～8 片管状叶，叶色深绿，叶覆较多蜡粉。鳞茎圆球形，假茎较细，球型指数 0.85 以上，平均单球重 230 克以上，外皮金黄色，有光泽，肉白色，辛辣味淡，口感好。每 667 米² 5 000 千克以上，耐贮性好，葱球发芽晚（较江苏省主栽品种港葱 1 号晚 15 天），烂球率低（较港葱 1 号低 46％）。另外，该品种葱球整齐度好，球形周正，分球率低，出口成品率高。

（十）金球 1 号

从日本引进的极早熟杂交一代品种，甲高圆形，外皮黄褐色，单球重 240～300 克。球形整齐一致，生长旺盛，抗病性强。不易裂球、分球，抗抽薹，低温下球茎肥大快。4 月上中旬开始收获。

（十一）金球 3 号

从日本引进的长日照类型中晚熟品种。鳞茎高桩球形，中等大小。味辣，极耐贮藏。鳞茎棕黄色，外皮不易脱落，单球重

300～350 克。抗病性强，产量高。

（十二）早春黄玉

从国外进口的中日照黄皮洋葱品种，极早熟品种，生长旺盛，叶为绿色，长势强。叶为中粗，开展度中，成株时为 7～8 片叶，球茎为圆形，球重 250～300 克，整齐，球茎外皮为铜黄色，宜鲜贮，高产。几乎不会出现倒伏期的裂球、分球、抽薹等现象。

（十三）北京紫皮洋葱

北京地方品种。植株高 60 厘米以上，开展度约 45 厘米。成株有功能叶 9～10 片，深绿色，有蜡粉，叶鞘较粗，绿色。鳞茎扁圆形，纵径 5～6 厘米，横径 9 厘米以上。鳞茎外皮红色，肉质鳞片浅紫红色。单个鳞茎重 250～300 克，鳞片肥厚，但不紧实，含水分较多，品质中等。中晚熟。每 667 米² 产量 2 500 千克左右，高产田可达 4 000 千克。生理休眠期短，易发芽，耐贮性较差。

（十四）大宝洋葱

日本引进的中熟品种。鳞茎圆球形，横径 7～9 厘米，最大横径 12 厘米，纵径 6～7 厘米（栽得过深的除外），球形指数 0.80～0.85。外皮橙黄色，平均单球重 240 克左右。内部鳞片乳白色，每株有 8～9 枚管状叶，叶长 70 厘米左右，叶较直立，鳞茎辛辣味淡，肉质紧密，抽薹率低，生食带甜味，品质优，耐贮藏，耐寒，较耐紫斑病、霜霉病等。一般每 667 米² 3 000 千克左右，最高产量达 4 460 千克。

（十五）丰金黄大玉葱

江苏丰县蔬菜研究所选育的中晚熟品种，大球形，外观铜黄色，单球重 380 克，耐寒，抗倒伏，抗逆性强，微辣、带甜味，品质较佳，每 667 米² 产量 7 500 千克。

（十六）丰金早玉葱

江苏丰县蔬菜研究所选育的早熟品种，大中球形，外观金黄色，单球重 330 克，假茎细，长势旺，耐寒，抗倒伏，微辣、带甜味，品质较佳，每 667 米^2 产量 6 600 千克。

（十七）延边黄皮

吉林省延边地方品种。鳞茎扁圆形，黄色，单球重 100～150 克。早熟，生长期 140～150 天，耐寒、耐贮运，辛辣味中等，品质好，每 667 米^2 产量 2 000 千克。

（十八）承德黄玉葱

河北省承德地方品种。鳞茎扁圆形，黄色，单球重 150～200 克，中早熟，生长期 290～300 天，耐寒、较耐热、耐贮运，辛辣味适中，品质上，每 667 米^2 产量 2 500～3 500 千克。

（十九）北京黄皮

北京市地方品种。鳞茎扁圆形，浅棕黄色，单球重 150 克。早熟、耐寒、耐旱，不耐热、不耐涝，含水分少，耐贮运。肉质脆嫩、纤维少，辣味淡，略甜，品质上，每 667 米^2 产量 2 500 千克。

（二十）兰州黄皮

兰州市地方品种。鳞茎扁圆形，浅棕黄色，单球重 200～400 克，生育期 160 天，耐寒、耐旱。肉质较细，品质中等，每 667 米^2 产量 3 500 千克。

（二十一）兰州紫皮

兰州地方品种。鳞茎扁圆形，紫红色，单球重 250～300 克。生长期 180 天，耐寒、耐旱、较耐热，不耐涝。肉质肥嫩，品质好，每 667 米^2 产量 4 000 千克。

（二十二）高桩红皮

陕西省蔬菜研究所从西安红皮中选育。鳞茎高桩扁圆形，紫红色，单球重 300 克。生育期 260～270 天，晚熟、丰产、抗病、耐贮藏，商品性好。肉质细、肥嫩，品质好，每 667 米^2 产量 4 000 千克。

（二十三）南京红皮

江苏省南京市地方品种。鳞茎扁圆形，紫红色，单球重 160 克。生育期 280 天，耐寒，不耐高温和潮湿，抗病。辛辣味浓，肉质较粗，耐贮运，每 667 米² 产量 1 500～2 000 千克。

（二十四）南京白皮

江苏省南京地方品种。鳞茎扁圆形，白色，单球重 100～150 克。中早熟，生育期 270 天，耐寒、不耐热，不耐贮藏，抗病力一般。鳞茎甘甜、辛辣味淡，品质优，可生食或脱水加工干制，每 667 米² 产量 1 700 千克。

（二十五）江苏白皮

江苏省扬州市地方品种。植株较直立，株高 60 厘米以上。叶细长，叶色深绿，有蜡粉。鳞茎扁球形，纵茎 6～7 厘米，横茎 9 厘米，外皮黄白色，半革质化，内部鳞片白色，内有鳞芽 2～4 个。单球重 100～150 克。质地脆，较甜，略有辣味。耐寒性强，早熟。每 667 米² 产量 1 500～1 750 千克。

（二十六）新疆白皮

新疆维吾尔自治区地方品种。植株长势中等，株高 60 厘米，开展度 20 厘米。成株有功能叶 13～14 片，叶色深绿，蜡粉中等。球茎扁球形，纵茎 5 厘米，横茎 7 厘米，外皮白色，内有鳞片 2～4 个。单球重 150 克。质脆，较甜，微辣，纤维少，品质佳。休眠期短，早熟。每 667 米² 产量 2 000 千克。

（二十七）系选美白

天津市农业科学院蔬菜研究所选育而成。株高 60 厘米，成株有功能叶 9～10 片，蜡粉少。鳞茎圆球形，球茎 10 厘米左右，外皮白色，半革质化，内部鳞片为纯白色，单球重 250 克左右。内部鳞片结构紧实，不易失水，质脆，甜辣味适中。抗寒，耐贮，耐盐碱。不易抽薹。每 667 米² 产量 4 000 千克左右。

（二十八）吉林分蘖洋葱

吉林、黑龙江地方品种。植株分蘖性强，单株有 9 个左右。

植株丛生，叶管状略细，叶面有蜡粉，深绿色，叶长 30 厘米左右。鳞茎圆形，外皮紫色，半革质化，内部鳞片白色带紫色晕。单球重 150 克。品质中等，早熟。从定植鳞茎球至收获鳞茎只需 70 天。

（二十九）东北顶球洋葱

哈尔滨市郊、吉林双阳县地方品种。又名头球洋葱、毛子葱。植株丛生，细管状叶长约 30 厘米，叶横断面为半圆形，绿色，有蜡粉。鳞茎多为纺锤形，外皮黄褐色，半革质化。单球重 150～300 克，耐贮藏，辣味中等。植株分蘖力强，每株可生成多个鳞茎。花茎上着生鳞茎球，有黄皮和紫红皮两种类型。有的气生鳞茎在薹上生出小叶，可做种球。

（三十）西藏红葱

西藏地方品种。又名藏葱、楼子葱。株高 60～75 厘米，开展度 60～60 厘米，叶管状，中等粗细，深绿色，有蜡粉。假茎高 30 厘米左右，直径 1～1.5 厘米，不膨大生长。外皮红褐色，半革质化，内部鳞片白色。每株可分蘖着生 4～8 片叶。在西藏地区 6～7 月间抽生花薹，花薹顶部着生气生鳞茎 10～16 个，并见开小花，但不结籽。气生鳞茎可生叶，也可不生叶而又形成花薹，并在薹上着生气生鳞茎，形成花薹重叠呈楼层状。该品种抗寒、耐旱、耐热，适应性特强。

（三十一）陕北红葱

陕西延安、榆林地区地方品种。株高 60～80 厘米，管状叶，深绿色，中等粗细，有蜡粉。鳞茎扁柱形，长 23～31 厘米，外皮赤褐色，半革质化。5～6 月份抽薹，花薹顶部丛生紫红色气生鳞茎 3～14 个，其中 1～3 个鳞茎芽呈花薹状，上面也有气生鳞茎，花薹呈楼层状，鳞茎辛辣味和芳香味浓。该品种晚熟、抗寒、耐旱、耐瘠薄。分蘖力强。单层重 380 克左右，每 667 米^{2}产量 1 000～1 500 千克。

第六节　洋葱栽培技术

一、茬口安排

洋葱忌重茬。秋栽最好以茄果、豆类、瓜类蔬菜和早秋菜为前茬作物。春栽多利用冬闲地。洋葱的后作物主要是秋黄瓜、秋架豆、秋马铃薯等早秋蔬菜。洋葱植株低矮，管状叶直立，适宜与其他蔬菜间作套种，如番茄、冬瓜等隔畦间作，也可在洋葱畦埂上套种蚕豆、早熟茎蓝、早熟甘蓝、莴笋等蔬菜。

二、育苗技术

（一）苗床准备

洋葱属浅根性、吸收能力弱的蔬菜，在富含有机质、肥沃疏松、通气性好的中性土壤中生长良好，产量高，品质佳。黏土地土质黏重，不利于发根和鳞茎膨大。砂土地砂性强，保水、保肥能力差，产量低。盐碱地，碱性大，幼苗对盐碱反应敏感，容易引起黄叶和死苗。适宜的土壤 pH 为 6～8，若 pH 为 4～6 时，则会减产或无收成。

苗床宜选择疏松、肥沃、排灌方便，且前茬为非葱蒜类蔬菜的田块。苗床要远离工业"三废"污染、主干公路、医院和污染严重的工厂，选择旱能浇、涝能排的高燥、地势平坦、3 年未种过葱蒜类蔬菜、质地疏松、肥力中等、土层深厚的中性或微碱性土壤。砂土、黏重土、碱性土、低洼地都不宜做苗床。播种前要清洁田园，施入充分腐熟并过筛的农家肥做基肥，然后耕翻土壤。基肥用量不能太多，以免秧苗生长过旺。一般每 667 米^2 可施入农家肥 2 000～3 000 千克，如果缺乏磷肥，还可施入过磷酸钙 25～30 千克。施肥后耕耙 2～3 次，使基肥和土壤充分混匀，浅耕细耙，耕地深度约 15 厘米。北方地区可做成平畦，畦宽150～160 厘米，长 7～10 米，畦面要平整；南方如江淮地区，因雨水较多，可做成深沟高畦，畦面宽 100～150 厘米，畦沟宽 40 厘米，沟深 20 厘米左右。如在保护地育苗，则在保护地设施内施肥整地后作苗床。

（二）播种期

洋葱属耐寒性蔬菜，生育期长，产品形成要求长日照和高温条件，故在北方地区，一般采用露地栽培，1 年生产 1 茬。洋葱幼苗生长缓慢，占地时间长，在生产上一般都采用育苗移栽。

除北方高寒地区，无法露地越冬，可采用春播越夏栽培外，其他地区均宜在秋季播种育苗，冬前定植或将幼苗贮藏越冬，翌年开春定植，初夏后收获。具体播种育苗期，因南北气候条件不同，差异也较大。一般华北平原以南，随纬度的降低，播期逐渐推迟，收获期不断提早。如华北地区多进行秋播，幼苗冬前定植，在露地条件下越冬。东北和西北的高寒地区，秋季播种，对幼苗进行保护越冬，春季定植。也可在早春保护地育苗，春季定植。长江流域以秋播夏收为主，也就是在秋季进行露地育苗，冬前定植并在露地条件下安全越冬。

洋葱播期的选择十分重要，应根据当地的温度、光照和选用品种的熟性早晚而定，如选择不当，会影响洋葱的产量和质量，还会发生洋葱未熟抽薹的危险。播种过早，幼苗过大，直径超过 0.9 厘米，易在冬季感受低温通过春化阶段而在翌年发生先期抽薹现象，降低商品率。播种过晚，幼苗过小，越冬能力差，定植后生长期推迟，茎叶生长量不够，使鳞茎不能充分膨大而降低产量和质量。因此培育适龄壮苗是洋葱高产的关键。壮苗的标准一般是：苗龄 50 天左右。幼苗假茎粗 0.6～0.8 厘米，真叶 3～4 片，苗高 20～25 厘米，根系发达，无病虫害。一般情况下，应在当地平均气温下降到 15℃前 40 天左右播种。华北地区 8 月下旬至 9 月上旬播种；江淮地区在 9 月中下旬播种；东北地区在温室于 2 月上中旬播种，或大棚于 3 月中上旬播种育苗。中熟品种比晚熟品种早播 7～10 天，杂交品种比常规品种晚播 4～5 天。

（三）品种选择和种子处理

所用品种应根据当地的气候环境条件与栽培习惯进行选择，并注意根据不同的生态类型选用合适的品种。如华北、东北、西北高纬度地区应选用长日照品种；华中地区宜选用中日照品种；华南、西南地区低纬度地区，宜选用短日照品种。同时要选用抗病、丰产及鳞茎品质佳的品种。洋葱种子的寿命约1年，为了避免因种子质量带来的极大损失，一般在播种前要对所选的种子进行发芽试验，并对洋葱种子进行消毒处理。种子应粒大饱满、新鲜、无虫、无病，千粒重不低于3克，发芽率大于85％。

发芽试验方法：将种子铺在湿润的滤纸或其他吸水纸上，在种子上面盖一张湿润的滤纸，在20～25℃的条件下，保持湿润。每天用清水将种子冲洗1次，4～7天统计发芽率。

种子消毒方法：将洋葱种子用福尔马林300倍液浸泡3小时，尔后用清水冲洗净，晾干后播种；或将洋葱种子用50℃温水浸泡15～20分钟，将其置入冷水中降温，晾干后播种。如果用鳞茎繁殖，可将鳞茎放入40～45℃温水浸泡90分钟，然后置入冷水中降温，晾干后栽种。

（四）播种

为了加快出苗，可对种子进行浸种催芽，即将种子在冷水中浸12小时左右，捞出后用湿布包好，在20～22℃下催芽。每天用清水冲洗1～2次，当大部分种子露白时即可播种。洋葱播种分条播和撒播两种方式。条播就是在苗床畦面上开9～10厘米间距的小沟，沟深1.5～2厘米，将种子播入沟中，扫平畦面覆土，再用脚将播种沟的土踩实，使种子和土壤紧密接触，随机浇水。撒播适用于较黏的土壤，先将苗床浇足底水，待其下渗后撒一层薄细土，再撒种子，然后再覆土厚约1厘米，等覆土潮湿后再覆土0.5厘米。在干旱地区，播种后可用麦秸、芦苇、玉米秸等覆盖畦面，以保持畦面湿润，出苗后及时分次揭去覆盖物。

播种量与壮苗培育及先期抽薹有关，密度太大秧苗细弱，密度太小秧苗生长过大，容易发生先期抽薹。一般情况下，苗床面积与大田的比例为1∶10，苗床内单株营养面积为4～5厘米²，每667米²苗床的播种量为2.5～3千克。

（五）苗期管理

洋葱苗期管理主要有间苗、中耕、浇水、追肥、除草等工作，其目的是培育适龄壮苗，既要防止苗过大，至翌年未熟抽薹，又要避免徒长细弱幼苗难于越冬，可通过控制肥水来调节幼苗生长，使其达到适龄壮苗的标准。

播种后，洋葱的胚芽先拱出土面，而子叶先端仍在种子内，当幼茎长出4～6厘米时，形成弓状。从播种后直到幼苗长出第一片真叶，要保持土壤湿润，防止土壤板结，以免影响种子发芽和出土。当长出第一片真叶后，要根据土壤墒情适当控制浇水，如有覆盖物，需在80%左右的苗出土后，且苗高1厘米时，分2～3次揭去覆盖物，宜选择在阴天或晴天傍晚进行。若在温室或多层覆盖的大棚内进行冬季育苗，出苗前要做好保温工作，一般白天保持在20～30℃，夜间15℃以上。苗出齐后，要降温，防止幼苗徒长，白天室温不超过20℃，夜间不低于5℃。

一般苗床的土壤相对湿度应保持在60%～80%，低于60%则需浇水，如遇阴雨天，要及时检查田间沟系，排除积水。如地力较差、幼苗生长不良，可在幼苗第二片真叶长出以后随水施用腐熟的10%稀粪肥1 000千克或尿素2.5～5千克。如果苗生长过旺，要控制浇水。

整个苗期，每隔15天清除杂草1次，在第二片真叶长出后和施肥之前应间苗1次，除去过于拥挤、细弱的幼苗，撒播的保持苗距3～4厘米，条播的约3厘米。

（六）秋播春栽幼苗越冬管理

北方高寒地区，一般是秋天播种，翌年春季定植，因此，必须做好幼苗的越冬管理工作。各地可根据气候条件确定幼苗越冬方法。

1. 露地越冬　适用于冬季最低温度-10～-5℃的地区。秋季露地播种育苗，冬前幼苗适宜的生长期在60天左右。一般在苗床的北侧设立风障，浇冻水后到土壤封冻之前，在苗床畦面上覆盖细土或厩肥、土粪等以提高地温，使地温保持在-5～0℃，同时还可起到减少水分蒸发的作用。

2. 假植越冬　又叫囤苗越冬。冬季低温在-10℃以下的地区，原地保护仍不能保证洋葱幼苗不受冻害，可在土壤封冻之前，将幼苗挖出囤放在风障北侧的浅沟内，用干细土将四周封严。要防止假植不慎而使幼苗发热腐烂，或因覆土不严而使幼苗受冻。

挖苗要及时，过早挖苗温度高，囤苗后容易出现幼苗发热腐烂现象；过晚挖苗，土壤封冻后挖苗困难，容易损伤幼苗根系。囤苗地要选择高燥、遮阴的地方，防止日晒或低洼潮湿。假植时，先开沟，把挖起的幼苗密排在沟内，随挖随囤，埋深不宜超过叶的分杈处，深度一般为7～10厘米。四周要堵严、踩实，不使寒风侵入根部。假植初期，洋葱幼苗的心叶仍能缓慢生长，不可培土过厚，以免引起幼苗腐烂；严寒降临前，再覆1次薄土，还可在苗上覆盖作物秸秆防止雨雪侵袭。春季要适当早定植，以免假植沟内温度回升引起幼苗软化和腐烂。

3. 窖藏越冬　如果洋葱栽培面积不大，可利用贮藏蔬菜的地窖来贮藏洋葱苗。在土壤封冻前将幼苗挖起，捆成直径15厘米左右的小把，直立地密排在地窖中，排好一层再排一层，一直堆高到1米左右。窖壁要填上湿土，防止干燥。窖藏的初期要翻堆检查，防止幼苗发热腐烂，若有腐烂要及时清除出窖。

4. 冬季温室保护育苗　冬季保护越冬仍不安全的高寒地区，可在温室内进行冬季播种育苗。育苗期应在当地的定植前60～70天，温室日平均温度应保持在13～20℃，育成苗后，立即定植在露地。

5. 小鳞茎贮藏越冬　在生长期极短的高纬地区可采用此法。

第一年 4～5 月播种，80～90 天后，小鳞茎成熟。选直径 2～2.5 厘米的小鳞茎做翌年的播种材料。冬季将小鳞茎贮藏在－3～0℃ 的恒温库中，注意防止小鳞茎在贮藏过程中发芽和腐烂。翌年春，用小鳞茎代替幼苗栽植。

三、整地施肥与定植

（一）定植时期

洋葱定植分为秋栽和春栽。秋栽地区，一般在严寒来临前 30～40 天定植，以利栽后的幼苗缓苗恢复生长，定植过迟，由于土壤冻融作用，易将根部挤出土面，导致秧苗受冻死亡，黄淮地区多在 10 月 25 日至 11 月 25 日移栽较为适宜。春播高寒地区，一般土壤解冻 3～4 厘米时，在不发生冻害的前提下及时定植，否则会因生长期过短而减产。确定合适的定植期，还要考虑洋葱的品种特性。早熟品种的定植期应适当提前，以防定植老化苗影响产量；晚熟品种应适当晚定植。

洋葱秋栽的定植期直接影响幼苗的成活率。一般情况，早定植有利于幼苗生长，增强抗寒力，提高越冬成活率。但定植期不能过早，定植过早，冬前幼苗生长太大，会造成春季先期抽薹，因此，要选择适宜的定植期。一般 10 月下旬至 11 月上旬，日平均气温为 15℃时定植较合适。

春季定植的，原则上早定植。一般土壤解冻后尽量提早进行，这样可延长洋葱生长期。高寒地区春季定植一般在 4 月前后。

（二）整地施肥

栽培洋葱的前茬一般是茄果类、豆类、瓜类和早秋菜等蔬菜，或玉米、大豆等作物。春栽洋葱多利用秋菜或秋作物收获后的冬闲地。前茬作物收获后要清洁田园，以减少病菌来源。

洋葱根系入土浅，主要分布在 20 厘米的土层内，吸水、吸肥能力差，所以要求种植地块要平整，有机肥充分腐熟，撒施均匀。基肥以有机肥为主，一般每 667 米² 施腐熟有机肥 3 000～4 000 千克，结合耕翻深耕 20 厘米，将肥料和土壤混合均匀。土壤要细碎，土块最大直径不得超过 2 厘米。如土壤缺磷、钾，可根据情况每 667 米² 施入 20～30 千克的钾肥，然后作畦。北方一般采用平畦，畦宽 1.2～1.5 米，畦长约 10 米。做畦时，畦面要平，便于浇水；南方地区一般采用深沟高畦，畦宽 1.3～1.5 米，长约 10 米，畦间沟深约 30 厘米，畦的中间稍高于两侧，以利于排水。

（三）起苗分苗

如苗床较干，可在起苗前 1 天将苗床轻浇 1 次水。起苗时，用铲小心铲起苗，避免伤根。将起出的苗剔出病苗、无根苗、无生长点苗、矮化苗、纤细苗、徒长苗、分蘖苗及个别过大的苗等。然后根据苗的大小分成 2 级。假茎粗 0.6～0.8 厘米、3～4 片叶为一级苗；假茎粗 0.4～0.6 厘米、3 片叶为二级苗。过大或过小的苗均舍弃不用。定植时，按级别分别定植，使田间生长整齐一致，便于管理。要保持幼苗根系湿润，防止晒干。定植前可用 40% 乐果乳油 800 倍液浸泡假茎 2～3 分钟，以杀死潜入叶鞘内的蛆虫。

（四）定植方法

定植前要做好选苗分级工作。选苗标准为：真叶 3～4 片，株高 20～28 厘米左右，假茎 0.6～0.8 厘米。如果假茎粗超过 0.9 厘米以上，抽薹可能性较大。黄淮地区多选用 3 叶 1 心，假茎粗 0.6 厘米左右，株高 25 厘米左右的植株定植为佳。假茎粗在 0.5 厘米以下者，应列入小苗分别定植，并加强小苗田间管理，适当增加密度，也能获得较高产量。选苗时一定要淘汰徒长苗、矮化苗、分蘖苗、病弱苗等。定植密度一般应从品种熟性早晚、生育期长短、土壤肥力、鳞茎大小等诸多因素全面考虑。一般行株距 15～17 厘米×12～15 厘米，每 667 米² 栽 2.5 万～3 万株。定植深浅与鳞茎膨大关系很大。栽植过深，长秧不长头，易使鳞茎变扁圆，产量品质下降；栽植过浅，根系生长差，易倒伏，鳞茎外露日晒后变绿或开裂，品质差，产量低。一般定植深度 2～3 厘米，以刚好埋没小鳞茎部分为宜。砂质土可稍深，黏重土稍浅，秋栽宜深，春栽宜浅，地膜覆盖栽培宜浅。定植时可先覆盖地膜，尔后扎孔栽苗。定植时浇水不要过多，否则不利于缓苗。地膜在晚秋有保温作用，可延迟几天栽植；早春有增温作用，可早栽 5 天左右。

洋葱植株直立，合理密植增产效果明显，这也是洋葱高产的关键措施之一。但密度增加到一定程度后，产量不再提高，且鳞茎小而使商品价值下降。生产上每 667 米^2 最多可栽植 3 万～3.5 万株。定植密度还要根据秧苗大小、品种、土壤肥力等因素来综合考虑。一般情况下，大苗适当稀植，小苗适当密植；早熟品种适当密植，晚熟品种适当稀植；红皮洋葱品种适当稀植，黄皮洋葱适当密植；土壤肥力差的宜密植。

四、洋葱大田管理技术

（一）洋葱施肥技术

秋播洋葱从播种到翌年开春前，植株生长量小，吸肥量少；返青后，随气温升高，地上部进入旺盛生长期，对磷、钾肥的吸收量迅速增加；鳞茎开始膨大后，缺钾会降低鳞茎重量。因此，在施肥技术上应掌握：施足基肥，特别是地膜覆盖栽培的田块，每 667 米^2 施优质厩肥 5 000 千克左右，过磷酸钙 50 千克，硫酸铵 50 千克。幼苗期适当追施速效氮肥，每 667 米^2 施硫酸铵 10～15 千克，旺盛生长期重施 1～2 次追肥，施硫酸铵 25～30 千克，硫酸钾 15～20 千克；进入鳞茎膨大期后，叶面喷施磷酸钾，若缺肥发黄，可叶面喷施尿素；膨大中后期，停止追肥，防止贪青。

秋栽洋葱在翌年返青时，每 667 米^2 追施硫酸铵 10～15 千克，促其返青发棵；返青后 30 天左右，进入叶部旺盛生长期，需肥量增加，每 667 米² 追施硫酸铵 15～20 千克；鳞茎开始膨大，为追肥关键时期，每 667 米² 追施硫酸铵 20～25 千克，配合施入适量钾肥；鳞茎膨大盛期再根据需要适量追肥，以保证鳞茎持续肥大。

春栽洋葱的追肥分别在缓苗后，叶部生长盛期，鳞茎膨大始期和鳞茎膨大盛期进行，其中以叶部生长盛期和鳞茎膨大始期为主。

洋葱生长期较长，在施肥中应根据土壤状况，注意不同时期施肥量的分配。对保水、保肥力差的砂质土壤，施肥应多次少量；对保水、保肥力强的土壤，肥料可适当集中施用。在施肥数量相同的情况下，氮肥施用时期会影响鳞茎的成熟期。在播种前施用氮肥，成熟期最早；播种前和播种后各施一半氮肥，成熟期次之；播种后施用氮肥，其成熟最晚。洋葱的追肥次数和时间，因不同土壤、不同地区和不同季节应有所区别，但发棵肥、催头肥是不可缺少的。若两次追肥，以定植后 30 天和 50 天追施的增产效果最大。若一次追肥，宜在定植后 30 天或 50 天施用，追施过晚，将会降低施肥效果。不同种类肥料的适宜施用时期也完全不同，氮肥和钾肥适宜的施用时期，一般在鳞茎膨大初期。缺氮时，对洋葱叶部干物质的积累有显著影响，缺氮时期越早，时间越长，对干物质积累的影响就越大。施用氮肥能使干物质积累增加，施用时期越早，持续时间越长，干物质积累就越多。磷肥吸收慢，肥效长，不但苗期施用有很好的肥效，而且在定植后多施，也有利于产量的提高。但磷肥应尽量早期施用。

（二）洋葱的三期管理

1. 叶片生长期　洋葱定植后要及时查苗补栽，尽快促进缓苗，保证壮苗全苗。及早形成一定数量和大小的功能叶片，制造和积累养分，这是提高洋葱产量和质量的基础。越冬栽培随气温下降，应控制浇水，加强中耕保墒。越冬前浇足一次防冻水，并进行护根防寒，保护植株安全越冬。开春后追施一次返青肥，每

667 米² 施复合肥（10 - 10 - 5）30 千克，并结合灌水一次；早春定植，前期气温、地温较低，植株处于缓慢生长期，要控制浇水，勤中耕，防止幼苗徒长，有利于蹲苗，促进根系发育；定植后灌定植水，5～6 天后灌缓苗水，及时中耕除草，增温保墒。缓苗后植株进入叶片旺盛生长期，要加大浇水量，顺水追肥 1～2 次，促进地上部旺盛生长。

2. 鳞茎膨大期 鳞茎膨大前 10 天左右，要控制肥水，适当蹲苗，防止地上部生长过旺而推迟进入鳞茎膨大期。随着气温上升，地上部生长减缓，小鳞茎增大至 3 厘米左右时，洋葱进入鳞茎膨大期。鳞茎开始膨大后，由于气温升高，蒸发量和植株生长量加大，植株需肥水量最多，宜勤浇水，并结合追肥 1～2 次，每 667 米² 施硫酸钾 5～7 千克和硫酸铵 15 千克。南方此时已进入雨季，应注意排水防涝。鳞茎临近成熟期，植株生理机能减退，应逐步减少浇水。葱头收获前 7～10 天，停止浇水，使鳞茎组织充实，充分成熟，减少鳞茎中水分含量，利于贮藏。不用地膜覆盖栽培的应及时中耕，因为疏松的土壤有利于洋葱根系的发育和鳞茎的膨大。露地栽培的洋葱，封行前灌水或雨后应适当中耕。尤其秋栽洋葱在越冬前，可通过中耕促使根系生长，提高抗寒能力。中耕次数根据土质确定，疏松的土壤应减少中耕次数，黏重土壤则要适当增加中耕次数。中耕深度以 3 厘米左右为宜，在中耕时可结合适量的培土和除草工作。

如在鳞茎膨大初期发现田间有少量抽薹植株，应及时摘除花薹，对产量、品质影响较小。

3. 收获期 洋葱成熟后应及时采收，其采收适期为：一般鳞茎充分肥大，假茎失水松软，基部第一至第二片叶枯黄，第三至第四叶尚带绿色，尖端部分变黄，地上部倒伏，鳞茎停止膨大，外层鳞片呈革质，为收获适期。收获过早，鳞茎尚未充分长成，产量低，含水量高，腐烂率高，不耐贮藏，且容易萌芽；收获过晚，叶片全部枯死，假茎容易脱落，易裂球，遇雨不易晾晒，难于干燥，容易腐烂。收获应选择晴天进行，一般整株拔起，就地晾晒 2～3 天，晒时叶子遮住葱头，只晒叶不晒头，可促进鳞茎后熟，外皮干燥，利于贮藏。收获时尽量少伤害叶片和鳞茎，减轻贮藏期因伤口感染而引起的腐烂。

第七节　洋葱先期抽薹原因及防止

一、先期抽薹原因

洋葱属于绿体春化型植物，必须具备一定大小的营养体，并有次序地满足充分的低温春化条件及长日照和较高的温度条件才能抽薹。冬春季节可满足洋葱抽薹所需的外界条件，因此，如果在低温以前有充分大小的营养体，洋葱就有可能发生先期抽薹。如果在低温到来之前，洋葱的营养体没有达到一定的大小，那么即使给予充分的低温和长日照条件，也不会发生先期抽薹。

当秧苗茎粗大于 0.6 厘米时，在 2～5℃条件下经历 60～70 天，洋葱就可完成花芽分化。当茎粗超过 0.9 厘米时，洋葱感受低温的能力增强，通过春化所需的低温时间也相应缩短。当外界温度升高，日照时间延长时，洋葱就可抽薹开花。不同品种对低温的感受能力不同，通过春化所需天数也不尽相同。一般南方品种在 2～5℃下经历 40～60 天就可完成春化，北方品种在相同的低温条件下，通过春化需 100～130 天。洋葱对低温的感受程度与肥料、土壤水分、日照等因素也有关系。缺肥、干旱和弱光等条件容易诱导洋葱花芽分化而发生先期抽薹。

二、防止方法

首先选用对低温反应迟钝，耐抽薹的优良品种，这是控制先期抽薹的重要措施。在生产上，可尽量选择北方型品种，在引种时要注意纬度变化对植株抽薹的影响。一般从高纬度向低纬度引种不易发生抽薹，但从低纬度向高纬度引种则容易发生抽薹。其次严格掌握育苗和定植时期，使冬前幼苗达到适宜大小。早播，冬前幼苗的生长期长，容易形成大苗，开春后抽薹率高。但不能播得太晚，以免幼苗生长太弱而降低抗寒能力。一般淮河以北地区幼苗茎粗控制在 0.8 厘米以下，淮河以南幼苗茎粗控制在 1.0 厘米以下较为适宜。第三，冬前严格肥水管理，幼苗旺长或营养不良（碳水化合物的积累比氮化合物多），均易造成先期抽薹。此外，播种量的大小也影响幼苗生长。播种量过小，苗床内单株的营养面积太大，冬前易长成大苗。一般保持苗床内单株营养面积为 4～5 厘米^2，可防止秧苗密度过大而生长细弱，也可防止因营养面积过大而形成大苗。用 2 500 毫克/千克的乙烯利溶液于幼苗期喷洒处理，对抑制先期抽薹也有一定作用。

第八节　洋葱的繁殖与种子生产技术

洋葱是雌雄同花，异化授粉植物，一般采用成株留种，以种子秋播，翌年收鳞茎，贮藏越夏后，秋季或第三年栽植母鳞茎，夏季采收种子。

一、种株开花习性

洋葱鳞茎有多个鳞芽，可抽出 2～8 个花茎，若花茎过多，需摘除生长弱的，保留 4～5 个即可。每花茎顶部长出花球，外有总苞，内有小花 750 朵左右，从 6 时至 18 时从内向外陆续开花，花药 9～16 时裂开；如湿度大或遇雨，花药不能开裂；花粉可保持 2～3 天；雌蕊成熟较晚，开花当天无授精能力，第三天的授粉结实率高，故需要进行异花授粉。

二、大株留种

洋葱留种多采用母球（大株）留种法。利用已形成肥大鳞茎的植株抽薹采种的方法，适用于我国大部分地区。一般是在第一年秋季播种，幼苗在露地越冬，寒冷地区可覆盖越冬。第二年当鳞茎充分膨大时收获，经去杂去劣后将其作为采种母球进行风干贮藏。当年秋季或第三年春季栽植采种母球，第三年夏季采收种子。整个采种周期历时 3 年。但因其采种时间较长，种子成本高，故多用于生产原种。在大田收获洋葱时，选择具有本品种特征、无病虫害、形状整齐、叶丛少、鳞茎盘小、外皮色泽纯正的鳞茎，通过贮藏，再挑选发芽慢，无霉烂的鳞茎作种球。采种田应多施磷、钾肥，以提高种子质量。种球的栽植时间，在露地越冬的地区，一般于 10 月间栽植；无法露地越冬的寒冷地区，一般贮存在低温条件下（5～10℃），使其在贮藏期间通过春化，早春土壤解冻后，再行栽植。种球栽植密度应比大田生产稀，一般行距 50～60 厘米，株距 25～30 厘米，深度以埋没鳞茎为度。采种田在初夏前后抽出花茎，每棵种株可抽出花薹 3～7 个，多的有 10 余个，为了集中养分供应，促其籽粒充实饱满，一般每株选留健壮的花茎 4～6 个，将其他弱小花茎剪掉。

在肥水管理上，冬前进行浇水、覆盖有机肥等防冻措施；翌年春天返青后结合追肥，灌一次返青水；在抽薹和开花期分别追肥一次，开花前以氮肥为主，开花后增施磷、钾肥，抽薹前适当控水，避免花薹细长，后期折倒，开花后不可缺水，否则影响种子饱满度。多风地区，应设立支架，发现病株应及时药剂防治。6 月下旬后种子陆续成熟，可连花茎一起割下，捆扎成束挂放在干燥、通风处使其后熟，然后晒干、脱粒。

三、小鳞茎留种

利用形成小鳞茎的植株抽薹采种的方法，适用于春播洋葱生产地区。一般是在第一年春季按当地生产商品洋葱的方法播种，夏季形成半成品鳞茎，经去杂去劣后做采种母球贮藏越冬。第二年春季定植母球，夏季采种。整个采种周期历时 2 年，采种周期较短，种子成本较低。但由于缺乏对先期抽薹、鳞茎经济性状、耐贮性等方面的严格选择，所以在保持种性方面多用于繁殖生产用种。

洋葱种株在抽薹结籽期遇到高温和长日照条件，叶和花薹中的一部分营养向植株基部转移，使植株基部形成小鳞茎。这些小鳞茎可作为下一年的采种母球，栽植后再抽薹开花结籽。该方法节省了培育采种母球的过程，两次采收种子之间的时间间隔仅为1年。同时前后采收的两批种子是一个世代分期采收的种子，不存在着亲子代关系，因此，两批种子在种性质量上是相同的。这种方法简便省工，种子成本低，可作为成株采种的辅助采种法，但存在着连续采种导致种株基部鳞茎越来越小，种子产量越来越低的问题。

四、小株留种

洋葱也可采用小株采种法，即在适宜露地越冬的地区提早播种，使其越冬时，幼苗已达到通过春化时的大小，第二年春天，直接抽薹开花结籽。但因没有对鳞茎进行选择，故种子纯度较差，生产上多不采用。

第四章

韭菜生产配套技术

第一节 植物学性状

韭菜为百合科葱属中以嫩叶和花薹为产品供食用的多年生宿根草本植物。其根、茎、叶的形态及抽薹、开花习性都有别于其他葱蒜类蔬菜。

一、根

韭菜的根为弦状须根，无主侧根之分，播种当年着生在短缩茎的基部，虽与洋葱、大蒜相似，但分布较深，寿命亦长，有吸收、储藏养分的功能。第二年起茎盘基部不断向上增生形成特有的根状茎，鳞茎着生其上，新根着生于茎盘及根状茎一侧，并年年更新，即在原有茎盘上新生分蘖，而在原有须根（老根）上又不断增长新根，使新根发生的位置不断上移，形成其特有的"跳根"现象。故应不断注重培土。同时又不断新生分蘖，分蘖又是影响韭菜产量和植株生长的主要特征。分蘖越多，韭菜的产量亦越高。

二、茎

韭菜有营养茎和花茎两种，1～2年的营养茎呈盘状，上为鳞茎，下为根系；3年以上的营养茎不断地向地表延伸成根状茎，是韭菜新根系和叶片的分生器官，也是冬季贮藏养分的重要器官。花茎为顶芽发育而成，需要每年通过低温和长日照才能发生，而后抽薹、开花、结籽。花茎圆柱形，有二纵棱，高 26～66 厘米，上有总苞，内含花器。

三、叶

韭菜的叶扁平、长条形、实心，宽 0.6～0.8 厘米，品种间有差异。由叶鞘与叶身组成，簇生在根状茎顶端，每一分蘖有带状叶 5～10 片不等，叶色深浅、宽窄随品种而异，也与栽培技术有关，如通过培土和遮光等措施，叶身、叶鞘可伸长、黄化，组织柔嫩，从而提高品质。叶鞘形成的假茎经软化后品质比叶身好，叶鞘基部分生组织旺盛，因此伸长生长快，故韭菜可多次收割采收，一年多达 5～8 次。

四、花

花着生于花茎顶端，开放前包裹于总苞内，球状或球状伞形花序。每一总苞内有 20～30 朵小花，两性花，呈灰白或浅粉红色，为虫媒花。开放后成伞状花序。播种当年很少抽薹开花。除徐州四季薹韭一年中春夏秋三季均可抽薹开花外，一般我国栽培的韭菜品种开花期多在立秋至处暑。

五、果实

果实为蒴果，三棱形，内分三室，每室有胚珠二枚，果实成熟时开裂露出种子。成熟种子黑色，一面凸出，一面凹陷。种子寿命较短，播种时宜选用当年新籽，种子皱纹均匀细密，千粒重 4.0～4.5 克。

第二节　生育特性

韭菜为多年生草本植物，一次播种，生长多年，可多次采收，生长发育有一定的顺序性。先是营养生长，积累一定营养物质后，在低温下通过春化，翌年在较长日照下进入生殖生长。韭菜是低温长日照植物，但抽薹开花结籽后植株并不枯死，继续分蘖。每年反复在低温下通过春化，长日照下开花结籽，只要栽培管理得当，种一次可连续收获 10 年以上。

一、营养生长期

（一）发芽期

从种子播种到第一片真叶出现需 10～20 天。要求最低温度 3～4℃，最适 15～20℃，最高 25℃。需要保持土壤湿润。

（二）幼苗期

从真叶出土到第六至第七叶出现需 40～60 天。本期幼苗生长缓慢，植株瘦小，容易受草害影响，需注意除草、防蛆。

（三）营养生长盛期

幼苗移栽后长出新根，生长加速，开始分蘖。日均温 20℃左右时，是韭菜光合作用旺盛时期，应加强肥水管理，促进植株生长和养分积累。入冬后地上部枯萎，养分运转并贮存于根茎，进入休眠期，并在低温下通过春化，翌年气温回升，韭菜返青，生长量增加，进入生长盛期。

二、生殖生长期

1 年生韭菜只进行营养生长，2 年生以上的韭菜，营养生长、生殖生长重叠进行。韭菜是绿体通过春化的植物，植株需长到一定大小，积累一定营养物质后，才能感受低温和长日照。所以北方地区的韭菜 4 月份播种，翌年 7 月抽薹，8 月开花，9 月结籽；南方如秋播晚了，到冬天时植株较小，通过春化所需的营养物质积累不够，翌年仍是营养生长，直到第三年才开花结籽。

韭菜抽薹开花结籽需要消耗大量营养物质，影响当年植株生长和养分积累及翌年嫩叶产量，所以除留种地外，韭菜抽薹后应及时摘除花薹，可减少养分消耗，有利于养根和翌年春韭生产。

第三节　对环境条件的要求

一、温度

韭菜是耐寒而又适应性广的叶菜类蔬菜，喜冷凉、耐霜冻。有效生长的日平均温度为 7～30℃。北方的韭菜品种，叶片能忍受 -5～-4℃ 的低温，在 -7～-6℃ 时，叶片枯萎，根茎生长点位于地下，受土壤保护，能安全越冬。南方的韭菜品种，引到北方种植，地上部表现耐寒性强，但因休眠方式不同，往往不能安全越冬。

韭菜在不同生长发育阶段对温度的要求也不同。种子和鳞茎在 2～3℃ 时即可发芽，12℃ 时发芽迅速，发芽的最适宜温度为 15～18℃。幼苗期适宜温度为 12℃ 以上，超过 30℃ 时，叶片易枯黄，植株超过 24℃ 时，则生长迟缓。植株在适温范围内，温度越高，生长速度越快，如露地韭菜从返青到第一刀收获需 40天，第一刀到第二刀只需 25 天。在冷凉条件下生长的韭菜，纤维少，品质好；在高温、强光、干旱条件下，叶片纤维增多，品质变劣。

二、光照

韭菜是长日照植物，植株在低温下通过春化阶段，须在长日照下才能抽薹、开花、结籽。即使通过低温春化阶段，没有长日照条件也是不能实现抽薹、开花、结籽。

韭菜对光照强度要求并不严格，但以适中的光照强度为好。光照过弱，叶片生长窄，产量下降；光照过强，植株生长受抑制，叶肉组织粗硬，纤维增多，品质变差。所以韭菜在发棵、养根和抽薹开花、结籽期，需要有良好的光照条件。韭菜花芽分化，需长日照诱导，短日照不能抽薹。

韭菜在冬季温室生产中，虽然光照弱，光照时间短，但是温度、湿度条件适宜，而且在休眠前地下鳞茎贮藏了较多的养分，所以仍能正常生长，并且品质较好。只要满足一定的温度，其在黑暗处可生产出味道鲜美的韭黄。

三、土壤肥料

韭菜是多年生宿根植物，韭根为弦状须根，分布在浅土层。韭菜对土壤的适应性较强，砂土、壤土、黏土均可栽培，但以土壤肥沃、有机质含量高的土壤容易获得高产。土壤酸碱度以pH6～7为宜，韭菜虽对盐碱的耐性比其他蔬菜强，但土壤含盐量不宜超过 0.15%～0.25%。土壤黏重，排水不良时，生长寿命缩短。砂质土易脱肥，生长一般多瘦弱。在保护地栽培韭菜多是当年播种当年扣棚生长，养根时间短，故对土壤肥力的要求就特别严格。土质差、地力弱的地块种植韭菜也能生长，但产量不高。盐碱地栽培韭菜时，应先在中性或轻盐碱地里播种育苗，然后再移栽定植，否则极易死苗。

韭菜以氮肥为主，配合适量的磷钾肥料。只有氮素肥料充足，叶片才能肥厚、鲜嫩。增施磷钾肥料，可以促进细胞分裂和膨大，加速糖分的合成和运转，但施钾过多，会使纤维变粗，降低品质。施入足量的磷肥，可促进植株的生长和植株对氮的吸收，提高产品品质。增施有机肥，可以改良土壤，提高土壤的通透性，促进根系生长，改善品质。

四、水分

韭菜的叶片是扁平狭长的带状叶，表面有蜡粉，可减少水分蒸腾，耐旱性强，但根系需水较多。所以韭菜生长过程中，要求有较低的空气湿度，较高的土壤湿度。空气相对湿度为 60%～70%、土壤含水量为 80%～95%的条件下生长良好。土壤干旱，生长缓慢；水分过大，根系缺氧，易沤根，病害重。

韭菜的不同生育阶段对水分的要求也不同。种子发芽时需水量大，土壤含水量达到70％以上，水分才能透过种皮的角质层，使种子吸水膨胀，发芽出土。幼苗期吸水能力弱，不能缺水。发棵阶段要保持土壤见干见湿。旺盛生长期，生长量大，需水多，要求土壤含水量保持80％～95％。此期，土壤水分充足，产量高，品质好。如干旱缺水，则产量低，品质也差。

韭菜叶片生长适宜的空气相对湿度为60％～70％，超过70％易发生病害，冬季温室生产韭菜时，要控制好空气湿度。

第四节　主要栽培季节和栽培方式

韭菜主要栽培季节有春播和夏播。露地栽培：春播一般在3月中旬至4月上旬播种育苗，7～8月份定植；夏播一般在5～8月播种育苗，当年8～9月定植。保护地栽培：春播一般在3月中旬至4月上旬播种育苗，7月下旬至8月中旬定植，冬季扣棚或移入保护设施内生产；夏播一般在5～6月播种育苗，翌年5～6月定植或当年8～9月定植，冬季进入保护地管理。

一、露地栽培

是一种最常见、最经济的栽培方式，它是根据当地的自然条件，选择相适应的优良品种，从种到收一直在露地进行，靠自然的温光条件进行生长发育。生长发育过程中的追肥、浇水、除草、病虫害防治靠人工进行，产品形成过程中不采用保护设施。露地栽培时，一般是在当年春季播种育苗，夏季定植，秋季养根，越冬后，当地温上升到2～3℃时韭菜便开始萌发生长，前期温度低，韭菜生长速度慢，植株也比较小，头刀产量相对较低。从第二刀开始，温度升高，特别是二刀期间温度最为适宜，品质最好，以后温度越来越高，光照越来越强，韭菜的品质逐渐下降，到炎热的夏季一般就不再收割。进入秋季后天气逐渐转凉，当日平均温度到20℃左右时，昼夜温差也大，韭菜又进入一个旺盛的生长时期，以后天气渐渐转凉，温度的下降使韭菜进入冬季的休眠状态，要到下年早春再开始新一轮的生长。在我国北方露地条件下，一年中韭菜有春季和秋季两个生产高峰期，一般情况下，当年栽植的韭菜一般不收割，从栽培第二年始，春季可收割 3～4 茬，秋季可收割 1～2 茬。如果种植生长速度比较快的浅休眠韭菜品种，春季适当早播时，因地域不同当年可收割 1～3 茬。

二、保护地栽培

韭菜保护地栽培在我国有悠久的历史。韭菜耐寒性比较强，对光照条件要求不严格，经过培养的根株，无论在强光、弱光或无光黑暗的条件下，只要有适宜的温度条件，就可以萌发生长，形成品质优良的产品。因此，在我国各地形成了带有普遍性和地域性特色的保护地栽培方式，如地膜覆盖栽培、阳畦栽培、风障栽培、塑料小拱棚栽培、塑料中棚栽培、塑料大棚栽培、改良阳畦栽培、日光温室栽培、软化栽培等。

第五节　韭菜栽培技术

一、主要品种

我国韭菜品种资源十分丰富，按食用部分可分为根韭、叶韭、花韭和叶花兼用韭 4 个类型，普遍栽培的韭菜是叶、花兼用韭。通过近年的生产实践，主要有以下品种表现较好，生产上推广面积较大。

（一）徐州四季薹韭

江苏徐州地方品种。该品种叶片直立，叶色深绿，叶鞘长约9 厘米左右，白色，直径 0.5～0.6 厘米，叶长约 25～30 厘米，宽 0.7～0.8 厘米，扁平且厚，成株叶片数 5～6 片。根系发达，根重、根数及根粗均比马鞭韭多 10％以上。四季薹韭分蘖力强，正常管理条件下 2～3 叶龄时就可发生分蘖，比马鞭韭提前 2 个叶龄。一般二年生薹韭，每年分蘖 3～4 次，比马鞭韭多 1～2 次，每次分蘖 2～3 株，以 3 株最多，由于株丛的不断增多，3 年后分蘖减少。花茎又称花薹，薹粗平均 0.5 厘米，清脆可口，含纤维少。在露地栽培的情况下，3 月下旬至 4 月上旬即可抽薹，比马鞭韭等品种提前 90 天左右；保护地栽培的情况下，2 月下旬至 3 月上旬即可抽薹。但由于温度低，抽薹速度慢，薹较少，产量低。随着外界温度的不断升高，分蘖株数不断增加，抽薹速度不断加快，花薹数量也不断增加，一直延续到 10 月中下旬，比普通韭菜断薹期推后 50 天左右，以 5～7 月份为高峰期。6 月份以后进入留种期，也是采种的最佳时期。留种田每 667 米² 产种 50 千克以上，比马鞭韭高 25％左右。

该品种对温度适应性广，具有较强的抗寒性。主要表现在：一是枯萎迟。秋末冬初，在旬平均气温下降到 3℃以下，最低日气温 −5～−4℃ 的 12 月中上旬时才开始枯萎。二是萌发早。在旬平均气温 5～6℃ 的 3 月上旬，露地栽培四季薹韭就开始萌发。在中棚设施生产中，该品种从扣棚到第一茬收割约 30 天。相同条件下，马鞭韭则需要 45 天才能收割。三是抽薹早。春播、夏播的四季薹韭当年秋季（9～10 月）就可少量抽薹。四是对光照要求不严。抽薹开花对日照长短要求不严格，不论在日照长的夏季，还是在日照时间短的其他季节，只要温度适宜就可抽薹、开花，年平均每 667 米² 产青韭 1 200 千克，韭薹 2 650 千克（在不采收种子的情况下）。

（二）汉中冬韭

陕西省汉中地区农家品种。植株生长苗壮，株高 40～50 厘米，叶丛直立，叶绿色，叶肉较厚，叶身扁平略呈三角形，叶宽 0.5～0.8 厘米，最宽超过 1 厘米，假茎粗 0.4～0.6 厘米，长 6～7 厘米，叶鞘白色。单株可保持绿叶 5～7 片，4～5 片时单株重为 5～6 克。汉中冬韭属于分株性不强的品种，抗寒力强，休

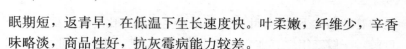

眠期短，返青早，在低温下生长速度快。叶柔嫩，纤维少，辛香味略淡，商品性好，抗灰霉病能力较差。

（三）平韭四号

河南平顶山市农业科学研究所选育。株高 50 厘米以上，株丛直立，生长旺盛。叶片绿色，宽大肥厚，平均叶宽 1 厘米。单株叶片数 6～7 个，单株重 10 克以上，最大单株重 40 克。粗纤维含量少，口感鲜嫩，辛辣味浓，品质佳。分蘖力强，1 年生单株分蘖 7 个左右，3 年生单株分蘖 30 个以上，可持续多年丰产，产量高。该品种生产速度快，新叶生长能力强，20～25 天即可收割，且植株粗壮肥大，年收割 6～7 刀。同时该品种抗寒性和抗病性强。

（四）791 雪韭

河南平顶山市农业科学研究所选育。株高 50 厘米左右，叶丛直立，功能叶上举，生长势强，叶鞘长而粗，叶片厚，叶宽1.2～1.3 厘米，单株重 5 克左右，分株力强，粗纤维少，品质好，抽薹开花早，韭花产量高。采种则种子饱满，产量高。抗寒性强，冬季回根晚，返青快，属于假茎休眠品种。抗湿耐热，叶子颜色较淡。

（五）寿光独根红

山东省寿光农家品种，植株粗壮，分株性弱，假茎基部呈淡紫色，株高 40 厘米左右，叶片宽 1 厘米左右，叶色绿，假茎粗0.5～0.8 厘米，品质好，属于根茎休眠的品种。

（六）嘉兴白根

也叫雪韭，是浙江绍兴、嘉兴一带的农家品种，该品种株高50 厘米左右，叶宽 0.8～1 厘米，最宽 1.2 厘米，叶短而宽，叶色较深。假茎粗 0.5～0.6 厘米，茎长 7 厘米左右，茎挺直，叶上举，直立性好，长势旺、分株力强。该品种属浅休眠品种，在10℃及以下温度条件下，10 天左右即可完成休眠，休眠时地上茎叶只现干尖不现干叶。该品种生长速度快，播后 60 天可成苗，并开始分株，90 天可成株达到商品收获标准。扣棚生产时，尤其在连阴弱光下比起源于长江以北地区的品种生长快，同时也比同属浅休眠品种的河南 791 生长快。同时该品种收割后再度长出的叶片往往也成尖头，不留割后的痕迹，因而有利于提高外观质量。但在生产中注意该品种叶色稍淡，可在生长中后期喷糖和尿素的混合液；长成株时往往最下一片叶的叶鞘易松脱，造成叶子披脱，可在培土时形成凹形垄，以防最下一片叶下披；辛辣味也稍淡。

（七）马蔺韭菜

山东寿光地方品种。叶丛较直立，生长势强，株高 50 厘米，分蘖力强，叶鞘扁圆形，叶片宽而厚，叶色深绿，辛辣香味浓，口感好，营养丰富，外观商品菜性状优良。抗病、耐寒，冬季回苗晚，春季萌发早，适宜栽培范围广。露地栽培每 667 米^2 产量 3 000～4 000 千克，保护地栽培 4 000 千克以上。

（八）赛青

河南通许县果树蔬菜研究所选育而成。株丛直立，生长迅速，分蘖力强，深绿色，叶宽 1.2 厘米，最宽可达 2.5 厘米，单棵重 40 克，株高 50 厘米以上，年割 9～10 茬，每 667 米^2 产 10 000 千克左右。耐寒性极强，冬季回秧晚，不怕寒霜，12 月份仍可收割青韭上市。冬季 −5℃时，植株不枯萎。春季发棵早，2 月份即可割韭上市，早上市 20 天左右。冬季保温覆盖，全年均可上市。

（九）阜丰 1 号

是由辽宁省风沙地改良利用研究所选育的新品种。植株直立性强，株高 40 厘米左右，叶片较宽，最宽叶片可达 1.5 厘米，叶片浅绿色，叶鞘粗，分蘖力强，单株重 10 克，生长势旺，生长速度快，早春露地栽培可比汉中冬韭早萌发 4～6 天。抗病、抗倒伏、整齐度高，品质好，具有典型的韭菜浓香辛辣味。阜丰 1 号属休眠型韭菜，抗寒力强，适应范围广，在辽宁省各地栽培，在无覆盖条件下均能安全越冬，适合我国黄河以北，北纬

45°以南地区露地和早春保护地栽培。其杂种优势十分明显，最高每 667 米^2 产量可达 7 000 千克，在一般栽培管理条件下，比汉中冬韭增产 20% 以上。

（十）四季青

是河南省扶沟县种苗研究所经多年筛选杂交培育而成。该品种叶色浓绿，叶宽 1.5～2 厘米。株高 55 厘米，单株重 40 克左右，粗纤维少，辛辣，韭菜香浓，株丛直立，生长迅速。分蘖力强，抗寒，稳产，四季常青，在大雪纷飞的寒冬仍可生长。一般年收割 11 茬，每 667 米^2 产量可达 15 000 千克以上。保护地栽培产量更高。四季青韭菜适应东北、西北、西南、华东、华中地区栽培生产。

（十一）平韭 2 号

即豫韭菜 1 号，由河南省平顶山市农业科学研究所，以洛阳沟头韭为母本，河南 791 为父本，杂交选育而成。株高 50 厘米左右，叶片较披展，叶色深绿，叶片宽大肥厚，脊背较明显，叶长 30～50 厘米，叶宽 1 厘米左右。单株叶片数 6～7 个。叶鞘绿白色，鞘粗 0.8 厘米，单株重 8 克以上，最大单株重 40 克。分蘖力强，单株一年分株 10.8 个，二年生单株分株 19.6 个，最多分株 40 个以上。株形肥大，叶肉肥厚，辛辣味浓，商品性性状好，较耐存放，鲜韭产量高，一年可收割韭菜 5～6 刀，每 667 米^2 产量可达 8 000 千克以上。该品种抗逆性强，春季发棵早，比一般品种早 3～10 天，是露地早春栽培比较理想的一个品种，在保护地中栽培时，第一、第二刀产量比较高，品质较好。但叶片下披较重，影响到地面行间的光照。

（十二）大弯苗

天津地方品种，又名金钩、弯钩、卷毛。成株叶鞘成弯沟状，叶宽 0.8～1 厘米，叶色绿，假茎不易干枯，叶片直立性强。假茎较长，叶片粗，纤维少，品质较好。分株能力较差，抽薹率低，但抽薹较早。适宜露地和保护地栽培，每 667 米^2 产量可达

4 000～5 000千克。

（十三）北京大白根

又名青根韭。原河北省河间农家品种，叶片淡绿色，宽0.6～0.7厘米，叶鞘粗短，扁圆形，上部浅绿色，基部白色，鞘叶肥嫩而厚，辛香味浓，品质上，产量高，中晚熟，耐热、抗倒伏，不耐涝，分蘖力弱，耐寒力中等。适合露地、保护地栽培。

（十四）天津大黄苗

天津地方品种。植株开张，叶条带状，宽0.7～1厘米，色浅绿，叶鞘粗短，高13～15厘米，断面扁圆形，白色，质地柔嫩，产量高，晚熟，分蘖力强，植株再生力强，不抗倒伏。适于露地、保护地栽培。

（十五）天津青韭

从西北地方品种的变异单株中选育而成。叶宽0.9厘米，叶鞘和鳞茎都较长，抗逆性强，适应性广，丰产性好，适于露地和保护地栽培。

（十六）小香韭

又名细叶韭。由河北省衡水市育新种业选育。该品种植株矮小，生长开展，叶片扁平，宽0.3厘米，叶尖锐尖，叶鞘绿白色，高8厘米，花薹深绿色，质地柔软，香味浓，耐热、耐寒、分蘖力强，以食用青韭为主。

（十七）红根韭

河北保定地方品种。生长势强，分蘖旺盛，叶片细而厚，色深绿，宽0.5厘米，肉厚，叶鞘高10～12厘米，基部红紫色，粗壮、扁圆，香味浓，产量高，品质上，耐寒、抗倒伏。适于露地、保护地和囤韭栽培。

（十八）日本雪韭

从日本引入，植株直立，生长迅速，单株粗壮。叶片宽厚肥嫩，味浓郁，品质好，高产。抗病、耐寒，在冰天雪地下仍能缓慢生长，是保护地、露地栽培的理想品种。

（十九）冬韭 4 号

陕西汉中地区地方品种。该品种生长势强，叶扁平。肉厚，色嫩绿，叶尖圆钝稍扭曲，叶鞘基部乳白色，断面近圆形，分蘖少，与汉中冬韭不同点是叶宽，生长快，早熟，耐寒，早春返青早。

（二十）津引 1 号

天津市蔬菜研究所引进。叶条带状，宽 1 厘米。叶肉肥厚，质地柔软，纤维少，甜味浓，辣味淡，品质上，抗寒，分蘖力强，休眠期短，在短日照下，几乎不能休眠，对灰霉病抗性较弱。京津地区 11 月收割后进行保护地栽培，12 月底即可收获。

（二十一）三九雪韭王

由 791 韭菜系选的抗寒韭菜品种，该品种株型直立，叶宽 1 厘米，色翠绿，肥厚，生长速度快，粗纤维少，韭味浓，品质优良，商品性好。耐贮、耐运，抗病性强，抗寒，在冬季日平均气温 5℃，最低 −7℃时心叶仍以每天 0.7 厘米速度生长，年收割 7～8 茬，产量高。

（二十二）陕西 86 - 1

由陕西省华县辛辣蔬菜研究所选育。该品种叶丛较直立，叶片扁平，略呈三棱形，宽 0.8～1.2 厘米，先端钝圆，浅绿色，叶鞘圆柱形，白色。叶片鲜嫩，纤维少，品质好，抗病，耐覆盖，早熟，休眠期短，适于早春保护地栽培。

二、茬口安排

韭菜生产不能多年连作，也不能在上茬栽培葱蒜的地块上种植，否则，不仅种子发芽率低，而且生长势差，地下害虫和某些病害严重，造成产量低。所以，在韭菜生产上常要求调换种植茬口。如果注意深翻土地，多施有机肥，或与茄果类蔬菜上下换茬种植时，土壤产生连作障碍的程度将有所降低。

三、整地施肥

一般情况下，育苗地应选用灌水方便、排水通畅的砂壤土，忌用含盐量较高的土壤育苗。冬前要深耕 17～20 厘米，细耙 1～2 次，浇足冻水，做到土壤疏松墒情好。第二年早春，随着土壤化冻，再浅耕并每 667 米^2 施入优质腐熟的有机肥 3 000～4 000 千克，尿素 5～7.5 千克，过磷酸钙 30～35 千克，随后精细耙地，达到土肥混匀，土壤细碎，再整平做畦，这是保全苗的基础。定植韭菜的地块，要选择深厚肥沃疏松的土壤，地块要平，排灌自如。定植地要先深耕细耙，每 667 米^2 施入充分腐熟的优质有机肥 4 000～5 000 千克，混匀后整平做畦或深松耕施肥后，地面喷施"免深耕"土壤调理剂，可达到少免耕且能疏松土壤的效果。由于韭菜有"跳根"的特性，韭菜每年都要培土，畦面会逐年加高，所以畦面一般应略低于地面。但雨量充沛的南方，应高于地面，以防涝渍烂根。畦的宽窄应以栽培形式而定。

四、播种育苗

韭菜栽培先要培养根株，其繁殖方法有育苗移栽和直播两种。前者适于城市近郊复种指数较高的地块，可节省土地，精细管理，培育壮苗，选苗定植，缺点是移栽费工。直播则节省劳力，无须定植，但种子用量多，占地面积大，时间长，苗期管理不便，杂草多，在黏土地地下害虫严重地块易缺苗断垄。根据目前国内韭菜栽培的实践经验，大部分地区采用育苗的方式培养根株，这种方式在韭菜苗期占地少，易于管理，草害少，根株健壮，寿命长。

（一）苗床准备

选择旱能浇、涝能排的田块，最好是砂壤土，便于苗期管理，起苗时少伤根。前茬以茄果、瓜类、叶菜、豆类、马铃薯等为好，勿与葱蒜类蔬菜连作。前茬收获后，清洁田园。韭菜幼苗出土能力差，应将施过基肥的田块浅耕、细耙、做畦。做到肥土均匀，土壤细碎。育苗畦一般高 10～14 厘米，畦埂宽 10～12 厘米，要踏实拍平，防止雨水冲淋，掩埋埂边幼苗，同时便于操作管理。畦的大小视地块平整情况灵活掌握，一般宽为 1.0～1.2 米，长 8～10 米。北方春旱，宜做平畦，南方雨多，宜做高畦，畦周围筑水沟便于排水。

（二）播种期和种子处理

冬暖的南方既可春播也可秋播，当年定植；北方主要是春播，当年定植。为了争取早定植、早收益，春季播种宜早不宜晚，多数在春分前后播种，也可以在清明至谷雨播种。早播因气温低，出苗慢，一般用干籽播种。清明以后播种的，由于气温地温回升，蒸发量大，风大失墒快，为抢墒播种早出苗，应先浸种催芽再播种。方法是先用温水（不超过 35℃）浸泡种子 12～14 小时，清除瘪籽，催芽前用麻袋片或粗布搓擦种子表面的黏液，然后用湿布包好，放在 15～20℃ 的地方催芽，每天用水冲洗 1～2 次，经 2～3 天就能露芽即可用于播种。

（三）播种方法和播量

有撒播和条播两种。撒播是把种子均匀播种在畦内，幼苗均匀，长势好；条播是把种子播在行距 10～12 厘米，深 1.5～2 厘米的浅沟里，幼苗生长略显拥挤，但便于管理。育苗上一般采取撒播的方法，每 667 米² 大田用苗需苗床播种 2～4 千克。首先在畦内浇足底水，水量要保证幼苗出土，并齐苗。播后覆土 1～1.5 厘米，然后再镇压一遍，使种子与土壤紧密，以利出苗。地温低的情况下，上面可覆盖一层地膜，可提温保湿，提高出苗效果。

（四）幼苗期管理

出土前要保持土壤湿润，干籽播种，无地膜覆盖的，生产上要每 4～5 天浇一次小水，连浇 2～3 次，以促进出苗。黄淮地区 3 月初播种的需 18～23 天出苗，4 月初播种的需 8～15 天出苗，立夏前后播种的需 5～7 天即可出苗。出苗到定植前这一段时间，中心任务是培育壮苗、大苗，措施上采取"前促后控"的办法。前促是在苗高达到一定程度以前促发根长叶，使幼苗尽快建成营养体；后控是苗高达到一定高度以后控秧苗徒长，使幼苗生长健壮，防止倒伏烂秧。从第一片真叶到 3～4 片叶时，要促进发根长叶，即浇水、追肥、除草、防地蛆。浇水要小水勤浇，一般 3～5 天浇一次。苗高 10 厘米后，追施氮素化肥 2～3 次，每 667 米² 共施尿素 10～12 千克。防除杂草是苗期管理的重点之一，如不及时去除，韭菜苗有可能被草"吃掉"，影响韭菜苗的生长，用人工结合除草剂效果较好。韭蛆的防治的关键是治小治早，从出苗后要每隔 7～10 天随水冲灌乐斯本或敌百虫等药剂 1～2 次。当苗高 15～17 厘米时要适当控制浇水、追肥，根据墒情每 10 天左右浇一水，如秧苗健壮，可以不追肥，以防止徒长。

五、定植

(一) 苗龄

一般用于移栽的韭菜春播日历苗龄为 70～80 天。从生理苗龄上看单株长有 4～6 片叶，苗高 18～22 厘米，植株健壮但尚未开始分蘖时定植，同时定植期要尽量避开高温高湿季节。露地直播的韭菜春季播种时，在地温稳定达到 10～15℃时就可以开始了。秋季直播的韭菜要在越冬前（温度降至 3℃）至少要有 50～60 天的生长期，有这样株龄的苗子才能安全越冬。但要注意用于秋季播种的韭菜籽需放在冷凉处越夏，以防高温引起发芽率降低。

(二) 定植密度和方法

一要适期定植。韭菜定植最好避开高温高湿季节，否则土壤含水量过多，氧气含量不足，影响新根发生甚至引起烂根。气温过高，蒸腾作用强，容易引起叶片过度失水而枯萎。定植过晚，当年秋季生长时间短，鳞茎积累的养分少，对第二年春季的产量有影响。二要精细整地。韭菜栽培地最好选择土质疏松、肥沃、有机质含量高、2年以上未种过葱蒜类蔬菜、排水良好的砂质壤土或壤土。前茬如是种植春甘蓝、春花椰菜或采种白菜地的最好，前茬作物收获后，应及时清洁田园、施肥，浅耕细耙，再按照布局要求作畦。三要灵活掌握栽培密度。露地韭菜移栽定植的适宜密度，应根据栽培方式和品种的分蘖能力强弱来确定，以促进分蘖、持续高产，同时便于管理。对单株生长发育要求不严格，靠大群体争取产量的品种，多采用小丛密植的方法。要求畦宽200厘米左右，行距30～40厘米，穴距15～20厘米，每穴栽4～10株（分蘖能力强的要少些，如徐州四季薹韭每穴4株左右）。也有些地区进行单株密植栽培，主要是对单株发育要求高的品种，以个体充分发育求得产量和质量。一般行距为25～30厘米，株距为1.5～2厘米，每667米²10万～13万株。四要掌握移栽方法。在移栽前3～4天育苗畦要浇一次水，墒情适宜时起苗，抖掉苗根上的泥土，须根留7～10厘米剪齐。为了提高成活率，移栽时应采取随起苗、随分苗（大小苗分开定植）、随移栽、随浇水的定植方法。定植深度以不埋没叶鞘为宜，过深分蘖减少，过浅容易散撮，生长寿命短。要栽齐、栽平、栽实，尽量保持根系舒展。栽后及时浇水。

对于直播栽培的，可用以下两种方法：

平畦直播：细致整地做畦，施足底肥，土粪掺匀，平畦后按行距20厘米开沟，沟宽10～12厘米，深6～8厘米，沟底搂平，种子播后覆土2～3厘米。播前如土壤干旱，要先浇透水，略干后再开沟播种。

平地沟播：土地平整后，按行距30～40厘米开沟，沟深8厘米，宽15厘米，沟内灌水，待水下渗后播种于沟内，从沟边拨土覆盖种子，覆土厚度2～3厘米，稍加镇压即可。以后随韭菜植株生长，逐渐培土成垄。

六、栽后管理

韭菜越冬能力和来年长势主要取决于植株积累营养物质的多少，而营养物质的积累又取决于韭菜秋季的生长状况。因此，加强栽后管理非常重要，要围绕"养根壮秧"为中心采取措施，培养健壮株丛，长成强大的吸收和同化器官，既可积累养分顺利越冬，又为以后几年的生长发育、高产、稳产打下基础。主要有浇水、追肥、排涝、除草、治蛆等。

（一）浇水、追肥

韭菜于夏季定植，天气炎热，蒸发量大，移栽后应及时浇缓苗水，在降雨少的干旱年份和干旱地区可连浇2～3次水。保证幼苗成活，缓苗后再浇一次水，墒情适宜时及时中耕，疏松土壤，增加透气性，促发根。进入夏季雨量增多要控制浇水，以免烂根死苗。处暑后气温逐渐下降，是栽后旺盛生长时期，而且降水减少，一般5～7天浇一次水。寒露以后气温逐渐转凉，生长减慢，为促进营养积累到鳞茎和根系，措施上要"蹲秧"，减少浇水，维持地表见干见湿，停止施肥，以免贪青，影响适时"回根"，否则越冬不安全，影响来年生长。立冬后叶片枯萎，进入休眠，这时要浇足"冻水"，"冻水"要适时，过早影响回根，过晚地表结冰，以浇水后封冻又不在地表结冰为适宜时期。

当年播种的韭菜，特别是发芽期和幼苗期，需肥量少。2～4年生韭菜，生长量大，需肥较多。幼苗期虽然需肥量小，根系吸收肥料的能力较弱，但如果不施入大量充分腐熟的有机肥，很难满足其生长发育的需要。所以随着植株的生长，要及时观察叶片色泽和长势，结合浇水，追施氮素化肥2～3次，每667米^{2}每次施尿素7～10千克。韭菜进入收割期以后，因收割次数较多，必须及时进行追肥，补充肥料，满足韭菜正常生长的需要。在养根期间，为了增加地下部养分的积累，也需要增施肥料。一般每生产5 000千克韭菜，需从土壤中吸收氮25～30千克，磷9～12

千克，钾 31~39 千克。秋季最后一次采收不宜过晚，以利于植株再长出叶片，制造充足的养分，向根茎回流。进入秋凉以后，秋季分蘖生长量加大，又出现一次吸肥高峰期。冬季天气寒冷，植株生长基本停止，根系也基本停止吸收，进入了休眠期，植株所需的营养，依靠根茎中贮藏的养分供应，维持其生命活动和恢复下年的生长。

（二）中耕除草

韭菜地易发生草荒，尤其是夏季高温多雨季节杂草生长旺盛，与韭菜争夺阳光和养分，因此应及时铲除。一般蹲苗前中耕一次，耕深 3 厘米左右，以后还应在韭菜生长期间除草 2~3 次，不便于中耕松土的地块，应随时拔除杂草。

（三）翌年及以后的管理

露地韭菜播种后当年主要是发根养棵，第二年开始收割上市。进入第二年的韭菜一直到第四年分蘖力强，新根数量多，生长旺盛，可多次收割，产量也是高峰期。如果管理得当，就能延长产量高峰的年限，实现稳产高产。"养根壮秧"仍是栽培管理的中心任务，要处理好养根与收割的关系。

1. 春季管理　春季回暖返青后先清除畦面覆盖的枯叶杂草，修好畦埂，使植株基部较好接受阳光，同时在行间松土，增加土壤透气性，提高地温，促进萌芽。并结合松土撒施腐熟有机肥，每 667 米^2 3 000 千克，3~4 天后中耕，将越冬覆盖的粪土等翻入土中。早春因气温、地温低，一般情况下不浇水，春季第一次浇水要在第一刀收割后进行，以后的浇水要维持地表见干见湿。每次浇水后，仍要松土，二年以上的韭菜田，还要培覆土，以免韭菜"跳根"裸露于地面，培覆土的时间一般是在韭菜长到13~15 厘米是进行，覆土厚度一定要达到"跳根"的高度，一般不能少于 1.5 厘米。培土的方法是在春季选晴天的中午把土铺在行间。也可结合施肥，把培土改为施粗肥，既起到培土的作用，又可提高土壤肥力。在收割二刀之间要追施速效肥料一二次，第一次在新叶长出 3 厘米高时进行，每 667 米² 施用尿素 5～7 千克，第二次是在苗高 13 厘米左右时进行，每 667 米² 施用尿素 7～9 千克。

早春气温低，蒸腾量小，浇水时间和浇水量大小要根据当时天气和土壤墒情而定。墒情好时可在收第一刀后再浇水。每次收割后都要中耕松土，搂平畦面，并随植株的生长分次培土。

韭菜只有养好根，才能长势旺、分蘖多、寿命长、产量高、品质好。韭菜除施用底肥外，还需"刀刀追肥"，即每次收割后都要追肥 1～2 次，以补充养分，促进生长。追肥应在收割后 3～4 天，待收割伤口愈合、新叶长出时施入，忌收割后立即追肥，以免造成肥害。追肥应以速效氮肥为主，可顺水施入或开沟施入。

三年以上的植株，还需进行以下特殊管理：一是剔根。于早春韭菜萌发前进行。3 月上旬土壤解冻，用铁锹将根际土壤挖掘深、宽各 6 厘米左右，将每丛株间土壤剔出，露出根茎，剔除枯死分蘖和细弱分蘖，并将挖出的土壤摊放于行间晾晒，午后再回笼根茎，填入细土埋好。这一措施可显著提高地温，剔除弱株，冻死根蛆，促进根系生长，防治雨季植株倒伏和腐烂，并有防早衰和软化叶鞘的作用。二是培土。韭菜根系有"跳根"特性，逐年培土能促进根系生长，延长植株寿命，防止植株倒伏。培土应在早春土壤解冻新芽萌发前进行，厚度随"跳根"高度而定，一般每年培土 3～4 厘米。培的细土应在头年准备好，要求土质肥沃，物理性状好，并过筛堆在向阳处晒暖，可以提高地温，促进早熟。

2. 夏季管理　韭菜不耐高温，在炎热多雨季节，韭菜叶片粗硬，品质变劣，应停止收割。注意防涝、防倒伏和腐烂，及时追肥、除草，为秋季生产作准备。

韭菜于 7～8 月抽薹开花结实，要消耗大量养分，影响植株生长、分蘖和营养的积累。因此，除留种田外，应及时剪去幼嫩花薹，以利于养根。嫩花薹也可以食用。

3. 秋季管理 秋季天高气爽，光照充足，昼夜温差大，是韭菜旺盛生长、积累养分的重要时期，应加强肥水管理和病虫害防治，减少收割次数，使根茎积累较多养分，便于安全越冬，并在翌年早春获得较好收成。方法是 8 月上旬以后每 7～10 天浇 1 次水，保持地面湿润，每浇 1～2 次水后追肥 1 次，每 667 米^2 用硫酸铵或尿素 10～15 千克。同时可以收割 1～2 次。9 月下旬以后，要停止收割和追肥，以免植株贪青徒长，影响适时回根。秋凉后经常检查蛆害，防治方法见病虫害防治部分。

（四）收获

韭菜再生能力强，生长快，一年可多次收割，但为了年年高产防止早衰，收割次数应适当控制，要处理好收割和养根、前刀和后刀、当年和翌年产量的关系，保证植株生长健壮，连年高产，延长寿命。

栽培韭菜首先是"养"，其次才是"割"，切不可贪图一时一茬的收益，而影响以后几年的收益。韭菜每年收割次数应根据植株长势、土壤肥力及市场需要而定。韭菜越冬能力和翌年长势，与冬前植株积累养分的多少密切相关。当年播种的韭菜不宜收割，如只顾当年收益，就会影响韭菜越冬和翌年生产。韭菜收割以春韭为主，要求碧绿鲜嫩，品质优良，于早春缺菜季节上市，经济效益高，一般可收割 3～4 次。炎夏时，韭菜品质差，一般只收割花薹，除南方可收割 1～2 次外，一般以不收或少收为宜，除非韭菜已经衰老准备更新，才连续收割，直至收割至秋后弃去为止。韭菜收割间隔的天数，根据植株长势和当地气温而定，一般春韭返青到第一刀约 40 天，第二刀 25～30 天，第三刀 20～25 天，以株高 30 厘米，植株 7 叶 1 心收割为宜。早收植株易早衰、产量低，晚收易倒伏。如肥水不足，每茬生长天数还要延长。

清晨收割韭菜可保持产品鲜嫩，避免在炎热中午和阴天收割，以免韭菜萎蔫和腐烂。收割方法的好坏可影响当茬和下茬产量，留茬高度以鳞茎上 3～4 厘米，在叶鞘下方为宜，切勿伤及鳞茎。下刀过高降低本茬产量，过低伤了鳞茎，影响植株分蘖和以后产量，每刀留茬应较上刀高出1厘米左右，才有利于植株生长。韭菜的收获量在定植后1～2年较低，3～5年最高，以后逐渐衰弱。如管理好，可多年不衰，延长高产年份（表4-1）。

表4-1　韭菜感官质量标准

	品种	同一品种
	整齐度	植株基本一致，＞80%
	韭薹	出现幼薹或成薹＜50毫米
	枯梢	叶尖端枯黄或干枯＜2毫米
	整修	收割后无残留茎盘、泥土、杂草及杂质，断面整齐，捆把松紧适度，无黄叶，单株不散叶
品质要求	鲜嫩	叶鲜亮，质地细嫩，未纤维化，易折断，挺拔，组织充实、饱满，叶尖无萎蔫
	异味	无
	冻害	无冰点以下低温的组织冻害和解冻后无法恢复正常而造成的伤害
	病虫害	无
	机械伤	无
	腐烂	无
	长	株长＞300毫米
规格	中	株长200～300毫米
	短	株长＜200毫米
限度		每批样品中感官要求总不合格品百分率不得超过10%，其中枯梢不得超过0.5%

第六节　韭菜的繁殖和良种繁育

一、韭菜的繁殖

有种子繁殖和分株繁殖两种。用种子繁殖表现生长健壮、生活力强、寿命长、产量高。用分株繁殖可节省育苗时间和秧苗占地，随时都可分株栽植，但植株长势、生活力、寿命和产量都不如种子播种的好，繁殖系数亦不高。生产上多用种子繁殖的方法，以提高产量和效益。种子繁殖有直播和育苗移栽两种形式。直播是把种子按株行距直接种到韭菜畦中，以后不再移栽。育苗移栽是把种子先播在育苗畦中培育成苗，经过一段时间生长和管理，待秧苗长到一定大小时，再起苗按行株距移栽到栽培畦中。育苗移栽的苗期能集中管理，苗壮，定植后株行距一致，利于以后几年的管理。而直播的苗期不易集中管理，常出现缺苗断垄等情况。因此，生产上多用育苗移栽。

二、良种繁育

多采取原种和生产用种二级采种制度。原种生产主要是从品种整齐度较高、生长良好的老韭菜生产田里，结合移栽进行选择。选择时间是在春季韭菜返青生长达到收割期时，将韭菜植株连根挖出，选择具有本品种典型性状、假茎粗壮、耐寒性强的优良健壮植株做种株，将中选株的老根茎掰掉，剪去叶片先端，定植于隔离条件良好的采种田采种。生产用种的生产是选用原种种子于春季播种育苗，6～7 月份按行距 30～40 厘米，穴距 20～25 厘米定植，每穴栽 5～15 株不等（徐州四季薹韭穴栽苗数少）。第二年管理方法与生产田相似，但韭菜收割次数要少，以不超过 3 次为宜，而且要留高"桩"即保留地上 5～6 厘米高的假茎。收割后 2～3 天灌水追肥。并注意防治杂草和根蛆。一般品种的种株在 7 月份陆续抽薹开花（徐州四季薹韭露地栽培在 3～4 月份即可抽薹），但第二年种子产量不高。进入第三年可以收割1～2 次韭菜，一般品种在 7 月上中旬开始大量抽薹，在肥力充足、管理得当的情况下，第三年产籽量较高。

采种技术要点：一是搞好隔离。韭菜为异花授粉作物，而且由昆虫传粉。所以，隔离条件要好，自然隔离距离要求 1 000 米以上。对采种田周围的生产田抽出的花薹必须在开花前收获。二是注意采种年限。二年生韭菜植株营养积累太少，种子产量低，5～6年生韭菜分蘖能力减弱，不适宜采种。因此，生产上以3～4年生韭菜繁种产量最高，种子质量也最好。三是注意肥水管理。施肥上切忌施用未腐熟的有机肥，春季收割最后一茬韭菜后要重施一次肥料。四是及时采种。种子成熟的一个明显标志是花薹开始发黄，花薹变黄后，于清晨及时剪下花薹上面的种球，可减少种子脱落。种球收获后要先晾晒以起到后熟的作用，使籽粒饱满；脱粒后及时去除杂质，晾晒，充分干燥后妥善保存。

第七节　拱棚和改良阳畦青韭栽培

一、拱棚和改良阳畦的结构和建造

小弓棚、改良阳畦生产青韭可以节约架材、劳力，早熟效果好，正逐步代替风障、阳畦栽培。

小拱棚是用竹竿或竹片弯成拱圆型棚架，其上覆盖薄膜，夜间再覆盖草帘。如北侧改为土墙即成改良阳畦，可提高保温性能，便于操作管理，产品可以提前上市，经济效益显著。小拱棚高度为1.2～1.3米，宽度为3～3.4米，长度随地形而定。10月下旬以后，在3年以上的韭菜畦中开始搭棚架，每2米左右埋木柱1根，入土深30厘米左右，埋好后用竹竿横向连接，铁丝绑扎，再在南北两边分别每隔20～25厘米立插小竹竿，弯曲成拱形，用塑料绳固定在横杆上，并连接绑成拱圆型，上覆盖薄膜，即成小拱棚。建造改良阳畦时，土墙要紧挨韭菜畦埂，后墙高0.8～1米，底宽0.6～0.8米，上宽0.5～0.6米，同时在两畦间每隔3米竖1排前、中、后柱，用铁丝绑架。土墙打好后，在墙土未干时按20～25厘米的距离斜插入小竹竿，弯曲成拱圆形，并互衔接在粗铁丝上成为拱棚骨架，上面覆盖薄膜，夜间盖草帘防寒保温。

二、栽培技术

（一）田间布置

为了使冬季充分接受阳光，韭菜畦应东西延长，做成宽1.5～1.7米，长8.3米的低畦2个，且根据地形安排东西向畦10～20个。此外，畦面南侧留出2.3～3米的空畦不栽韭菜，种植瓜果、豆类蔬菜及提早收获的秋菜，冬前收获后，就在韭菜畦北侧取土打墙。

（二）韭株准备

韭菜的播种、育苗、定植和水肥管理等同露地韭菜栽培，定植方法采用宽幅大垄，便于覆盖后培土和老根管理及连续多年生产。扣棚韭菜选用3～5年生韭菜，产量高、品质上，经济效益好。头年早春收获3茬后，着重养根壮苗，注意中耕除草、水肥管理、治蛆、摘薹等管理，使韭菜生长健壮，多积累养分，才能获得较高的产量。

（三）建棚和盖膜

搭棚建土墙宜在土壤封冻前进行。过早了韭菜贪青，不便回根；过晚了土壤冻结，不利田间操作。盖膜在韭菜回根后进行，早扣提早上市，但产量低，2～3刀生长势弱，经济效益低。盖膜同时要准备好草帘等，以便夜间覆盖保温。

（四）盖膜后管理

盖膜后韭菜返青恢复生长，要割掉枯萎的韭菜叶并清理干净称"刮毛"，同时再用四齿耙搂松表土。新芽出土时要覆土，厚度以盖住叶鞘即可，可软化假茎，提高品质，防寒保温。韭菜生长后还要分4～5次覆土，总厚度5～7厘米，不要1次覆土过厚，妨碍地温提高，影响植株生长。可从夹畦上取土，经过筛并晒暖后使用，还可将韭菜行间的土壤分2～3次培在韭株两侧，成高14～16厘米小高垄称"归土"，可以提高韭白质量。韭菜用薄膜覆盖后，如白天棚内温度超过25℃要放风。如白天不撤草帘，让韭菜生长期间不见阳光，可得韭黄。

（五）收获

韭菜高 14～17 厘米时收割，应在原来畦面和覆土交接处下刀。收割后产品理齐，捆扎上市。

（六）收获后的管理

将覆盖韭菜的土放回畦埂，用四齿耙搂松表土以提高地温，使伤口愈合。幼苗 3～5 厘米高时追肥灌水，顺水每 667 米² 施硫酸铵 20～30 千克或稀粪，尔后管理同前。收获第二刀、第三刀后不再覆土，当年也不再收割，撤膜拆架，让韭菜自然条件下生长，加强管理养好根，准备冬天再扣棚。

第八节　大棚青韭栽培

用塑料大棚栽培韭菜可满足春淡蔬菜市场的需要，其栽培要点是：

一、品种选择

选择耐寒、生长势强、耐弱光、高产、汁多味辣的宽叶型品种。如 791 雪韭、平韭四号、赛青等。

二、播种及苗期管理

4 月上旬在畦中穴播，行穴距 20 厘米，每 667 米² 用种 2.5～3 千克，盖草或薄膜保温、保湿，播后苗前可喷 33％除草通乳油防除杂草。苗期加强管理，喷水追肥、中耕除草、平畦培根，雨季排水防涝，扣膜前不收获，使植株积累较多养分。

三、扣膜保温

霜后韭菜回根，进入休眠，扣膜前除去枯叶残茎，12 月下旬扣膜，膜内可扣小弓棚，外温低时，小弓棚上加盖草帘保温。

四、扣棚后管理

扣棚后在行、穴间施蒙头肥，苗高6～7厘米时灌水追肥，保持畦面湿润，以后每收获1次都要追肥、灌水。追肥要在韭菜萌发后进行，收获前再追肥1次。棚内气温控制在白天20～22℃，晚上15℃，阴天要通风排湿，外温低时可撒草木灰降湿，注意防病、防蛆。

五、收获

收获前加强通风透光，以提高韭菜品质，株高23～25厘米时于清晨收获，一般可收4～5刀。

六、拆棚及管理

拆棚后要覆土培根，防止跳根，抽薹开花时要去薹，以免消耗养分，同时施肥灌水，增施磷、钾肥，使韭根茎健壮，积累较多养分，供下年生产。

第九节 温室青韭栽培

韭菜在温室中经常作青韭或囤韭栽培。青韭的栽培方法是：新建的温室在10月中旬完工后，要晾一下，以免室内过分潮湿。苗畦东西行向，韭菜宽幅垄栽，少留走道以增加栽植面积。当韭菜植株冬季回根时应及时刮毛、搂松表土，以防土壤板结，同时盖薄膜增温，夜间盖草帘防寒、保温，促苗生长。温室栽培青韭的播种、育苗、栽植、培土、水肥管理、收获等同露地韭菜栽培。

一、温室结构

韭菜温室有日光温室和加温温室两种。日光温室由后墙、山墙、后屋面、骨架、薄膜、草帘等组成，热源来自阳光，加温温室兼有加温设备。温室一般东西走向，南北跨度 8～9 米，宜建在地势开阔、高燥、交通方便、阳光充足、易排灌和土壤肥沃的地方。冬茬韭菜在高寒的黑龙江、吉林、内蒙古宜在加温温室栽培。由于韭菜品种的休眠习性不同，可分为需休眠的养分回根韭菜和不需休眠的养分不回根韭菜连续生产两种方式，都要求养好根，才能获得高产。

二、养分回根栽培技术

（一）秋季养根

入秋后，天气晴朗，光照充足，光合作用旺盛，根茎、鳞茎积累养分多，是韭菜养根的重要时期，应加强肥水管理。可在 8 月下旬至 9 月下旬的 1 个月内每隔 10 天追肥 1 次，每 667 米^2 分别顺水施入硫酸铵 15～20 千克，或人粪尿 5 000 千克，2 次施肥之间再浇水 1 次，使地面湿润，肥料充分吸收。10 月以后要控制水分，土表要见干见湿，不旱不浇水，以免韭菜生长过旺、延迟休眠。此外，2 年以上的植株要及早拔除幼嫩花薹，以免消耗养分，及时用药灌根防蛆等。

（二）扣膜前准备

扣膜前根据天气情况和土壤墒情，在土壤处于夜冻日融时灌冻水，随水灌入稀粪和复合肥，以供扣棚后头刀韭菜生长需要。并用铁耙搂去菜畦枯叶，南侧临时加一道风障遮阴，加速床面封冻，使韭菜提前进入休眠。

（三）扣膜

扣膜时间是影响韭菜产量、效益的重要因素，早了韭菜尚未休眠，叶中养分未转运到根茎，影响产量，晚了收割晚影响产值。一般当日平均气温 1℃ 左右。辽宁省于 11 月中旬，河北省于 1 月上旬进行扣膜。

（四）扣膜后管理

土壤化冻后，搂净韭菜残茎枯叶，携出棚外，尔后扒土晒根，用四齿钩深松土，扒开垄，露出韭菜鳞茎晒根，可使土壤疏松、打破休眠、提高根际温度，并可暴露根蛆，用药杀灭。

（五）温、湿度控制

棚内白天温度控制在 18～20℃，高于 25℃放风，降至 20℃闭风，夜温控制在 8～12℃，不能低于 5℃，0℃以下叶尖就要受冻，致叶鞘发白。棚内相对湿度控制在 70%～80%。管理方法是：扣膜后初期，温度可高些，以促进化冻，中后期注意调控。一般白天揭开草帘后就可放风排湿，如外温低，放湿气后要闭风防止降温，中午气温超过 25℃时再放风，严寒时只放小风或不放风，温度不足可通过人工加温或夜间扣小弓棚或多层覆盖保温。立春以后，室温回升要注意通风。

（六）培土及水肥管理

扣膜后韭菜未出土前，可薄施 1 次腐熟的有机肥，以提高土温和增加土壤有机质。韭菜开始萌发时，要中耕垄沟，耙平，等待出苗。苗高 10 厘米时培土 1 次，苗高 20 厘米时第二次培土。头刀一般不灌水，因冻水已能满足韭菜萌发生长的需要，但在收获前 4～5 天，可选择晴天，在垄沟里每 667 米^2 施硫酸铵 15～20 千克，随后灌水，可提高产量，提早收获，并为第二刀韭菜的萌发提供条件。以后每刀韭菜生长期间可根据情况追肥灌水 1～2 次，一般在苗高 8～10 厘米时追肥灌水，收获前 5～7 天再次追肥灌水，每次用硫酸铵 15～20 千克。切忌收获后立即灌水，以免伤口未愈合而遭病菌侵染导致腐烂。此外，每次收获清茬后要施 1 次腐熟有机肥，尔后耙平。每次灌水后要及时松土和培土，将行间土培到韭株上，培土高 3～4 厘米，随着韭菜生长还需培土 2～3 次，培成 10 厘米的小高垄，以利于灌水及行间通风透光，提高地温，减少病害，并软化假茎，增长韭白，提高品质，便于收获。

（七）收获

秋季主要是养根不能收获。如根系壮，温室保温好，11 月中旬扣棚，元旦可收第一刀，春节收第二刀，满足"两节"需要。收获时下刀部位以鳞茎以上 3~4 厘米处为好，过高过低均不宜。

三、养分不回根栽培技术

（一）品种

选用不回根休眠的品种，如杭州雪韭、河南 791、犀浦韭菜等，这类品种不需要长期培养根株，休眠时养分贮藏在整个植株内，不转运到地下根茎内，但必须健壮，才能获得较高的产量。

（二）播种后的夏秋管理

春、夏播均可，春播于 4~5 月平畦条播育苗，6~7 月移栽。夏播于 7 月上中旬直播于温室，注意灌水、排涝、覆盖、遮阳，加强夏秋管理，及时松土培垄、灌水施肥，一般不收获，如生长过旺，株丛倒伏，可剪去叶梢 10 厘米，控制土壤水分，避免徒长。

（三）扣膜及管理

扣膜时间华北于 10 月中下旬，冀南部于 10 月下旬至 11 月上旬。扣膜前 6~7 天可收获 1 次，收获后 3~4 天当韭菜发芽未转绿时，选择晴天及时扣棚。当时外温尚高，前屋面、后墙窗户要保持昼夜对流通风，不要使室温超过 25℃。随着气温的下降，减少通风，从昼揭夜盖到盖严，白天不超过 25℃，夜间保持 5~10℃，低于 5℃时覆盖草帘保温，同时加强肥水管理，使产品柔嫩鲜绿。

（四）收获

扣膜后可收 2~3 刀，前两刀刀口不宜过深，最后一刀可深些，收后要刨根倒茬，种植瓜果类蔬菜。

第十节　韭菜软化栽培

韭黄和多色韭的生产都属于软化栽培，在生产中应注意以下几点：一是要预先培养健壮的植株，具有硕大饱满又坚硬的鳞茎，以保证有充足的养分供应韭黄的生长；二是要有生产设施，如遮阳网、遮阴棚、窖等；三是在窖中韭黄生产中，昼夜温差不宜过大，基本掌握在萌发阶段 20℃ 左右，生长阶段 12～18℃，收割前一段时间 10℃，以促进植株快速生长，但温度不能太高，以免植株生长瘦弱；四是窖中保持较高的空气湿度和土壤湿度，同时又要针对不同设施注意通风，以免管理不善出现烂窖现象；五是必要时可以适当补充肥料。

一、黄淮海地区窖栽韭黄技术

韭黄是利用韭菜鳞茎内贮藏的养分，在一定的温湿度条件下，经无光软化栽培而生产的一种蔬菜。韭黄以色泽金黄、清新柔嫩、芳香可口而成为冬春缺菜季节的蔬菜珍品，备受人们喜爱。

韭黄栽培主要分大田栽培和窖内培育两个阶段。大田栽培同露地韭菜栽培；窖内软化培育韭黄，宜选用叶片宽、平、厚，耐热性强，即在炎热夏季仍能正常生长，有利于根部积累养分的品种。

（一）培育壮株

用于培育韭黄的根株主要是露地培养的当年韭根，一般早春育苗，麦后移栽，冬前起根入窖。

（二）建窖

窖地的选择应注意选在地形高燥、避风向阳、土质沙性的地段作窖。建窖前备足窖材，一般 1～2 分移栽地应准备棒材 2～3 根（棒长 3 米以上）和长 3 米、宽 1.5～2 米的笆簿或苇子材等。窖的大小以深 85～90 厘米，宽 2.5～3 米，长 4～5 米为宜。此窖可排 333 米² 地根茎。若种植面积大，不可随意加大建窖面积，韭窖过大过深，温度不易上升。窖底必须为沙底层，其沙层厚度不得少于 20～25 厘米，否则，应另铺沙底。窖挖好后，要搭棒铺顶，棒距不能大于 0.5 米，然后用笆簿或秸秆铺顶，再用长草滚蘸泥浆漫顶，不宜用纯泥浆封顶，以免影响酿热物产生的热量向窖内的传递。酿热物放在窖顶上即可。

（三）酿热物的配制

韭黄生产上多利用未经发酵的牛、马粪，或碎稻草、麦秸、树叶、酒糟等作为酿热物，并加适量的氮素和生石灰，经微生物分解后产生热量，供韭黄生长。一般每立方米酿热物加尿素 1.5～2.5 千克，生石灰 2～3 千克，掺拌均匀，以中和微生物的酸性代谢产物，促进微生物活动。一般每 667 米² 大田需准备酿热物 10～15 米³。

（四）起根

韭菜地上部受数次严霜后，叶片青枯，养分向鳞茎转移贮藏。用露地培养当年的韭根来培育韭黄，老龄韭根产量低。初冬韭菜回根后在土壤未冻结前，徐淮地区一般在 12 月上旬，当最低气温在-5℃左右时将韭根挖出。如韭黄要提早在元旦上市，起根可提前到 11 月上中旬。此时将地上部青韭收割上市，韭根入窖，但韭黄产量低，质量差。

起根前用锋利平头锨铲除地上部分（以地平为准），然后按垄起根，不要损伤根茎，保持根须根茎完整，以利萌发生长。把刨起的根茎抖净泥土，剪去过长须根，带入室内理顺。一定注意根茎顶端整齐，然后清除遗留残叶，捆把放入筐内，把子不宜过大，一般每 20～30 株扎成一把为宜，便于入窖。

（五）入窖排根

入窖前要打泥浆，泥浆最好随打随用。打泥浆以黏土为好，每 100 千克土加水 200 千克，在容器内搅拌均匀，调成糊状。泥浆浓度，一般将鸡蛋放在泥浆中露出 1/3～1/2 即可。过稀起不到保水供水作用，过稠易缺氧烧窖。泥浆蘸根是生产韭黄的一道重要工序，它具有保持鳞茎及根部内的水分，调节植株间温、湿度，维持浇水后在一定时间内的土壤含水量的作用。方法是将打好的泥浆运入窖内装进大盆，将根把轻轻放入浆中浸泡1～2分钟，浸透后取出，轻轻抖去多余的泥水，随机入窖排根。排根先从窖内一角开始，向窖门处排，并在窖门四周留出20厘米宽的台阶，以避免靠近窖壁温度低，四周韭黄生长缓慢的现象发生。排根做到上齐下实，便于采收。排好韭根后浇水、封门、覆盖酿热物。

（六）窖内温湿度管理

韭根入窖后，窖顶覆盖酿热物15厘米厚即可（早窖元旦上市，前期可不覆或少覆酿热物），保持窖温（测量窖内中央空间位置的温度）。在韭根入窖的第二天中午，每平方米喷洒水（10℃左右）5千克，促其发芽生长。当韭黄长到6～7厘米时，每平方米再浇温水5～6千克，浇后用竹竿将叶上的水滴轻轻抖掉，并增覆酿热物到25厘米厚左右，保持窖温14℃左右。当苗高13～15厘米时（入窖后15天），浇最后一遍水，方法同上。然后再增加酿热物厚度，保持窖温平均每3～4天上升1℃。整个生长期间，窖温只能上升不能下降，否则会因温度降低，水汽变成水滴落到韭黄上，造成烂窖。但温度最高不能超过22℃，否则茎叶比增加，产品质量下降。一般应控制在10～18℃为宜。

在韭黄生长期间，若遇低温多雨天气，应做好增温降渍工作。增温的方法除加厚酿热物增设挡风棚外，还可在窖顶覆盖酿热物的四周各挖一个1米见方的坑，挖到稻草泥巴处为止。在坑内放入饼肥、新鲜马粪和水的混合物，使其迅速发酵升温；也可在坑内放入一半马粪后上半部放柴草点燃增温。当柴草燃烧时，用马粪埋闷，中间留小孔做烟道，1小时后堵死烟道，即可达到增加窖温的目的。防渍害时，除在窖地上部挖好排水沟外，还应在窖内四角挖"降水井"，排除窖内积水。如以上增温降渍措施仍不能奏效，应立即采收韭黄，查明原因，及时改进，准备下茬生产。

（七）采收

韭黄生产一般可采收三茬。头茬产量高、质量好，在正常窖内管理的情况下，早窖经 25～30 天，常规窖须经 30～40 天。韭黄长相为叶上部 2/3 叶色鲜黄，下部 1/3 叶色淡黄偏白，叶长可达 35～40 厘米，叶片厚实，水分充足，叶片挺拔，即可收割。收割时，应选晴天上午，用尖镰刀从一侧顺次平割，注意不要伤害根茎上端，避免影响下茬产量。存放时不要弄乱，以每把 2～2.5 千克为宜。出窖后，于背风处按把排放，刀口朝阳，晾晒约 1～2 小时，促进刀口愈合，待刀口处无水渍即可包装出售。

头茬采毕，打开窖门，凉窖一天，降低窖内温、湿度。第二天每平方米洒水 6 千克，细土 4～5 千克。并将窖顶酿热物全部去掉，换上新的酿热物，厚约 40 厘米，然后封门生产第二茬韭黄，经 20 天左右即可采收。此茬占总产的 30%。第三茬的管理同第二茬，经 18 天便能采收。采收三茬后，鳞茎内的养分已耗尽，不能再生产第四茬。

二、夏秋季韭黄软化栽培技术

（一）材料准备

准备一定数量的黑色塑料薄膜、作物秸秆、竹片、小竹竿等。

（二）地块选择

软化的韭菜最好是 2～3 年生的，春季收过青韭后，要施足肥料，早期以有机肥为主，每 667 米² 适当配合施磷钾肥 5～10 千克，使韭菜生长健壮而不徒长，如土壤干燥，可结合施肥浇一次足水。在韭菜软化前田间有灰霉病、白粉病、韭蛆、蓟马等病虫害，应抓好防治。

（三）培土割青

培土是使茎秆软化的主要措施，一般分 2 次进行：在苗高 50 厘米时进行第一次培土；约隔 10 天左右，割去上部青韭，再进行第二次培土。前后培土要求在 20 厘米厚。培土时需先施复合肥，一般每 667 米² 施复合肥 40 千克，再浇一次水。并结合施肥、浇水用 1 000 倍敌百虫等泼浇根部，防治韭蛆的为害。同时，清除田间杂草和老黄叶。

（四）软化时期

夏秋季韭菜覆盖软化时期在 8 月至 9 月下旬均可，但以 8 月底至 9 月中旬田间覆盖的产量最高，每 667 米² 产成品韭黄 1 000～1 500 千克。覆盖时间应在韭菜抽薹前或采薹后进行。

（五）搭棚遮阴

收割青韭后，当韭苗长到 10 厘米高时在畦上建棚架，覆上薄膜，再盖一层秸草，盖草厚度以不漏光为度。

（六）加强管理

软化期间的管理主要是保证棚架不透光和不淋雨。要注意经常检查，防止薄膜破损，秸秆和薄膜被风吹掉，如雨水过多淋入棚架内，会引起韭黄腐烂，造成产量和品质的下降。

（七）适时收割

当韭黄长到 35 厘米以上，顶端开始出现枯萎时及时收割。收割时先揭去草帘，将韭黄叶片扶向一侧，把土扒开至露出韭根时，即可平直收割。

三、地窖囤韭黄栽培技术

地窖囤韭又称韭窖栽培。北方地区应用较多，设备简单，温度稳定，无须遮光，受外界环境影响小，只需投入一些劳力挖窖就可生产，防空洞、矿井底层等处也可用来生产。

（一）窖的构造

选择地势高、地下水位低、避风向阳、土质黏合不易塌方的地方挖窖。窖的形状如同甘薯窖，口小膛大，口小可减少外界气温的影响，膛大可扩大栽培面积。窖口直径 0.7～1 米，深 0.8～0.9 米，窖身高 2 米左右，管理人员出入方便即可。窖底圆形，直径大小随土壤性质决定。土质疏松的宜小些，土质黏重的可大些，而且可在周围挖侧洞，以扩大栽培面积，窖底中央留一个高20厘米，直径60~66厘米的土墩，将窖底分成两个半圆形的栽培床，便于管理人员出入和操作。

（二）地窖囤韭栽培技术

1. 根株准备　用露地培养1~2年的韭根，老龄韭根产量低。初冬韭菜回根后，在土壤未冻结前将韭根挖出，挖时要少伤根，将根际泥土抖净，堆成圆锥形，盖上枯叶暂存，防止根系水分丢失。

2. 囤韭　将埋好的韭根按顺序紧靠畦内土埂紧紧囤入，防止浇水将韭根浮起。直径3米的栽培面可囤韭300千克左右，囤满后盖细沙13~15厘米厚。

3. 浇水　囤韭后浇水，水量应根据地下水位高低、土壤种类及土壤渗漏性等而定，以淹没根株以上3厘米水深为度，宜用比地温略高的井水灌溉，勿用河水或自来水，以免过分降低地温。

4. 加温　窖内由于四周都是土壤，窖口封严后地温能稳定保持在15~18℃。但囤韭浇水会降低地温。方法是封窖前用麦秸等1~1.5千克，置于窖内中心土墩上点燃，火旺时关闭窖口，因氧气缺乏，窖内之火能自灭，便可增加窖温，促进韭菜萌芽生长，如窖温过高，窗口可留通风口，等温度合适后再盖严。

5. 囤韭后的管理　每8~10天检查1次，看水分是否适宜，可取出韭株1~2株观察。如果根部颜色新鲜、充实、饱满，有柔润感，细根上黏附湿沙，表示不缺水，如根尖现红色、萎缩、枯瘦，黏附干沙易脱落，表示缺水，应补充水分。如根部水分下滴，表示水分过多，应加干沙，或在土墩处挖坑，积水排入后舀出。

入窖检查时，应防止缺氧致人窒息，打开窖口30分钟后，管理人员才能入窖，或吊油灯入内观察灯火是否熄灭，来判断窖内氧气是否充足,如灯灭说明缺氧。入窖检查应在晴天上午进行,以免低温侵入影响韭黄生长。

6. 收获 韭窖内温度较低,韭黄的生长速度较慢,囤韭后经 50 天左右才可收获韭黄,收割方法同上。第一茬收获后继续浇水追肥,让其生长。可收 3 茬,产量第一茬最高,在 3 米² 栽培床上,可收 120 千克左右,第二茬 60 千克左右,第三茬 30 千克左右。

四、五色韭栽培技术

五色韭是在露地利用麦糠覆盖(每 667 米² 需 150~200 千克麦糠,可使用 3 年),经特殊管理,使产品从基部到叶梢依次呈现白、黄、绿、红、紫 5 种颜色,色泽鲜艳、味道浓郁、产值高。其栽培要点是:

(一) 根株准备

选用适于扣韭栽培的北京大白根品种,宽垄墩植,墩距20~24 厘米,每墩 40~50 株,选择露地韭菜正常管理的 1~2 年生粗壮根株。

(二) 特殊管理

①在韭菜休眠后覆盖 3~4 厘米厚的园土或细沙土,使叶梢形成白色称"闷白"。

②尔后盖糠 30~40 厘米厚,经 20 天左右,选晴天上午 10 时把糠全部翻在临近畦上晾晒,13 时后再将晾晒的糠覆回原畦。第二天依同样方法翻晒麦糠,吸热保温,促进韭菜生长。到 2 月中旬,晒糠时间为 9~15 时,如有韭蛆可灌晶体敌百虫 1 000 倍液杀死。

③韭菜长到 7~9 厘米时开始"晾色",头茬韭菜从 10 时晾到 14 时,韭菜经低温显现紫色称"冻紫"。接着再在临近各畦交替进行晾色。尔后在畦内留 3~4 厘米厚的糠不晒,韭菜下部不见阳光形成黄色称"晒黄"。韭菜靠近麦糠的表层受蓄热麦糠的

影响，温度也较高，又得到阳光的照射形成绿色称"出绿"。同时，随着韭菜长高和不晒糠厚度的增加，绿色和红色部分上移称"赶红"。

④经上述反复晾糠，韭菜依次形成了白、黄、绿、红、紫5种颜色。为了赶早上市，头刀经4次晾糠，4次赶色，就能收割。头茬韭菜每667米²收600千克左右。然后经过重复上述生产过程，45～50天收第二茬，每667米²可产800千克左右，以后收回麦糠，撤掉风障，按青韭方法生产。

五、三色韭栽培技术

（一）设施及时间

利用风障和草帘，在栽培畦南北两侧置砖块或土坯，并用竹竿南北向支撑于土坯上，随韭菜生长提高砖块高度，支撑草帘不压韭菜。华北地区11月下旬韭菜休眠后覆盖，春节前可上市。

（二）特殊管理

1. 养根　选用品质好、产量高、叶肥大的大黄苗等3年健壮、无病虫害根株，春季壮苗，秋季养根。

2. 建风障、浇冻水　利用高粱、玉米秸秆、小竹竿、芦苇等埋立于菜畦北侧，编成篱笆，遮挡北风，提高温度。篱笆后面加一层稻草等作披风，可提高防寒、增温效果。风障一般东西延长，略向南侧斜成75°角，长度随地形而定。风障前可建宽1.5米，长8.3米的畦3～4个。每道风障的南北间距6～7米。一般在韭菜已回根而地面未冻结时建立。同时浇足冻水。

3. 覆盖　为赶早上市，畦上覆盖4层草帘，使地表温度保持在5℃左右。掀草帘的时间随外界气温而定，12月中下旬至翌年2月初晚揭草帘。并随韭菜生长，加垫砖块抬高竹竿和草帘至40厘米，保护韭菜生长。

4. 中耕、培土　覆盖7～8天，地表化冻后中耕1次，从覆盖之日起，每 3～5 天中耕 1 次，韭菜出土后株间要中耕 1 次。随着韭菜的生长，培土 2～3 次，最后形成垄高 15～20 厘米。第一刀韭菜生长期间不浇水、追肥，第一刀 3～4 天后再浇水，进行第二刀管理，方法同上。

5. 收获 春节前后收第一刀，每 667 米^2 收 300～400 千克。收割后平土垄。第二刀在 3 月上旬，第三刀在 3 月底收割，以后转入露地栽培。

第十一节　四季薹韭栽培技术

四季薹韭是江苏省铜山区一农民从当地农家品种"马鞭韭"中发现的变异株，后由铜山区农业局科技人员通过系统选育出的薹叶兼用型韭菜新品种。该品种具有抗逆性强、分蘖多、出薹早、薹期长、产量高、品质好等特点。一般年产青韭 1 400 千克，韭薹 2 800 千克。

一、适期早播育壮苗

培育壮苗是高产的前提。一要精细整地，施足土杂肥。苗床要选择通风、排灌方便的壤土或砂性土壤。一般每 667 米^2 施土杂肥 5 米^3、过磷酸钙 25 千克左右；二是要适期早播。当地温稳定在 10～11℃时（清明节前后）即可播种；三要改撒播为宽幅条播。过去一直沿用撒播和条播两种方法，条播虽然有利于田间管理，但不利于提高秧苗素质，常出现挤苗现象；撒播虽有利于提高秧苗素质，但不利于田间管理。宽幅条播既有利于提高秧苗素质，又可达到培育壮苗的目的，同时配合地膜覆盖。既可保温、保湿，又有利于苗早、苗全、苗壮；四要严格掌握播种量。每 667 米^2 苗床用种量 3～3.5 千克，可栽种大田 0.67～1 公顷；五要加强苗期管理，做好浇水、施肥、间苗、除草、防地蛆、蹲苗等工作。

二、早栽稀植促早薹

（一）精细选地，整地施肥

移栽韭菜的地块，以土质深厚、肥沃、疏松、排灌方便的土壤为宜，移栽精细整地，每 667 米^2 施有机肥 5～6 米^3。

（二）适期定植

薹韭苗岭在 80 天左右，苗高 20～25 厘米，5～6 片叶时定植。

（三）严格掌握定植密度

在行、穴距一定的情况下，花薹及青韭产量随穴栽株数的增加而降低。穴栽株数过多，易拥挤影响青韭和花薹质量，造成韭叶细弱，花薹细，纤维增多，产量降低。定植密度一般以行穴距 40 厘米×8～10 厘米，每穴 1～2 株为宜。

三、加强管理增产量

定植后的管理要围绕"养根壮秧"，为来年搭好丰产架子。主要有浇水、追肥、排涝、除草、治蛆等措施。如果韭菜苗生长健壮，肥水充足，菜地换茬时间短，当年也可扣棚。但是如果当年移栽的韭菜生长量少，就不能扣棚，而应进行露地越冬，在叶片枯萎后，浇足冻水。在春季管理中，最重要的一项就是培土，以维持韭菜高产稳产，延长寿命，防止倒伏。如不及时培土，韭根的上跳会造成新生分蘖和根系逐步接近地表，根系就会受旱或受涝，养分供应便不及时，长势弱，叶片倒伏。培土的方法是在春季选晴天中午把土均匀撒在畦面，也可把培土改为施粗肥。夏季管理中心是养根，积累养分，为保护地生产打下基础。主要措施是排水防涝、及时除草、摘除花薹、适当追肥。在秋季管理中，要增加水肥供应，减少收割次数，及时扣棚，转入保护地生产。

扣棚前后保护地栽培要做好以下几点：一是扣棚时间。扣棚应在韭菜充分回根后进行，一般 12 月中下旬扣棚。二是培土。一般在第一刀收割前培土 2 次，第一次在青韭长到 7～8 厘米时开始，这次可适当高些，以不过韭菜叶鞘为宜；第二次在青韭高 15 厘米左右时开始培土。第二刀收割前培土 1 次，在收割前 4～5 天进行，不宜过早，以免青韭腐烂。三是追肥。在扣棚前施足基肥的基础上，从扣棚到第一刀收割时不要追肥。第一刀收割后要及时追肥，追肥要以优质的有机肥为主。四是温度管理。扣棚初期，由于气温低，要以保温增温为主，一般不需通风。在第一刀收割后，外温逐渐回升，当气温达到 25℃以上，可先从棚两端放风，以免冷风直接吹在韭叶上。第二刀收割后，外温更高，放风量逐渐加大。五是及时防治病虫（见病虫害防治部分）。

四、适时采收

在露地栽培条件下，为了能早抽薹，一般春季不收割韭菜，加强管理，养根壮秧，促进分蘖，早抽薹，增薹量。在保护地栽培条件下，2 月下旬至 3 月上旬抽薹，这个时间之前还可以收割两茬韭菜，第一刀收割在扣棚后的 30 天左右，株高 20～25 厘米时进行；第二刀收割在第一刀收割后 20 天左右。收割两茬过后，要加强肥水、温度管理，促进营养生长，促薹早出、多出。早期产量较低，一般 3 月中下旬首次采薹。

第五章

葱类生产配套技术

葱类主要包括大葱、分葱、胡葱、细香葱、楼葱等变种。由于它们都具有特殊的辛辣气味,所以也称辛辣类蔬菜,又由于它们大都形成鳞茎亦称"鳞茎类"蔬菜。大葱、分葱、胡葱、楼葱等为我国原产。

葱为百合科葱属的多年生草本植物。北方栽培与食用以大葱普遍,而南方却以分葱及香葱较多。差不多所有原产的葱属植物其基本染色体数均为 X=8,为二倍体(2n=16)。

葱类产品含有碳水化合物、蛋白质、维生素 C 和磷,不仅营养丰富,而且由于其叶片细胞中含有硫化丙烯,因而具有辛辣芳香气味,生熟食均优,并有一定的药用价值,具有增进食欲,防止心血管病的作用。

第一节 植物学性状

为了适应原产地的环境条件,葱类演化成具有较弱的根系、短缩的茎盘、膜质的外叶鞘及管状叶片。

一、根

葱类为须根系,其白色弦线状肉质须根着生在短缩茎上,并随着外层老叶的衰老、枯死陆续发出新根,发根能力较强。葱类为浅根系作物,须根一般粗 1~2 毫米,长达 50 厘米,数量随株龄增加,生长盛期须根可达百条。根群主要分布在表土 30 厘米范围内。葱类根系的再生能力很强，但是根的分枝性差，正常生长状态下侧根发生较少，根毛稀少。葱类吸水肥能力弱，要求土壤疏松肥沃。葱类根系怕涝，在高温高湿或水淹的环境条件下容易坏死，丧失吸收功能。在深培土的情况下，葱类的根系不是向下延伸，而是沿水平方向和向上发展，80％的根系量都在葱白四周 20 厘米范围内。

二、茎

葱类为短缩茎，长度在 1～2 厘米，圆锥形短缩茎先端为生长点，黄白色，是新叶或花薹抽生的地方。叶片在生长锥的两侧按 1/2 的叶序的顺序相继发生。葱类在适合生长的条件下，叶片在短缩茎上不断发生，一旦花芽分化，或生长点遭到破坏，就不再分化新叶，在内层叶鞘基部可萌生 1～2 个侧芽，并发育成新的侧芽葱，最终长成新的植株。随着植株生长，短缩茎稍有延长，茎具有顶端优势，分蘖少，但是当营养生长到达一定时期，通过低温春化后，生长点停止叶芽分化，转为分化花芽，再遇到长日照条件就抽薹开花，进入生殖生长阶段。

三、叶

葱类叶片包括叶鞘和叶身两部分。在叶鞘和叶身连接处有出叶孔。叶身为管状中空，叶身顶尖，叶肉绿色，叶表有蜡粉层，叶的中空部分是由海绵组织的薄壁细胞崩溃所致，而幼嫩的葱叶内部就充满白色的薄壁细胞，在叶身的成长过程中，内部薄壁细胞组织逐渐消失，成为中空的管状叶身，表面有蜡粉。葱叶的下表皮及其绿色细胞中间充满油脂状黏液，能分泌辛辣的挥发性物质，水分充足时黏液分泌量多。叶鞘位于叶身的下部，叶片呈同心圆状着生在短缩茎上，将茎盘包被在叶鞘的基部。幼叶藏于叶鞘内，被筒状叶鞘层层包合共同形成假茎。新叶鞘总比老叶鞘长。葱类的假茎由多层叶鞘包合而成，中间为生长锥。葱叶在生长锥的两侧互生，叶片的分化有一定的顺序性，内叶的分化和生长以外叶为基础，在生长期间，随着新叶的不断出现，老叶不断干枯，外层叶鞘逐渐干缩成膜状。葱类叶片的光合效率除与品种有关外，更主要是受叶龄影响，在不同部位的叶片之中，以成龄叶的光合效率最高，幼龄叶的光合效率低。所以延长外叶的寿命对提高葱产量具有重要作用。

　　大葱筒状叶鞘层层包合共同形成假茎，俗称"葱白"。葱白的长度主要受品种影响，与培土也有密切关系，通过培土，为假茎创造黑暗和湿润环境条件，不仅使叶鞘有一定程度的伸长，还能软化葱白，提高品质。新叶从相邻老叶叶鞘的出叶孔穿出，随着新叶不断发生，老叶由外向内逐渐干枯、失水，外层叶鞘则干缩成膜状。立秋前后，大葱进入旺盛的生长期，也是葱白形成的重要时期，叶身的养分逐渐向叶鞘转移，并贮存于叶鞘中，叶鞘成为大葱重要的营养贮藏器官，具有贮藏养分、水分、保护分生组织和心叶的作用。秋大葱的产量和质量主要决定于葱白的长度和横径，而葱白的长度主要决定因素在于品种的特性，长短和粗细因品种而异，与环境条件、栽培技术也有一定的关系。适当的培土也可增加葱白的长度和横径，提高大葱的商品品质。

　　分葱为普通大葱的变种，植株矮小，假茎细而短，以食嫩叶为主。葱叶细长，深绿色，辣味浓，品质好。

　　胡葱叶淡绿，比大葱叶细而短，茎短缩呈盘状，叶长15～25厘米。

　　楼葱属于葱的一个变种，植株直立，食用部分为短小的葱叶和葱白，叶鞘外皮红褐色，内层白色，辛辣味强。

四、花

　　大葱完成阶段发育后，茎盘顶芽伸长抽生花薹，花薹绿色、被有蜡粉层、圆柱形，基部充实，内部充满髓状组织，中部稍膨大而中空，能够起到叶片的同化功能，其横径和长度因品种特性和营养状况而异。花薹粗大结籽数量较多。花薹顶端着生伞形花序，花序外面由白色膜质佛焰状总苞所包被，内有小花几百个不等，为两性花，小花有细长的花梗，花被片白色，6枚，长7～8毫米，披针形；雄蕊6枚，基部合生，贴生于花被片上，花药矩圆形，黄褐色；雌蕊1枚，子房倒卵形，上位花，3室，每室可结2籽，花柱细长、先端尖，柱头晚于花药成熟1～2天，并长于花药，未及时接受花粉则膨大发亮并布满黏液，柱头有效期长达7天，柱头接受花粉后迅速萎蔫，花粉管开始萌发。属虫媒花，异花授粉，自花授粉结实率也较高，所以采种时要注意不同品种之间的隔离。一般来说，花序顶部的小花先开，依次向下开放，持续15～20天。

胡葱晚春开花，花茎中空，花淡紫色，不易结子。

楼葱其花器变异，当花薹生长到33～50厘米高后，不开花结籽，而形成许多气生鳞茎，萌发成许多小葱，继续伸长20厘米左右，其顶部又生小鳞茎，这样重叠成楼状，故称楼葱。

五、果实和种子

葱类的果实为蒴果。蒴果幼嫩时绿色，成熟后自然开裂，散出种子。由于一个花序上小花开花时间的不一致性，果实和种子成熟期也不一致，为提高种子质量，可在花序上有1/4种子变黑开裂时采收，并阴干后熟。葱类种子为黑色、盾形、有棱角、稍扁平，断面呈三角形，种皮表面有不规则的皱纹，脐部凹陷。种子千粒重3克左右，常温下种子寿命1～2年。生产上宜用新种子。种子种皮坚硬，种皮内为膜状外胚乳，胚白色、细长呈弯曲状，发芽吸水能力弱。发芽出土过程比较特殊，贮藏养分少。

第二节　生长发育特性

葱类属2年生耐寒蔬菜，其完整的生育周期大致可以分为营养生长和生殖生长两个时期，经历发芽期、幼苗期、假茎（葱白）形成期、休眠期、抽薹开花结籽期等生长阶段。不同的品种各个时期又有明显的差别。

一、营养生长期

葱类营养生长经过发芽期、幼苗期、假茎形成期、贮藏越冬休眠期 4 个阶段。

（一）发芽期

葱类从种子、鳞茎或分株萌动露出胚根到长出第一片真叶为发芽期。胚根、叶的生长，由种子、鳞茎或分株中的胚乳、鳞茎或分株供给营养，几乎不需要外界营养。但在末期应及时供给外界营养，有利于由发芽期向幼苗期过渡。子叶弯钩拱出地面称"打弓"，继续生长，子叶尖端伸直称"伸腰"或"直钩"。整个发芽过程在适宜的条件下需 10 天左右。鳞茎繁殖需要打破休眠期，而分株繁殖则没有休眠期。

（二）幼苗期

葱类从第一片真叶长到定植为幼苗期。幼苗出土后，叶片开始生长．制造养分，进行自养生长。葱类幼苗期和以后的生长没有明显的生理和形态标志，均以定植为界限。

幼苗期因播种时间而异，北方秋播大葱幼苗期长达 8~10 个月。越冬期的幼苗，因气温较低，生长量小，需肥量也较少，在苗床施足基肥的情况下，一般不需再施肥。多施肥反而易造成幼苗过大，而发生先期抽薹现象，或使幼苗徒长而降低越冬能力，不利于培育冬前壮苗。冬前壮苗标准是：平均单株高 10 厘米左右，有 2 片真叶，1 片心叶，幼苗鳞茎基部直径不超过 0.3 厘米，苗壮而不过旺。为确保幼苗安全越冬，可在"大雪"前后，盖施 1 厘米厚的碎马粪、草木灰或细厩肥等。在越冬期，葱处于休眠状态，生长极为微弱，一般不需要营养。

（三）假茎形成期

大葱从定植到收获，为假茎形成期。此期可分为 3 个阶段。

1. 缓苗越夏期　大葱定植后发出新根，恢复生长，到旺盛生长前为缓苗越夏期。大葱定植后，缓苗期一般为 10～15 天。如果气候适宜，即可开始旺盛生长。但夏季定植缓苗后，正处高温，气温高于 25℃，植株生长缓慢，叶片寿命较短，每株功能片仅 2～3 片。直到日平均气温降到 25℃ 以下，才能旺盛生长。因此，缓苗越夏期的长短与定植期和高温时间有关，一般约需30～60 天。

2. 假茎形成盛期　越夏后气温降低，在气温 13～25℃ 条件下，植株旺盛生长。这时叶片的寿命长，每株功能叶增至 6～8 片，而且每叶依次增大，制造大量有机物质贮于假茎中，使假茎迅速伸长和加粗。此期是大葱生长速度最快的时期，需 60～70 天。

3. 假茎充实期　从全株重量达到最大限度，到假茎重量不再增加，管状叶开始衰老为假茎充实期。假茎充实期开始多为霜冻后，旺盛生长均停止，叶身和外层叶鞘的养分向内层叶鞘转移，充实假茎，使大葱的品质提高。

（四）贮藏越冬休眠期

大葱长成进入冬季，寒冷地区供食用的植株收刨贮藏；作种株的收刨贮藏越冬，不太寒冷的地区也可就地越冬，并在此期通过春化阶段。

以上 4 个时期是大葱的典型生长时期，其他葱类与之类似，只是时期长短有所不同。如分葱与香葱，以食叶为主，生产中假茎充实期与休眠期时间很少或没有。

二、生殖生长期

葱类绿体通过春化，形成花芽，在高温长日照下进入抽薹期、开花期、种子成熟期。

（一）抽薹期

花薹从叶鞘抽出到破苞开花，主要是进行花器官的发育。葱类花薹绿色，有较强的光合作用，光合强度高于同株叶片 4 倍，对种子产量有极大的影响。

（二）开花期

花球总苞破裂后，小花由中央向周围依次开放，每一小花花期 2～3 天，同一花球花期约 15 天。早期花常因低温霜冻影响受精，后期花常遇到干热风、阴天影响种胚性能，中间一段时期花的发育较好。

（三）种子成熟期

同一花序各花开放时间有先后，种子成熟时间也不一致，从开花到种子成熟需 20～30 天，后期温度高，种子成熟快，但饱满度较差。种子成熟后，应分期剪下花球，脱粒、晒干收藏。

第三节　对环境条件的要求

总的来说，葱类在营养生长阶段要求凉爽的气候、适宜的水分、肥沃的土壤、中等的光照强度，在休眠期要求低温，以通过春化阶段。一般品种在第二年长日照下抽薹开花。

一、温度

大葱在营养生长期间，既抗寒又耐热。有效生长的温度范围为 7～35℃。种子在 2～3℃温度下发芽缓慢，在 13～20℃的温度下发芽迅速，7～10 天即可出土。植株生长的适宜温度为 19～25℃，低于 10℃生长缓慢，高于 25℃生长不良，植株细弱，叶身发黄，形成的叶和假茎品质差。通过春化的最适温度为 2～7℃。抗寒能力极强，地上部在 -10℃的低温条件下不受冻害。其抗寒能力取决于品种特性和植株营养物质的积累。幼苗过小，耐寒能力低，经过锻炼或处于休眠状态的植株，耐寒能力显著提高。所以秋播育苗，播种过早，越冬时幼苗较大，抽薹率高；播种过晚，越冬时幼苗很小，抗寒能力低，容易死苗。

分葱性喜冷凉，耐寒性强，适宜生长的温度为 12～23℃，在 25℃以上的高温和强光下老化速度加快，产量低，品质下降，在－5℃以下的低温下生长缓慢。

香葱耐寒、耐热性较强，四季均可种植。最适生长温度为 18～23℃。

胡葱抗寒力强，耐热力较弱，生长适温在 22℃左右，温度下降到 10℃生长缓慢，高于 25℃时植株生长不良。

二、光照

葱类不耐阴，也不喜光，要求适中的光照强度，即中性光照。光照过强，叶片纤维增多，叶身老化，食用价值和品质降低；光照过弱，光合强度下降，叶身易黄化，影响营养物质的合成与积累，造成减产。植株达到一定大小后，由营养生长过渡到生殖生长，通过春化过程，在长日照条件下，花芽分化，抽薹开花。

三、水分

大葱叶片比较耐旱，根系喜湿，在生长发育期间对水分的要求并不十分严格。但水分不足，植株较小，辛辣味浓；水分过多，易沤根，造成死苗。大葱不同生育阶段对水分要求的特点不同。发芽时要求水分较多，只有保持土壤湿润，才能保证发芽出苗。幼苗生长前期，为防止徒长或秧苗过大，应适当控制浇水，保持畦面见干见湿。越冬前浇足冻水，保证安全越冬。春天返青后，为促进幼苗生长，要浇好返青水。进入幼苗生长盛期，为加快生长速度，应增加浇水次数和浇水量。定植后的缓苗阶段，若土壤水分不足，则缓苗慢；水分过多时易引起烂根、黄叶。此时应以中耕保墒为主，促进根系生长，加速缓苗。葱白形成期，需水量较多，注意保持土壤湿润，以提高产量和品质。收获前应减少浇水或不浇水，以提高大葱的耐贮性。

分葱叶片表面有蜡质，能减少水分蒸发，但根系无根毛，吸收肥水能力差，不耐涝。因此，在各生长发育期都必须供给适宜的水分，保持土表湿润。其他葱类的需水特点与以上两种葱类似。

四、土壤营养

大葱对土壤条件的适应性比较广，由砂壤土到黏壤土几乎都可栽培。所以在长江南北、中原、西北、华北，特别是东北，都有广泛的栽培，并且能够获得较高的产量。大葱在砂壤土上栽培，便于松土和培土，土质疏松，通透性强，容易获得高产。但是在砂质壤土地上栽培收获的产品，细胞壁木质化程度高，葱白粗糙松弛，外干膜层次多，不脆嫩，辛味重，不耐贮运。砂土地过于松散，培土后容易倒塌，保水保肥性差，产量低。黏土地不利于大葱发根和葱白的生长，植株纤弱，根系不壮，葱白细长，产量较低。但是在黏质土壤上栽培收获的大葱产品，组织细致结实，葱白洁白脆嫩。所以大葱高产优质栽培，对土壤条件要求还是比较严格的。一般以黏质壤土，耕层深厚；质地润松，有机质丰富，保水保肥力强，pH7.0左右，对大葱的生长最为适宜。生产上栽培大葱，适宜的土壤 pH 范围为 5.9～7.4，生育界限为 4.5。在酸性土壤上栽培大葱，应施用草木灰等有机肥进行土壤改良。

大葱类生育期长，产量高，需肥较多，要求土层深厚，土质肥沃，据调查，高产优质栽培的土壤条件是：20～50 厘米土层，土壤质地为黑褐中壤、粒状、润松、孔隙动物穴多，侵入体多，土壤含有机质 25.5 克/千克，全氮 0.83 克/千克，全磷 1.28 克/千克，碱解氮 60 毫克/千克，速效磷 15 毫克/千克，速效钾 58 毫克/千克，pH8.2，容重 1.17 克/厘米^3，总孔隙度 55.8%，通气孔隙度 18.9%，1～3 毫米颗粒结构 46.0%，土壤田间持水量 29.1%。栽培前一定要深翻土地，增施基肥，有条件的可增施葱类专用肥,并忌连作重茬,最好与禾本科、豆科或其他非葱蒜类蔬菜轮作 2～3 年。可推广使用"免深耕"土壤调理剂,实行少、免耕栽培,且土壤疏松,适于葱类生长。

分葱是喜钾植物,每生长 1 千克分葱须从土壤中吸收纯氮 3 克,氧化钾 3.5 克,五氧化二磷 0.6 克,在黏壤土上栽培,产量高,品质好。其他葱类需肥特性与大葱类似。

第四节 繁殖方式与采留种技术

一、葱类的繁殖方式

葱类的繁殖方式分为种子繁殖、分株繁殖、鳞茎繁殖 3 种方式。

(一)种子繁殖

种子繁殖是普通大葱、韭葱、小香葱繁殖的主要途径。植株分蘖力弱或不分蘖,能开花结实,靠种子繁殖。

大葱适应性强,耐寒,抗热,适于分期播种和栽培,除生产大葱(干葱)冬春供应外,其他季节均可生产,供应鲜嫩的香葱(小葱)。

大葱播期主要分秋播和春播。

秋播:各地播期不一,但越冬前的苗龄应控制在 40～50 天,具有 2～3 片真叶,株高 10 厘米左右,叶鞘径粗 0.4 厘米以下,这样既可避免或减少先期抽薹,也不致因苗弱而遭受冻害。

春播:北方地区多在惊蛰到清明之间,春播育苗时间短,可以增加复种指数,提高土地利用率,同时缓苗后生长迅速,不会发生先期抽薹现象。

大葱定植期多在芒种到小暑之间,以早期定植为好。定植苗以株高 40 厘米左右,茎粗 1 厘米以上为适宜苗龄。

韭葱采种者一般行秋播,幼苗越冬。入冬浇冻水覆盖越冬,3～4 月抽花薹。抽薹后少浇水,花球形成时适当加大浇水量,

开花后结合浇水追肥1次，以保持土壤潮湿，7月采收种子。

（二）分株繁殖

分株繁殖是分葱、香葱繁殖的主要方式。植株矮小，分蘖力强，是南方各省普遍采用的栽培方式。

1. 不开花的分葱 如江南一带的"冬葱"。于8月中旬分株栽植，每丛3～4株，每667米²栽8 000～9 000丛，到10月中旬开始采收。"冬葱"遇霜后地上部枯萎，以地下部越冬，到翌年春季又萌发新叶，于4～5月份可采收，到5月间，其叶鞘基部稍为膨大，地上部枯萎，可以全株拔起，晒干后挂藏越夏，到了8月份再重复栽植。

2. 开花不结籽的分葱 属于此类的分葱有细香葱和胡葱。在露地栽培条件下，一年中除严冬和酷暑外，都可进行分株繁殖。分株繁殖四季均可进行，一年中有4个分株繁殖时期。分别是3月下旬、5月下旬、8月中旬、11月下旬。移前将母株挖起，用手将株丛拔开，拔开的分株应有茎盘与根须，按12厘米×15厘米株行距定植，每穴2～3株，深2.5～3.0厘米，栽后及时浇好活棵水。

3. 开花结籽的分葱 以种子繁殖，春秋均可播种，也可用分株繁殖。属此类型的品种如杭州的春葱、宁波的霉葱等。

（三）鳞茎繁殖

鳞茎繁殖是胡葱、楼葱、薤等繁殖的主要方式。

胡葱喜冷凉的气候，抗寒力强，不耐炎热。种子和鳞茎能在3～5℃的低温下缓慢萌芽，温度达到12℃以上后发芽速度加快。鳞茎的生长膨大期则需20～26℃的较高温。在长日照条件下，较高的温度将促进鳞茎的形成和膨大。所以在我国南方温暖的地区，胡葱于冬春季生长茂盛，到夏季高温前形成较大的鳞茎，到高温期叶片黄化变软，鳞茎进入短期的生理休眠越夏。

楼葱植株直立，可连续分蘖产生许多气生鳞茎，萌发成许多小葱，生产上可利用其气生鳞茎不断繁殖生产。一般在6月中旬总苞开裂时连同花茎一起剪下，花茎长度为25厘米，然后每30支捆成一束，挂在通风背光处，翌年春季便可供育苗使用。如果在夏秋季节育苗，可在6月下旬至7月初总苞开裂、气生鳞茎充分成熟时随采随播。

薤多用鳞茎繁殖。播种前，选用形状整齐、肥大、分蘖少、无腐烂变质的鳞茎作种用。剔除个小、腐烂、伤残者。种鳞茎去除干叶，剪掉长根，保留1.6厘米长。留种应选优质高产田块，留田越夏，到种植前挖起，边挖、边选、边栽。也可延迟到7月，当地上部干枯时选晴天挖收，连同地上部枯叶捆扎成束，将符合种用标准的鳞茎放在通风阴凉处贮藏，到种植前再选分蘖较多、鳞茎较大而均匀、色白、无病虫伤的鳞茎留种。

二、采留种技术

不同的栽培方式、不同的栽培条件、不同的栽培目的对葱品种性状的要求各不相同。因此，应根据需要，搞好选种工作，选出适合不同栽培季节使用的优良品种。

冬用大葱选种，应在大葱收刨前和贮藏过程中进行。选留株形整齐、具有本品种特性、假茎紧实、无病虫害、健壮、产量高的植株。冬季单独贮藏，春季栽植前，再次株选，淘汰染病、假茎松软、不耐贮藏的植株。

羊角葱选种，要在早春进行。选留返青早、抽薹晚、低温条件下生长快的植株，原地隔离采种。

食用葱苗的品种，应在幼苗生长期间选择生长快、叶嫩品质好的葱苗，单独栽植，第二年隔离采种。

夏葱要从抗热品种中，选留夏季生长快的植株留种。

采留种方法根据繁殖方式可分为4种。种子繁殖用成株采种和半成株采种两种方法；分株繁殖用分株留种方法，鳞茎繁殖用鳞茎留种方法。

（一）成株采种

大葱植株从长出 4 个真叶以后，可随时在低温条件下通过春化阶段开始生殖生长。因此，可用于葱采种的种株，株龄长短可相差很大。用充分长成的大葱做种株采种，称为成株采种。成株采种法植株已充分长大，品种性状充分表现，便于严格选种，可生产原种和优质生产用种。其缺点是成本较高，生产周期较长。成株采种又分为下列 3 种方式：

1. 全株冬栽法 大葱秋播，翌年栽植，以秋季充分长成的葱植株作种株。在秋季生长期间在田间进行选择。

（1）选留优良单株做种株 收获时按品种特征在田间进行单株选择，要求植株生长健壮，管叶直立，葱白粗长，坚实，不分杈，无病虫害。山东大葱一般选择植株高大，葱白粗细上下一致、长而粗壮，叶片直立，叶肉肥厚，对叶或错叶，不分蘖，侧芽萌动迟，不抽薹，抗风，抗病力强的植株。

（2）适时栽植 种株的栽植时期分为冬栽和春栽。冬栽根系发育好，植株生长健壮，产量高；春栽多在春分至清明之间进行，生育期短，产量低。葱收后在田间晒半天，立即整株栽到有隔离条件的、不重茬的、预先整地做沟的田块里。沟宽（行距）50 厘米，沟深 25～30 厘米，沟内施足基肥，种株垂直栽于沟底，株距 6～10 厘米左右，每 667 米^2 栽 2 万～2.2 万株。随即培土成垄。培土后，假茎埋入土中 15～20 厘米。栽后立即浇水。土壤开始上冻时，再培土成高垄，只留 20～30 厘米的叶梢露出垄背。越冬期间，上叶逐渐枯黄，养分大部回流到葱白基部。

（3）抽薹开花期管理 翌年 2 月下旬，垄背有萌发的新叶时，标志着种株开始返青。要及时剪去上部 20 厘米的枯梢，平去培土。3 月中旬浇返青水。4 月底至 5 月上旬为盛花期，要及时追尿素或复合肥，每 667 米^2 15～20 千克。追肥不宜太多，以免花薹徒长倒伏。摘除侧生花薹，以免影响主茎生长。抽薹期应控制浇水，花期及时浇水，保持地面湿润，但要防止积水沤根。

开花期经常用人手抚摸花球进行人工辅助授粉，并注意防治病害。种子成熟后期减少灌水，促进种子成熟。

（4）适时采收　由于葱种子成熟时易脱落，所以5月下旬种子逐渐成熟，要分期采收，只要花球上有80%以上的种子成熟即可采收。收后放通风干燥背阴处晾干，切忌暴晒影响发芽率。晾晒几天后轻轻揉搓花球，脱出种子，充分晾干，装袋悬挂或瓷缸内贮藏。每667米^{2}可产种50～100千克。

2. 切葱春栽法　大葱收获时，挑选出优良的种株贮藏在窖中。翌年春季土地化冻后，取出种株，在葱白基部以上留25厘米处切去上部，放在阳光下晾晒几天，以促进抽薹。在留种田内施足有机肥翻地做沟。株行距同冬栽法。

种株栽植深度以露出葱心为准，栽后7～8天母株扎根后再浇水。抽薹期控制水分，结籽期适当多浇水，并追肥1次。抽薹后可立支柱培土，防止倒伏。出现侧生花薹要及时摘除，以免影响主花茎的生长。

切葱春栽法可进行耐贮性选种，种子质量又有所提高。其缺点是贮藏较麻烦，冬贮后养分消耗大，易染病，翌年生活力下降，栽到田间死苗率高，种子产量不高。

3. 就地留种法　大葱产品长成后，在生产田中选片，不收，仍留原地越冬，宿根留种。地冻前浇1次冻水。翌年管理同前述方法。这种留种法种株生长强壮，花球大，产量高，籽粒饱满，但由于未经过选择的机会，导致生物学混杂，纯度较差，种性退化。

（二）半成株采种

即株龄介于幼苗和成株之间的壮龄期，6～7月育苗，9～10月定植，第二年采种，种子成本较低。栽时去杂苗、弱苗、病苗、不符合品种特性的苗，畦穴栽或窄行沟栽，每667米^{2}栽苗4万株左右。越冬前浇冻水，翌年返青后的管理与成株采种同，每667米^{2}可收种子50千克以上。本法采种周期缩短1年，成本低，简便省工，但因未株选，纯度较差。

大葱、韭葱等以种子繁殖的葱都可采取以上 2 种方法采留种。对于不采收种子的分葱、胡葱、薤等葱类留种，可采用以下两种方法留种。

（三）分株留种

分葱和细香葱为普通大葱的变种，植株矮小，假茎细而短，分蘖力强，主要用分株繁殖。分株栽植在植株当年已发生较多分蘖、平均气温在 20℃左右进行为宜，长江流域一般均在 4～5 月和 9～10 月两个时期，具体依当地气温而定。栽前将留种田中的母株丛掘起，剪齐根须，用手将株丛掰开。栽植行株距分葱较大，细香葱较小。一般分葱行距为 23 厘米，穴距 20 厘米，每穴栽分蘖苗 2～3 株，栽深 4～5 厘米；细香葱行距 10 厘米，穴距 8 厘米，每穴栽分蘖苗 2～3 株，栽深 3～4 厘米。栽后浇足水，细香葱有时也结少量种子，可用于播种繁殖。栽植成活后浅锄，清除杂草；追肥为 10% 腐熟稀粪水或 0.5% 尿素稀肥水，667 米² 浇施 1 000～500 千克。由于葱类根系分布较浅，吸收力较弱，故不耐浓肥，不耐旱、涝，与杂草竞争力较差，必须小水勤浇，保持土壤湿润，并注意多雨天气要及时排除积水。栽植成活后开始分蘖，分蘖上可再抽生二次分蘖。一般在栽后 2～3 个月株丛已较繁茂，即可采收。如暂不采收，也可留田继续生长，陆续采收到冬季。或对每一株丛拔收一部分分蘖，留下一部分继续培肥管理，待生长繁茂后再收。

（四）鳞茎留种

胡葱鳞茎发达而成簇状，10～20 个，基部相连，可作繁殖材料。在选鳞茎时，方法同上，在具有品种特性的植株上，选择大、匀称色泽好的鳞茎贮藏。具体方法：8～9 月间栽植。畦幅 66 厘米，行距 20 厘米，穴距 8 厘米，每穴播鳞茎 2～3 粒。在植株生长期间须培土。冬前不收获者可进行一次分株栽植。5～6 月鳞茎成熟，每个母鳞茎可产生 10～20 个子鳞茎，地上部枯死时，挖收食用，或晾干挂藏在通风阴凉处，留作种用。

第五节　类型与主要品种

一、大葱

（一）长葱白类型

1. 章丘大葱　山东省章丘地方品种。植株高约 1 米，独葱不分蘖；管状叶细长，先端细尖，叶色鲜绿，叶肉薄；叶鞘（葱白、假茎）长达 50 厘米左右，粗约 4 厘米，葱白洁白美观。晚熟，抗寒力强，单株重 0.5 千克左右，葱白质地脆嫩香甜，每 667 米² 产约 2 500 千克。

2. 大梧桐　山东省章丘地方品种。株高一般为 1～1.4 米，最高达 2 米。单株有叶 7～8 枚，叶呈粗管状，叶肉略薄，叶端锐尖，蜡粉少，深绿色，叶距略大。葱白（假茎）一般高 48～66 厘米，最长 80 厘米，圆柱形，基部横径 3.3～5 厘米。葱白质地洁白松脆，纤维少，汁多，有甜味，辛辣适度，有葱香味。最适生食，可凉拌、炒、烧、制馅等。不分蘖。抗强风能力略差，抗紫斑病能力较弱，易贮存。每 667 米² 产 3 000～5 000 千克。

3. 寿光八叶齐　山东省寿光地方品种。株高 1～1.2 米，每株有功能叶 7～8 枚。叶呈粗管状，叶面着蜡粉，深绿色。葱白上部浅绿，下部洁白。高 40～50 厘米，单株重 380～550 克。葱白辛辣，葱香味浓，宜生食、炒、烧或做馅。生长势较强，分蘖力弱，抗寒性强。每 667 米² 产 5 000～6 000 千克。

4. 气煞风　山东省章丘从梧桐葱中选择育成。植株粗壮，株高 1～1.1 米左右，不分蘖。叶呈粗管状。叶肉厚韧，叶身粗短，叶尖较钝，叶面蜡粉多，叶浓绿色，叶距较近。葱白高 40～50 厘米，粗 4～5.2 厘米，单株重 500 克左右，最重者 1.25 千克。辛辣味适度，甜而松脆，品质上等，宜生食、凉拌或炒、烧及做馅。抗风及抗紫斑病力较强，抗寒、耐热。

5. 盖平大葱 辽宁省盖州市龙王庙地方品种。株高1米左右。叶较直立，呈粗管状，叶面着蜡粉；深绿色。葱白高大，长45～50厘米，粗3～4厘米，单株重200～450克，最大株重600克。葱白爽脆而嫩，味甜微辣，抗寒性强，不分蘖，品质优良。每667米² 产4 500千克左右。

6. 谷葱 又称鞭秆葱。陕西省华县农家品种。株高90～100厘米，最高140厘米，不分蘖。管状叶细长，排列稀疏，叶色浅绿，蜡粉较少，叶肉较薄。葱白长50～60厘米，径粗2.5～3.5厘米，质地脆嫩，辣味淡稍甜，单株重0.25～0.5千克，产量较高，耐贮藏。宜春播，生长期240天，每667米² 产2 500千克。

7. 高脚白 天津市地方品种。株高75～90厘米，葱白长35～40厘米，横径3厘米。成株有绿色管状叶8～10片。单株重0.5千克左右。耐寒、耐热、不耐涝。较抗病虫害，耐贮藏，味稍甜，品质好，每667米² 产5 000千克。

8. 二英白 河北省隆尧、任县长葱白类型地方品种。植株较高，株高90～100厘米，开展度18厘米。叶呈粗管状，叶面着蜡粉，深绿色。单株有功能叶8枚。叶长40厘米，粗1.0厘米。葱白圆柱状，高30～40厘米，粗3.6厘米。弦状根多。单株重450克。葱白质地爽脆，味辛辣，品质上等。宜生食，凉拌或炒、烧及做馅。中晚熟，从定植至收获130天左右。抗寒性强，也耐热。每667米² 产4 000～5 000千克。

9. 三叶齐 辽宁省营口市蔬菜研究所利用地方品种系统选育而成。株高120～140厘米，假茎长60～70厘米，假茎粗2～2.5厘米。地下部假茎表面有一层鲜艳的紫膜。3～4片叶，叶色深绿，叶形细长，开张度小，叶表面蜡质厚。植株不分蘖。质地细嫩，纤维少，辣味适中。对紫斑病抗性较强，叶壁较厚，叶鞘包合紧，不易倒伏。每667米² 产3 000千克左右。

10. 掖选1号 株高100厘米，葱白长30～40厘米，径粗3

厘米左右，叶片数 5～6 枚，单株重 0.2～0.4 千克，每 667 米^2 产量在 5 000 千克以上。叶距稀疏，叶色浓绿，葱白甜脆肥嫩，洁白细腻，葱白及嫩叶辣味均较淡，适宜生食。独根不分蘖，极少出现双葱，耐高肥水。性喜凉爽，抗寒性强，返青早。利用儿芽萌发早、长势强的特点进行大葱反季节生产，是该品种特有的栽培方式。抗锈病。

11. 郑葱 1 号 植株高大，葱白粗长，速生，高产，抗逆性强，味道鲜美。春秋两季均可播种。

12. 中华巨葱 又名斤棵葱，株型粗壮高大，品质、产量及抗病性优于章丘大葱及钢秆、铁秆大葱。一般株高在 150 厘米以上，茎粗 4 厘米，葱白长 60 厘米，单棵重 500 克。如管理得当，鲜株最大可达 1 千克以上，葱白可达 80 厘米长，株高 180 厘米以上，该品种抗倒伏、抗寒、不倒叶，很少分蘖，适应性强，生熟食均可，味稍甜，品质佳，商品性好，667 米^2 产最高可达 1 万千克。

13. 葱王杂交 1 号 是吉林省长岭县全园农科所利用高新杂交育种技术育成的大葱新品种，其抗病、优质、高产具有国内外领先水平。株高 150～165 厘米，叶色深绿，秋收时无黄叶干叶，葱白 65～75 厘米，圆柱状，质地细致茎充实。当年育苗移栽，平均株重 1 千克，最大株重 2.40 千克。高抗大葱各种病虫害。每 667 米^2 产 8 000～10 000 千克，比大梧桐 29 系增产 50%以上。

14. 伏葱 1 号 河南省农业科学院园艺所选育，抗热耐寒，株高 1.2～1.7 米，葱白长 60～80 厘米，味道鲜美，抗逆性强，每 667 米^2 产量可达 5 000 千克以上。伏葱 1 号的育成，改变了大葱只能在春季和秋季播种的种植模式，使其在夏季麦收后也可播种，至来年春季收获。此期是鲜葱的市场空当，效益较高，667 米^2 收入高达 3 000～5 000 元。伏葱 1 号育苗时占地较少，并且苗子育成后不耽误种植秋作物；葱苗定植后于清明前后收获上市，不耽误种植春季蔬菜。

（二）短葱白类型

1. 鸡腿葱　天津市地方品种。植株矮而粗壮，株高60厘米，开展度20厘米。葱白长26～30厘米，基部膨大，横径4.5厘米，向上渐细，且稍有弯曲，形似鸡腿。成株有绿色管状叶8～9片，单株重50～150克。葱白肉质致密，辛辣味浓，品质佳。耐寒也耐热，稍耐旱，不耐涝。抗病虫能力较强，干葱耐贮运。每667米² 产2 000千克。

2. 对叶葱　河北省中南部地方品种。叶簇直立，株高60厘米以上，叶近对生，葱白长20～25厘米，基部膨大，径粗4～5厘米，单株重0.5千克左右。叶呈粗管状，高30～40厘米，横径3厘米，单株重250～400克。葱白味甜带辛辣，生食、炒、烧及馅食均可。晚熟，由定植至收获130～140天。抗寒性、抗病性强，耐旱、贮藏性好。每667米² 产4 000～5 000千克。

二、分葱

1. 兴化分葱　兴化分葱品种有垛田分葱和四季米葱。垛田分葱是兴化地方品种，叶管长，假茎白色，较短，分蘖力强，抗病。667米² 产3 000～4 000千克，高产可达5 000千克。四季米葱是从垛田分葱变异而来，植株较小，叶细长，分蘖能力强，抗寒性、耐热性较强，产量较低，品质较佳，一般每667米² 产1 500～2 000千克。

2. 青岛分葱　株高40～50厘米，葱白长15～20厘米，横管1厘米左右，葱叶细长，深绿色，分蘖力强，每株分蘖2～3个，单株重100～150克，葱叶辣味浓，品质好，耐寒性强。

3. 天津分葱　天津市南郊区地方品种。株高46厘米。叶呈中细管状，叶面微着蜡粉，叶尖向上或斜生，绿色。葱白上部略为暗红色，下部洁白。单株重50克。早熟。抗寒性、分蘖性及耐热性均强，也较耐涝。6月上旬分栽，翌年4月采收，株丛辛辣味浓，是优良的辛香调味葱。

4. 山东分葱　株高50～60厘米。叶呈中细管状，浅绿色。葱白上部浅绿白，下部洁白，花瓣白色，单株重30～50克。植株辛香味浓，香气大，是夏季的优质调味葱，既可生拌调味，也可炒、烧熟食。生长旺盛，分蘖力强，抗寒力及抗病力均强，每667米^{2}产2 000～2 500千克。

5. 项城分葱　河南省项城地方品种。株高66厘米。叶片为中粗管状，叶面着蜡粉，深绿色。叶长54.3厘米，粗1.1厘米。葱白扁圆形，高23.1厘米，粗1.3厘米，葱白外皮白色，单丛重164克。株丛辛香味浓，是很好的调味蔬菜。晚熟，生长期200天。株丛较直立，分蘖性较强，抗寒性亦强，抗紫斑病能力中等。每667米^{2}产3 225千克。

6. 高脚黄分葱　河南省信阳市郊地方品种。植株中等，株高35厘米。叶长28厘米，黄绿色。葱白长23厘米，培土者葱白达28厘米，每丛约有10～15株。辛香味浓，品质优良。丛生，分蘖力中等。较抗热，不耐涝。每667米^{2}产1 000～1 250千克。

7. 邓县分葱　河南省邓县地方品种。植株高55厘米左右，叶为中粗管状，叶面略着蜡粉，深绿色。叶长45厘米左右，粗1.2厘米。葱白扁圆柱状，紫褐色，高18～20厘米，粗1厘米，辛香味浓，调味佳品。中熟，生长期250天。分蘖性较强。植株较直立，易折弯。抗寒性与抗紫斑病力一般，每667米^{2}产2 228千克。

8. 双沟分葱　湖北省襄樊市地方品种。叶丛直立，株高60～70厘米，叶呈粗管状，叶面着蜡粉，深绿色。葱白高20～25厘米，上部黄绿色，下部洁白。葱白脆嫩，辛辣味较淡，略带甜味，品质中等。抗寒性、抗逆性、分蘖性均强。以分株无性繁殖。生长期120～150天。丰产，每667米^{2}产量为1 250～1 500千克。

9. 山西分葱　山西夏县地方品种。株高65～70厘米，开展度 25～55 厘米。叶为中管状，叶长 55～60 厘米，叶粗 2 厘米，叶面微着蜡粉，淡绿色。葱白基部略粗，整体扁圆筒形。假茎高 20～25 厘米，粗 2 厘米。葱白外被浅褐色鳞衣。

三、香葱

香葱品种较多，应选择耐高温、商品性能好的品种。主要有上海细香葱、浙江四季香葱、江苏兴葱 21、德国全绿小香葱等。

1. 上海细香葱　味辣而甜，有香气，品质极佳，能开花结实，常用种子繁殖。形态与分葱相似，叶和假茎比分葱细，管状叶粗不超过 0.5 厘米，假茎不超过 0.6 厘米。耐寒、耐肥。春播由春分开始，分批播种至夏至；秋播从处暑开始，分批播种至寒露。

2. 浙江四季香葱　株高 30～40 厘米，须根白色，茎绿色，基部有白色小鳞片，叶片筒状，中空，四季青绿，分蘖力强，味辣而甜，茎叶四季均可采用，有浓郁的芳香味，每 667 米² 产 1 000～2 000 千克，多用分株繁殖。

3. 江西细香葱　又名四季葱。株高 25～38 厘米，叶细管状，青绿色葱白高 8～10 厘米，横径 0.4～0.6 厘米；植株柔嫩、风味浓香，品质好；分蘖力强、抗寒，秋冬春季生长旺盛，也耐热，盛夏仍能生长，每 667 米² 产量 1 500～2 500 千克。

4. 湖北细香葱　又名小香葱。丛生矮小，株高 15～35 厘米，叶细管状，绿色。葱白高 7～15 厘米，横径 0.4～1.2 厘米；肉质细嫩、味甜爽脆、香味浓，品质上乘；耐寒、耐热，不耐旱、不耐涝。

5. 湖南细香葱　又名香葱。株高 36～39 厘米，叶细管状，绿色，每 667 米² 产量 750～1 500 千克。葱白高 5～8 厘米，横径 0.6 厘米；幼嫩柔软、辛香浓郁；抗寒、抗病虫害、分蘖力强，耐热性一般。

6. 江苏兴葱 21　2007 年经泰州市农作物品种审定通过。一般株高55～60厘米，茎粗0.8～2.0厘米，春、秋二季生长繁茂耐寒性好、抗热性强、生长速度快、产量高、品质好。

7. 德国全绿香葱 根系发达，生命力强，种一熟可生长2年以上，可像割韭菜一样，一年可收割7茬，年667米² 产达1 500千克。该品种植株直立，株高45～50厘米，叶片细长，叶色浓绿，管状叶直径3～5毫米，分蘖力强。较耐热而不耐寒，喜湿，不耐旱。质地柔嫩，香味较浓，品质好。

8. 嵊县四季葱 该品种植株矮小，直立丛生，株高60～70厘米。须根系着生于短缩的茎盘上。地下茎短缩成盘状，分枝力强，同心环状着生叶片，管状叶绿色，叶脉平行，叶鞘圆筒状，层层包成假茎（葱白），叶和叶鞘为主要食用部分。顶芽生长花薹，伞形花序，花呈圆球状，两性花，花瓣6片，白色。蒴果三棱形，果顶有缝合线，内由膜质间隔为3室，成熟后，每室有黑色种子2粒。千粒重2克左右，种子和分株均可繁殖，以种子繁殖为主。

四、楼葱

陇南楼葱为陇南地区广泛种植的特有调味品蔬菜，辛辣味极浓，可耐−20℃的低温和40℃的高温。在当地已有1 000多年的栽培历史，张培芳等总结出了楼葱高产栽培技术，示范区每667米² 产量达4 500千克，加快了楼葱高产栽培技术的推广应用，带动了楼葱生产的规模化发展。

第六节 栽培季节与栽培模式

一、栽培季节

（一）大葱

1. 秋播 秋季播种育苗，苗期大田越冬，第二年春季定植，秋季采收葱。大葱具有较高的抗寒耐热能力，在营养生长时期以凉爽的气候条件为适宜，用做冬季供应贮存的大葱，由于生长期长，形成粗大优质的假茎需要冷凉的气候条件，同时考虑先期抽薹问题，因而对栽培季节的要求比较严格。在山东章丘一带，播种育苗时间为9月底。往北推移，播种时间应提前，往南推移，播种时间应推迟。

2. 春播 春季一般在3～4月份播种育苗，6～7月份定植，秋季采收葱。大葱春播育苗占地时间短，茬口好安排，管理省工，生产成本低，且不存在先期抽薹的问题。大葱春播育苗定植时秧苗比较小，但是定植后缓苗快，生长迅速、旺盛，加强田间管理，其产量可赶上秋播育苗。

（二）小葱

利用种子周年播种，从春至秋供应小葱苗上市的栽培方式。南方地区，可周年播种周年上市。①1～3月，温室内平畦撒播，3～5月收获上市。②3月中下旬，小拱棚内平畦撒播，6月收获上市，或6月上中旬移栽，10～11月收获上市或冬贮。③4月上旬露地播种育苗，6月中下旬移栽，宽畦密植，露地越冬，翌年3～4月摘除花蕾，4～5月收获上市。④7～8月播种育苗，9～11月上旬移栽，密植（株距3厘米），露地越冬，翌年3～4月摘除花蕾，5～7月收获上市。⑤9月中下旬播种育苗，露地越冬，翌年3～4月收获上市。⑥9月中下旬播种育苗，翌年4月中旬移栽，7～8月收获上市，或翌年6月移栽，10～11月收获上市或冬贮。⑦8月下旬至9月上旬温室内播种，10月中旬扣棚，12月至翌年2月收获上市。

（三）分葱

3～5月春季露地生产，6～8月夏季遮阳网覆盖栽培，9～11月秋季露地生产，12月至次年2月冬季塑料棚设施生产。生产上，春葱于当年11月至翌年1～2月移栽，4月初至5月中下旬采收上市，为提早上市，移栽时也可进行地膜覆盖栽培。在冬季和早春可利用塑料大中小棚等设施栽培；伏葱正常于5～6月份移栽，作越夏保种，用于秋季种苗或利用遮阳网进行夏季耐热栽培上市；秋葱一般于8月初至9月中旬移栽，10月中下旬至翌年1月初陆续上市。

（四）香葱

春茬：1月移栽，3～4月中下旬采收，为抢早上市，可地膜覆盖。夏茬：4月下旬至6月初移栽，5～7月底采收。此茬可用遮阳网栽培或套种在高秆作物的行间，供应"夏淡"市场。秋茬：8～9月下旬移栽，9月中下旬至11月上市。秋葱移栽时温度高，可在行间撒些稻麦秸秆降温、保湿。冬茬：10～11月移栽，翌年1～2月采收。冬季气温低，香葱生长缓慢，生产上还可采用"秋延"的办法供应元旦、春节市场。

二、高效栽培模式

（一）马铃薯—大葱轮作高效栽培模式

马铃薯和大葱是人们餐桌上不可缺少的重要蔬菜，随着生活水平的不断提高，人们已逐步认识到马铃薯和大葱的食疗保健作用。以前由于品种和种植习惯，马铃薯生育期长，茬口排不开，马铃薯下茬就是大白菜，造成效益低下。杨俊昊等通过引进新的马铃薯品种早大白，采用温室催芽技术，结合田间地膜覆盖栽培模式，极大地发挥了早大白的早熟性，既增加了效益，又为下茬栽培大葱提供了足够的生长时间，做到一年两茬，为广大农民提供了一种新的栽培模式。

种植方式与茬口安排：马铃薯3月初催芽、切种，3月底播种，6月25日采收结束。大葱3月底播种育苗，7月初定植，10月底开始采收。

（二）冬小麦—芹菜—大葱2年3茬高效栽培模式

王兵等总结探索总结出适合新疆的粮菜高效种植模式。2年中种植1茬冬小麦，每667米^{2}产量500千克，产值1000元；利用拱棚种植1茬芹菜，每667米^{2}产量2500千克，产值

10 000元；种植 1 茬大葱，每 667 米² 产量 5 000 千克，产值 3 000元。通过粮菜种植模式的推广，达到了稳粮增收持续发展的目的。

种植方式与茬口安排：冬小麦 9 月下旬至 10 月上旬播种，翌年 6 月下旬至 7 月上旬收获；芹菜 7 月下旬露地播种，第三年 4 月上中旬收获；大葱在 5 月上旬栽种，10 月中下旬收获。

（三）草莓—白菜—大葱高效栽培模式

张路等总结出江苏省滨海县采用大拱棚草莓套春白菜接茬栽植大葱种植模式，1 年 3 种 3 收，667 米² 可产草莓 900～1 000 千克，白菜 600 千克以上，大葱 5 000 千克。按近两年平均价格草莓 2.5 元/千克，白菜 0.6 元/千克，大葱 1 元/千克计算，产值超万元。

种植方式与茬口安排：草莓于 8 月上旬苗床育苗，10 月 10～25 日定植，翌年 5 月初收获结束。白菜于 3 月 20 日育苗，4 月 20 日套种于草莓行间，6 月底 7 月初收获。大葱于 5 月上旬育苗，白菜收完后即可定植，霜降收获。

（四）金丝瓜—甜瓜—玉米—大葱高效立体栽培模式

金丝瓜历来是营养丰富的桌上佳品，近年来在江苏省铜山县有不少农户种植，并逐步形成了金丝瓜、棉花、玉米、反季节大葱的高效立体栽培模式，经济效益十分可观。根据崔凤珠总结，该模式 667 米² 可产金丝瓜 2 000 千克、皮棉 80 千克、玉米 300 千克、反季节大葱 4 500～5 000 千克，每 667 米² 地每年纯收入最低可达 7 000元，深受当地农户的欢迎。

种植方式与茬口安排：金丝瓜、棉花 3 月中旬育苗，4 月中下旬开始移栽，先栽金丝瓜，行距 1 米，株距 0.5 米，然后在金丝瓜行间套栽 1 行棉花，株距 30 厘米，金丝瓜 6 月中下旬收获。接着在金丝瓜行抢播玉米，玉米 9 月下旬收获。大葱于 8 月底至 9 月上旬育苗，10 月底棉花拔棵，定植大葱。翌年 4 月中下旬收获大葱。

（五）鲜食甜玉米—大葱栽培模式

张献平等总结出浙江嵊州市春玉米、大葱高效栽培模式。该模式经济效益良好，现已大面积推广。

种植方式与茬口安排：鲜食甜玉米 3 月中旬播种，覆盖地膜，6 月底采收结束。大葱在 3 月底至 4 月初播种育苗，6 月底至 7 月中旬移栽，11 月底至 12 月中旬收获。

（六）大棚西瓜、大葱 1 年 2 作 3 收高产栽培模式

山东省兖州市在多年生产实践的基础上，由汤伟等总结出摸索出一套大棚西瓜、大葱 1 年 2 作 3 收高产栽培模式，该栽培模式第一茬瓜每 667 米² 产量一般可达 3 000 千克，二茬瓜产量一般可达 1 000 千克，鲜葱产量一般可达 5 000 千克。该模式既合理利用了土壤肥力，又避免了因连作而易出现的病虫重复危害，同时操作技术简便，易于被农户掌握和接受，且效益显著。

种植方式与茬口安排：大葱于秋分（9 月 23 日）前 3 天至秋分后 5 天内露地播种育苗，翌年 5 月初定苗，7 月上旬待大棚二茬瓜收获后及时清洁田园、整平地面但不用翻耕而直接开沟接茬定植，11 月上、中旬收获或根据市场需求秋季即时上市。西瓜 1 月上旬在大棚内嫁接育苗，2 月下旬定植。大棚为半圆形大拱棚，棚高 1.7 米、跨度 7 米，大棚长度可自定，但以不低于 80 米为宜，南北走向，每棚种 4 行西瓜。第一茬瓜 5 月上旬收获，7 月上旬收二茬瓜后再接茬定植大葱。

（七）甘蓝—大葱高效栽培模式

近年来，为提高农民的种植效益，辽宁省营口地区根据本地气候条件和多年的种植经验的摸索，总结出了一套甘蓝、大葱 1 年 2 茬的高效栽培的成功模式，有效地提高了土地的利用率和生产效益，使菜农的年效益可达万元以上。

种植方式与茬口安排：甘蓝 1 月中下旬温室或阳畦育苗，3 月底至 4 月初小拱棚内定植。6 月底采收结束。大葱在 3 月中下

旬土壤化冻 15 厘米深时即可进行播种，7 月中上旬定植，进入 10 月份就可采收贮藏。

（八）高寒地区章丘大葱—大白菜丰产栽培模式

青海省为探讨提高单位面积上蔬菜收益的有效途径，进行了章丘大葱—大白菜 1 年 2 种 2 收地膜覆盖丰产栽培试验。文振祥得出章丘大葱每 667 米^2 平均产量 6 000 千克，最高可达 9 000 千克，每 667 米^2 收益 4 000～7 000 元，扣除成本 360 元，纯收益 3 840～7 000 元。大白菜每 667 米^2 平均产量 5 000 千克，最高可达 7 500 千克，每 667 米^2 收益 2 500 元，扣除种子、地膜、化肥等成本 180 元，纯收益 2 319 元。每 667 米^2 综合收益达 6 161～9 161 元，是种植油菜的 6.79～10.1 倍，是种植小麦的 14.58～21.68 倍。

种植方式与茬口安排：章丘大葱与大白菜采用地膜覆盖栽培。大葱在 2 月底至 3 月初温室或大棚播种育苗，苗龄 60 天，4 月底至 5 月初定植，6 月底采收。大白菜 7 月初播种，9 月初采收。

（九）冬香葱—春花椰菜—秋大葱 1 年 3 茬栽培模式

福建省屏南县进行了冬香葱—春花椰菜—秋大葱栽培模式研究，收到了不错的效益。

种植方式与茬口安排：冬茬香葱 12 月中旬定植，次年 3 月上中旬采收完毕，每 667 米^2 产 5 000 千克，每 667 米^2 产值 5 000 元；春花椰菜 2 月中下旬育苗，3 月下旬定植，6 月中旬采收完毕，每 667 米^2 产 1 500 千克，每 667 米^2 产值 3 000 元；秋大葱 6 月上中旬育苗，8 月上旬定植，12 月上旬采收完毕，每 667 米^2 产 3 000 千克，每 667 米^2 产值 4 500 元，全年三茬总产值 12 500 元。

（十）香葱 1 年 5 茬栽培技术

1. 品种选择 选择白花或紫花、辛香味浓郁的四季米葱、四川小香葱、本地小香葱等品种。

2. 茬口安排 香葱1年5茬栽培，茬口安排必须合理，实行育苗移栽，才能高产稳产，头茬采收苗为下茬栽培的种苗，不采用种子直播。

春茬 又叫春葱（第一茬），1月初移栽，4月中旬采收，生育期110天左右。本茬生育期温度低，香葱生长缓慢，但质量好，价格高。采收时按4：1采收，即采收4/5上市，留1/5作第二茬种苗。

夏茬 又叫夏葱（第二茬），4月下旬移栽，6月中旬采收，生长期50天左右。本茬生育期温度渐高，香葱生长速度快，采收时按1：1采收，即采收1/2上市，供应夏季淡季市场，留1/2作第三茬种苗。

伏茬 又叫伏葱（第三茬），6月下旬移栽，8月上旬采收，生长期50天左右。本茬生育期处于高温阶段，香葱生长速度较快，但品质较差，采收时按1：2采收，即采收1/3上市，供应夏季淡季市场，留2/3作第四茬种苗。

秋茬 又叫秋葱（第四茬），8月中旬移栽，10月下旬采收，生长期80天左右。本茬移栽时温度高，但生长期温度适中，香葱生长速度稳定，品质较好，采收时按4：1采收，即采收4/5上市，供应市场旺季，留1/5作第五茬种苗。

冬茬 又叫冬葱（第五茬）11月上旬移栽，12月下旬采收，生长期60天左右。本茬栽培中因气温低，生长缓慢，采收时按3：2采收，即采收3/5上市，供应元旦节日市场旺季，留2/5作翌年第一茬种苗。

（十一）春萝卜—番茄—夏青菜—香葱周年高效栽培模式

在江苏苏州春萝卜—番茄—夏青菜—香葱栽培模式，全年每667米² 产量可达7 100千克，效益较好，是一种值得推广的栽培模式。

种植方式与茬口安排：春萝卜10月中旬播种，株行距30厘米×40厘米，第二年3月采收，每667米² 产量4 000千克。番茄1月上旬播种，4月上旬定植，6～7月采收，每667米² 产量1 500千克。夏青菜7月下旬至8月下旬播种，8～9月上旬，每667米² 产量1 000千克。香葱10月上旬播种（撒播），12月采收，每667米² 产量600千克。

第七节 大葱栽培技术

一、播种育苗

（一）选好苗床

要求选择疏松、肥沃、排灌方便，而且前茬不是葱蒜类蔬菜的沙壤地块作苗床。整地要求浅耕耙，整平作畦，施足基肥，做成平畦或高畦，开沟条播或进行撒播。

（二）精选种子

大葱种子寿命短，播种以选用当年新籽为宜，每667米² 播种量3～4千克，每667米² 苗床可栽5 336～6 667米² 大田。为缩短发芽出土期，播前可进行浸种催芽，露白后播种。

（三）掌握好播期

秋播 在生长季节较短的地区，一般采用秋播育苗。适期播种是丰产的关键，具体播种期因各地气候条件不同播种期不一致。大葱育苗的宗旨就是在当年不抽薹的情况下育大苗，为丰产打下基础。一般秋季旬平均气温稳定在16.5～17.0℃时为播种适宜期，播种到土壤封冻有50～60天时间。秋播不可过早，否则秧苗太大，容易抽薹。秋播也不可过晚，否则秧苗过小，越冬时容易冻死。冬前幼苗具有2～3片叶，株高10厘米左右，径粗在0.4厘米以下时是冬前壮苗标准，冬前壮苗越冬，既不会冻死，也不会先期抽薹。

春播 大葱春播育苗占地时间短，茬口好安排，管理省工，生产成本低，且不存在先期抽薹的问题。大葱春播育苗定植时秧苗比较小，但是定植后缓苗快，生长迅速、旺盛，加强田间管理，其产量可赶上秋播育苗。一般在土壤化冻 15 厘米深时即可播种。播种越早，越能培育成大苗。

（四）播种方法

一般都采用条播的方法，行距 15～20 厘米，采取干播（先播种后浇水）或湿播（先浇水，待水渗下后撒种，种子可以浸种催芽，也可干籽撒播）法均可。为了促进出苗，可以浸种催芽后播种，但一定要采取湿播法。播后盖 1.5～2.0 厘米厚的营养土，每平方米播种 6～8 克，每 667 米^2 需种 3～4 千克。

（五）加强苗期管理

秋播 秋播一般 6～8 天出苗，由于当时气温高，苗床容易变干，应注意保湿，播后可以在苗床上覆盖地膜保湿，也可在播后 3 天将畦面用钉耙搂一遍，以切断毛细管，从而减少水分蒸发利于保湿，同时还可以增加土表的通透性利于种子出苗。为了使秧苗安全越冬，可在畦面上覆盖薄膜，薄膜四周一定要用土封严，防止冷风冻死秧苗，畦中央也要压些土，以防止大风将薄膜刮走。有条件的地方可在浇冻水后，畦面封冻时，先覆盖 1～2 厘米厚的马粪或农家肥之后再盖膜，这样有利于幼苗安全越冬。有的地方还在育苗畦北侧加设风障，以保护幼苗安全越冬。来年春天土壤化冻后，要及时撤去薄膜及覆盖的马粪或农家肥。清整田园，促进秧苗返青。返青至定植是培育大苗壮苗的关键时期，在此期间应追肥 2～3 次，及时间苗除草，保持苗距 4～6 厘米，保持畦面湿润，定植前 10 天停止灌水，进行秧苗锻炼，定植前 1～2 天灌水 1 次，以利起苗。

春播 出苗后撤去地膜，春播育苗由于生长期短，需加强肥水管理，生长前期要进行适当间苗。生长中期，幼苗进入旺盛生长时期，要肥水齐攻，追肥 3～4 次，促进秧苗迅速生长。生长后期，要适当控制浇水、追肥，防止秧苗徒长而影响定植后的成活率。

定植前葱苗的适龄壮苗为：苗高 40～50 厘米，茎粗 1.0～

1.5 厘米，根系发达，叶无黄尖，无病虫害。

二、定植

（一）精细整地，施足基肥

翻地前每 667 米^2 撒施或定植前沟施 4 000 千克充分腐熟的农家肥，在农家肥中要事先掺入 15 千克尿素、20 千克过磷酸钙或 20 千克复合肥，这样可提高农家肥中速效养分数量和磷肥肥效，然后深翻土地，翻耕深度不应少于 30 厘米，翻耕后耙细搂平，按 50～60 厘米的行距开好定植沟，沟深 30 厘米，沟宽 15 厘米。

（二）严格选苗、及早定植

葱苗高 40 厘米左右，假径粗 1.0～1.5 厘米，每千克有60～70 棵苗，为理想葱苗。秧苗过大，栽植后缓苗慢，通风易倒伏，以后管理困难；秧苗过小，生长缓慢，发棵晚，葱白形成期短、产量低、品质差。起苗应提前两天浇水，待土壤水分适宜时用三凿叉掘苗，抖掉泥块，剔除病、残苗，根据秧苗大小分成三级，一般一级苗每千克 60 棵左右，二级苗 75 棵左右，三级苗 90 棵左右。边起苗、边分级、边定植，定植时只选用一二级苗。

（三）合理密植

大葱叶片直立、管状，株型属于适于密植的生态型。大葱的营养面积大小和产量的关系极为密切，单位面积产量是由总株数乘以单株产量构成的，在一定的密度范围内，产量随着密度的加大而增加，而单株重随着密度的加大而减少，当密度增加到一定程度以后，就会造成减产。

确定栽植密度还要考虑品种的熟性早晚、生育期的长短、地力的强弱和水肥条件。只有正确处理总产和单株产量的关系，才能达到高产优质的目的。当前大葱生产上一般行距为 50～60 厘米，株距为 5～6 厘米，每 667 米^2 栽植 2 万～3 万株为宜。增加栽植密度必须与肥、水管理相配合才能达到高产的目的。

（四）定植方法

大葱的定植一般采用排葱和插葱的方法。排葱栽植法适用于短葱白类型品种的定植，方法是在定植沟内按株距排好苗，使葱苗基部少部分进入沟底松土层内，然后埋土至葱苗最外一叶的叶身基部，然后顺沟浇水。插葱栽植法适用于长葱白类型品种的定植。插葱有干插和水插两种。干插是左手扶住葱苗，根朝下，右手拿小木棍，用木棍下端压住葱根基部，将葱苗随木棍垂直插入沟底的松土层内，以中线为准插单行。水插是先往沟内灌水，等水渗下后立即把葱苗插下去。关于栽植深度有"韭菜露根，葱露心"的农谚。以不埋没葱心为限，以心叶处高出沟面7～10厘米为宜。

三、定植后的管理

大葱田间管理的重点是促进葱的生长。管理的措施主要是促根、壮棵和培土软化。加强肥水管理，为葱白的形成创造适宜的环境条件，积累丰富的营养物质为获得高产优质的葱白创造条件。

（一）灌水

大葱原产地冬季多雪，在春季化雪后，土壤水分充足，但空气比较干燥，形成了大葱叶片比较耐旱，而根系喜湿的特性，生长期间要求较高的土壤湿度和较低的空气湿度。定植以后大葱的水分管理可人为分成4个阶段。

第一阶段是缓苗越夏时期。即定植后到立秋。大葱无论采用哪种方法定植都必须浇足定植水。大葱定植后原有的须根很快腐烂，4～5天后开始萌发新根，新根萌发后心叶开始生长，缓苗期有20多天。此期正值高温多雨季节，要保持土壤湿润，田间不太旱不浇水，同时注意排涝，防止烂根。

第二阶段是发叶盛期。8月中旬以后，根系基本恢复，进入发叶盛期，需水量增加，要视苗生长情况浇水，但应掌握轻浇，早晚浇水的原则。

第三阶段是大葱旺盛生长及葱白形成期。是水分管理的关键时期，灌水掌握勤浇、重浇的原则。此期水分充足的表现为叶色深、蜡粉厚、叶内充满无色透明的黏液，葱白洁白有光泽，平白细致。

第四阶段是葱白生长后期。10月下旬以后为葱白生长后期，气温降低，叶面蒸发减少，应逐渐减少浇水，收获前1周停止浇水。

（二）追肥

大葱喜肥，应在施足基肥的前提下，做好追肥。大葱一般需要进行4次追肥。第一次在8月上旬缓苗后，进入发叶盛期前进行。每667米^{2}追施土杂肥4 000千克或饼肥50～100千克或尿素5～10千克。第二次在8月下旬进行，此时正值发叶盛期。每667米^{2}追施尿素5～10千克。第三次在9月上旬进行，此时正值大葱开始旺盛生长、葱白开始形成的时期。此次追肥应重施，一般每667米^{2}追施尿素15～20千克，硫酸钾15～20千克。第四次在9月下旬进行，此时正值葱白形成时期。一般每667米^{2}追施尿素5～10千克。如果地力较高，第二次和第四次追肥可以不进行。

（三）培土软化

大葱培土有软化葱白和防止倒伏的作用，是加长葱白的有效措施。但培土必须在葱白形成期分次进行，高温高湿季节不能培土，否则容易引起根茎和假茎的腐烂。大葱葱白的最终长度取决于品种特性及环境条件的综合作用，加深培土可软化葱白，提高品质，但对葱白长度及重量增加无显著影响。

大葱培土分别在8月上旬、8月下旬、9月上旬和9月下旬进行。培土深度第一次和第二次各为15厘米左右，以不埋住功能叶叶身基部为度。一般在8月下旬第二次培土后平沟。第三次和第四次培土各为 7.5 厘米左右。将行间土培到定植行上，使原先的垄变成沟，原先的沟变成垄。短葱白类型大葱每次培土深度应减小。

四、采收

当外界气温降低到 8～12℃时，植株地上部生长已明显停止，产量达到最大，为叶片和葱白同时食用的收获适期。作为贮藏干葱之用的大葱收获适期应该为在土壤封冻前，经过降温和霜冻，葱叶变黄枯萎，养分大部分转运到假茎中，假茎变得充实时采收。

五、青葱栽培

青葱是用大葱种子生产幼苗供食用的栽培方式。一般以较大的幼苗（叶及叶鞘）为食用器官，无须形成发达的葱白，其播种期要求不严格，一般在春、秋季播种，多为不移植的懒葱秧。春季 3～4 月份播种，6～7 月份收获；秋季 9 月下旬至 10 月上旬播种，第二年 5～6 月份收获。这段时间没有大葱供应，可以葱苗代替大葱，市场需要量大。青葱栽培，在施肥上要以促进叶部生长为主，施用速效性氮肥。苗床土要肥沃，结合整地，每 667 米² 施用混合的有机肥 4 000～5 000 千克，并配合施入过磷酸钙 50 千克。春播夏收的青葱，在肥水管理上，要一促到底，幼苗开始旺盛生长以后，一般每 20 天左右施一次速效性氮肥，配合施用适量的磷、钾肥，每次每 667 米² 施用硫酸铵 15 千克左右。秋播夏收的青葱越冬前适当控制肥水，以防冬前秧苗过大，春季大量发生先期抽薹。返青后应及时浇返青水，追施返青肥，每 667 米² 可施尿素 15 千克左右，以后每 20 天施速效氮肥，每 667 米² 施硫酸铵 15 千克左右，结合施肥充分浇水，以加强营养生长，防止或延迟抽薹，提高青葱产量。

夏大葱栽培。利用春季较大的葱苗，夏季提早密植，于初秋上市供应。因栽植时间很短，主要起假植作用，所以也叫假植大葱。

第八节　分葱栽培技术

分葱植株矮小，假茎细而短，茎叶细长，分蘖力强，一般每株可形成多个分蘖，茎叶辣味浓，品质好，耐寒性强，具有越夏不休眠，地上部不枯死的特性，分葱一年四季均可栽培。

一、茬口安排

分葱适宜生长的温度为 12～23℃，在 25℃以上的高温和强光下老化速度加快，产量低，品质下降，在 -5℃以下的低温下生长缓慢，春、秋两季植株生长繁茂分蘖盛发，因此在自然环境下，分葱主要以春秋两季为主，随着设施栽培与间套作技术的推广应用，夏季栽培面积也有扩大趋势。生产上春葱于 11 月至翌年 1～2 月移栽，4 月初至 5 月中下旬收获，为提早上市可在移栽前铺盖地膜，实行地膜栽培；伏葱正常于 5～6 月份移栽，作越夏保种，用于秋季种苗，或利用遮阳网进行夏季耐热栽培，每 667 米^2 种苗秋季可栽 3 335～4 002 米^2；秋葱一般于 8 月初至 9 月中旬移栽，10 月中下旬至翌年 1 月初陆续上市；冬季气温低，分葱生长缓慢，一般采用晚秋葱延迟采收的办法供应节日市场。

二、整地移栽

分葱移栽应选择地势平坦、灌排条件好，土壤肥沃的田块，不宜多年连作。一般 1～2 年与大豆、玉米以及其他蔬菜作物进行换茬。前茬作物收获后随即耕翻、施肥，一般每 667 米^2 施腐熟厩肥或粪肥 2 000～2 500 千克，葱类蔬菜专用肥 25～35 千克，施肥后精整细耙做畦，畦宽 2.0～2.5 米，沟宽 40 厘米，沟深

15～20厘米。移栽时间根据茬口安排灵活掌握。移栽前将母株挖起，将根部过长的根须剪掉，用手将株丛拔开，拔开的分株应有茎盘与根须，移栽的株行距为12～13厘米×13～15厘米。春葱、秋葱可适当稀植，每穴栽2～3株，深2.5～3.0厘米，栽后及时浇好活棵水。

三、肥水管理

葱株活棵后每667米^{2}施尿素5千克作促蘖肥。由于分蘖期吸收肥水的能力较弱，怕旱、涝，因此肥水必须少施、勤施。旺盛生长期，需肥需水量大，一般12～15天追施1次，每次掌握尿素5～8千克，氯化钾4～5千克。施肥与浇水相结合，保持土壤湿润。收获前15～20天每667米^{2}增施尿素15千克，同时喷施喷施宝、壮三秋等叶面肥，以促植株嫩绿。

四、适期采收

分葱栽后3～4个月株丛繁茂，即可分批多次采收，也可达到采收标准时一次性采收。前一天在田间适量浇些水，起好的葱株去除枯、黄、病叶后上市。

第九节　香葱栽培技术

香葱植株丛状、矮小，有很小的鳞茎，假茎细而短，叶身较长、细嫩，分蘖力强，利用设施一年四季均可进行分株繁殖。香葱以食嫩叶为主，香味浓，品质佳，除作鲜食调味品外，同时也是加工脱水蔬菜的适宜品种。

一、地块选择

香葱根系不发达，分布较浅，吸水能力弱，既不耐旱又不耐涝。因此，应选择地势平坦、排灌条件好、土壤肥沃疏松、透气

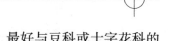

性好的田块作育苗田。香葱不宜连作，最好与豆科或十字花科的作物轮作。

二、整地作畦

前茬作物收获后随即耕翻晒垡，1 周后施肥。一般每 667 米² 施腐熟优质有机肥 2 000～2 500 千克、葱类蔬菜专用肥 25 千克，施后精整细耙筑畦，畦宽 1.5～2 米，沟宽 20～30 厘米，沟深 15～20 厘米，沟系要配套，做到能灌能排。

三、育苗

播前用 55℃温水浸种 20 分钟，用清水冲洗，晾干后播种。采用条播或撒播的方式，条播间距 10 厘米，覆土 1.5～2 厘米，适当稀播培育壮苗，每 667 米² 用种 2～3 千克。要防止地下害虫危害，播种前用辛硫磷拌过筛细土撒在床面，也可用敌百虫拌炒香的麦麸制成毒饵，在傍晚撒于播后的苗床上，浇足底墒水。

四、移栽

香葱播种后 40～50 天，当幼苗 4～5 叶，高 14～15 厘米时，即可移栽。移栽前施肥、整地作畦。每 667 米² 施腐熟有机肥 2 500千克、葱类专用肥 30 千克，深耕细耙后作畦。畦宽 2～2.5 米，畦沟宽 40 厘米、沟深 15～20 厘米。栽苗时每丛 3～4 株，植株栽植宜浅不宜深，以 3～5 厘米为宜，可增加葱白的长度，提高产量和品质。株行距为 12～13 厘米×13～15 厘米。也可播种后不经移栽直接采收。

对于夏栽香葱，保持土壤湿润是基础，降温是关键。①在施足基肥、增施有机肥、精细整地的基础上，移栽前铺上一层薄稻麦草或水草；②移栽后搭架，用遮光率在 50％左右遮阳网覆盖。③在移栽葱田内沟边套种一些玉米等作物，但密度不能太大，每

667 米² 控制在 200 株左右，或将香葱套栽在生姜等半高秆作物宽窄行栽培的大行间，以达到遮光、降温、保湿，促进香葱生长的目的。

五、田间管理

香葱根系不发达，分布较浅，根部吸水能力较弱，所以出苗前后与移栽成活后土壤不能干旱，宜小水勤浇，既防受旱，又防受渍。幼苗 1～3 叶期和移栽缓苗后控制浇水，中耕松土 1～2 次，以促进根系生长，以后一般 7～10 天浇水 1 次。浇水可在晴天早晨 4～5 点钟浇跑马水，此时水土温度一致，太阳出来后已基本吸干沟内积水。若正午灌水，水土温差大，香葱生理不适，不仅易烧根死葱，而且易诱发多种病害。活棵后每 667 米² 施尿素 5 千克，以促进生长。此后每 12～15 天追施 1 次，每 667 米² 每次追施尿素 5～8 千克，过磷酸钙 5～8 千克，氯化钾 4～5 千克。施肥与浇水相结合，小水勤灌，保持土壤湿润。

六、适时采收

栽后 2～3 月株丛繁茂即可采收，采收前一天在田间适量浇些水，采收时用手抓住葱白下部稍用力往上提，即可拔出葱株，或一手抓住葱丛，另一手用小锹轻轻一挖。挖好的葱株抹去枯、黄、病叶，抖去根部泥土，捆束运往加工地点或销售市场。

第十节　胡葱栽培技术

胡葱，别名火葱、青葱、蒜头葱，叶较短而柔软，分蘖性强，能形成鳞茎。我国以华南地区如广州栽培较多，北方栽培较少，主要以嫩叶及鳞茎作调料用，鳞茎也可作腌渍原料。

一、季节安排

胡葱种子和鳞茎在温度达到 12℃以上后发芽速度加快。植株叶片的生长适温在 22℃左右，高于 25℃时又生长不良。鳞茎的生长膨大期则需 20～26℃的较高温。针对胡葱对环境条件的要求来安排栽培季节。生产上宜将胡葱幼苗期及叶片生长期置于短日照和较低的温度下，能促进叶片的快速生长；小鳞茎膨大生长期安排在长日照和较高的温度条件下，能促进鳞茎的形成和膨大。因此南方温暖地区露地栽培及北方寒冷地区的保护地栽培均适于秋季种植，用鳞茎或分株繁殖，在 7～9 月间栽植。北方露地栽培于春季种植，夏季收获无鳞茎植株，或就地留茬，秋季收获小鳞茎。也可留茬露地越冬，翌春收获青苗，但是不能长期留茬，否则鳞茎越长越小。

二、整地、施基肥

胡葱的根系浅而小，整地要精细、平整，基肥要腐熟细碎，浅施匀施。施肥量看地力而定，一般每 667 米^{2}用厩肥或堆肥 2 500～5 000 千克，加过磷酸钙 25 千克。畦宽 1 米左右，干旱地区宜用高畦栽培，雨水较多地区宜用平畦栽培。

三、种植密度

用鳞茎种植可按行距 20 厘米，穴距 10 厘米，每穴播放鳞茎 2～3 粒。用分株种植，行距 24 厘米，株距 18 厘米，每穴一株分蘖苗。每 667 米^{2}栽植幼苗 1.5 万株。

四、田间管理

生长前期要及时中耕除草，松土保墒。植株开始分蘖后追肥，并结合追肥浇水，浅培土。保持土表见干见湿。每采收一次分蘖苗后均应追肥 1 次，并浇水，浅培土。

五、采收

胡葱从种植到开始采收青葱约 60 天。秋植的收获期以 9 月至翌年 5 月,收获时每穴留 2～3 分蘖,使再分蘖生长,每隔 30～35 天采收 1 次。每 667 米² 产青葱 1 600～2 000 千克。

第十一节 楼葱栽培技术

楼子葱,别名龙爪葱、楼葱、龙角葱、羊角葱、天葱等,叶为长圆锥形,中空,假茎较短,入土部分白色,老熟后成褐红色的葱衣包裹假茎。我国以延边地区较多。楼子葱主要以假茎和嫩叶作菜肴调料,花茎上较肥大的气生鳞茎也可供食用,楼子葱的葱香味极浓郁,是一个极少见的葱种类。

一、育苗

楼葱幼苗期 40～50 天,生产中为缩短大田时间,一般均采用育苗移栽。春季或夏秋季都可播种育苗,但以春季为佳。楼葱在长期栽培中易出现生长势减弱、抗病虫性变差、产量降低等品种退化问题,因此在育苗中优选气生鳞茎是关键的一环,应在生长势强、无病虫的健壮植株上,选充分成熟的气生鳞茎作繁殖体。夏秋季育苗一般于 6 月中下旬进行,苗床应选择肥沃疏松的砂壤土,每 667 米² 施腐熟农家肥或厩肥 3 000 千克、尿素 15 千克,浅耕细耙,整平做畦,在畦内开沟,沟深 15 厘米,按株距 5 厘米、行距 15 厘米,将优选的当年楼葱气生鳞茎点播于沟内,然后浅覆土。随着幼苗的生长,应分次覆土,培育壮苗。早春育苗则应用上一年的楼葱气生鳞茎贮藏越冬后播种。由于楼葱幼苗根系不发达,植株小,因此应加强肥水管理并及时预防病虫为害。

二、定植

楼葱周年均可生长，定植时间一般根据育苗时间及幼苗大小而定。夏季育苗的在秋季定植，因生长期较短，产量低；春季育苗因定植生长期长，产量高。定植前每 667 米^2 施优质农家肥5 000千克、磷酸二铵 30 千克，深翻土地使土肥充分混合，再按55～60 厘米的行距开好定植沟，沟宽 15～18 厘米，深 30 厘米。将沟底的硬土刨松，选株高 15～20 厘米、茎粗 0.4 厘米左右的壮苗，按 5～6 厘米株距沿沟侧定植，定植后浇足定根水。覆土要掌握使幼苗露心，埋土过深不易发苗。

三、田间管理

关键是促进假茎伸长，而假茎是由叶鞘发育形成的，叶鞘的层数、厚度和长短直接影响楼葱的产量和品质。所以楼葱田间管理的主要环节就是促根、壮苗、培土软化，为叶鞘（葱白）的形成创造适宜的生长环境。

（一）追肥浇水

定植后幼苗较小，光合能力和根系吸收能力较弱，此时的管理任务主要是促根，应掌握天不旱不浇水，雨水过多时及时排涝，以免引起沤根、黄叶和死苗，浇水后及时中耕促进保墒。此后，随着植株的不断生长，光合作用和根系吸收能力增强，生长速度加快，肥水需求增加，每次浇水培土时每 667 米^2 施磷酸二铵 15 千克，管理中切忌偏施氮肥，否则易引起徒长软秧。

（二）培土软化

培土是软化和促进假茎伸长的有效措施，楼葱栽培中培土越厚，培土次数越多，假茎就越长，叶鞘组织就越充实，产量就越高。所以在缓苗后应结合中耕进行少量培土，结合肥水管理进行多次培土，每次培土厚度均以培到最上部叶片的出叶口（葱心）为宜，不能埋住葱心，培土应在中午或下午葱叶上无露水时进行，以免因伤口造成感染，影响植株成长。

四、收获

楼葱主要作为调味蔬菜，在当地陇南白龙江、白水江沿岸可实现周年生长、周年供应，所以可根据市场需求适时收获。楼葱在 3 月下旬至 4 月上旬产量最高，冬季收获时假茎长，产量也较高。

第六章

韭葱与藠生产配套技术

韭葱，别名洋大葱、葱蒜、洋蒜苗、海蒜、扁葱、扁叶葱等，属百合科葱属中产生肥嫩假茎（葱白）的二年生草本植物。原产于欧洲中南部。20世纪30年代传入我国，在北京、上海、河北、安徽、湖北、广西等地都有零星种植。云南省近几年夏季栽培较多，是夏秋季代替葱蒜的理想蔬菜。韭葱具有葱蒜类蔬菜的共同特征，即叶身扁平似韭，假茎洁白如葱，花薹似蒜薹，鳞茎似独头蒜，并有香辣味（故名韭葱或葱蒜），可代替葱蒜炒食或作调料。韭葱可食嫩苗，也可采食假茎、地下鳞茎和花薹，因此，栽后可不断供食。夏秋季气温高、雨水多（尤其是亚热带地区），耐寒的葱蒜类蔬菜难于种植，而韭葱夏秋季仍生长良好，可代替葱蒜类蔬菜食用。

藠又名藠头、荞（藠）头、火葱、三白、菜芝、莜子、鸿荟、野韭等。属百合科葱属能形成小鳞茎的多年生宿根草本植物。可以作为二年生蔬菜栽培。藠的营养丰富，每百克可食部分含蛋白质1.6克、脂肪0.6克、碳水化合物8.0克、钙64.0毫克、磷32.0毫克、铁21.0毫克、维生素C 14.0毫克，还含有硫胺素、核黄素、尼克酸等。藠白净透明、皮软肉糯、脆嫩无渣、香气浓郁。鳞茎和嫩叶均可炒食、煮食，鳞茎也可醋渍、盐渍、蜜渍加工成腌渍蔬菜，制成罐头等。藠还有一定的药用保健价值，素有"菜中灵芝"之美誉，有增进食欲，帮助消化，散瘀止痛等医疗效果。

藠在中国是稀特蔬菜，栽培面积较少。但是藠的食用价值很高，又是国际上畅销商品，为中国的出口蔬菜之一。因此，大力发展，扩大薤的种植面积很有必要。目前薤的栽培局限于江南诸省，华北地区利用塑料大棚等保护设施也可以进行栽培。

第一节　植物学性状

一、韭葱

根系为肉质弦状须根，较粗短，着生在短缩茎盘上，分根性弱，根毛少，吸收力较弱，根长 30～40 厘米。叶片扁平肥厚，呈带状，表面有蜡粉，叶片宽 3～4 厘米，多层叶鞘抱合成假茎。成苗株高 1.3～1.5 米，最高可达 1.8 米，假茎长 0.8～1.0 米，粗 4～5 厘米。营养茎短缩，花茎长，基部粗约 3 厘米，心部充实、有髓，伞形花序，外有总苞，每一花序有小花 800～1 500 朵，小花丛生成球。种子有棱，黑色，千粒重 2.5～3.2 克，种子生活力弱，使用年限 1 年。韭葱不仅抗寒，而且耐热，能耐−10℃的低温，能经受 38℃的高温，并且在砂土、壤土或黏质壤土上均生长良好，耐肥，需肥量大，以富含有机质、肥沃保湿的黏质壤土最适宜，土壤酸碱度以 pH7.5～7.8 为宜。

二、薤

根为弦状，一般有 6～16 条；茎为盘状短缩茎，叶着生其上；叶片丛生，基叶数片，长 50 厘米左右，细长，中空，横断面呈三角形，有 3～5 棱，不明显。叶色浓绿色，稍带蜡粉；膨大的鳞茎为短纺锤形，长 3～4 厘米，横径 1～2 厘米，着生于短缩茎上，白色或稍带紫色；生长期分蘖力很强，一个鳞茎栽植后可分生 5～20 个。春季鳞茎膨大，初夏抽蔓开花，顶生伞形花序，花紫色，有雌雄蕊，但不易结籽。

第二节 对外界环境条件的要求

一、温度

韭葱的茎叶生长适宜温度为白天 18～22℃，夜间 12～13℃，但是它既抗寒又耐热，能忍受 38℃ 左右的高温，在 −20～−15℃ 低温下其地下鳞茎不致冻坏，在北京郊区能露地越冬，属绿体春化类型作物，幼苗在 5～8℃ 的条件下通过春化阶段而进行花芽分化。

薤在冷凉的气温下生长良好。生长发育适温为 15～19℃，30℃ 以上的高温则休眠越夏，10℃ 以下生长缓慢，不能忍受 0℃ 以下长时间的低温。

二、光照

韭葱属于长日照的植物，在每天低于 9 小时日照的条件下不易抽薹，当通过春化阶段又在 10 小时以上的长日照条件下才容易抽薹开花。光照充足时生长速度快，产量高。

薤属长日照作物，长日照条件下有利于鳞茎发育。较耐弱光、耐阴，适宜间套作栽培。

三、水分

韭葱较耐干旱，不耐水涝，但在土壤湿润的条件下生长量大。

薤生长期要求较高的土壤湿度和较低的空气湿度，怕涝、怕旱。生长前期过湿分蘖减少，后期过湿鳞茎减产

四、土壤肥料

韭葱对土壤适应性广，但因根系吸肥力弱，所以宜选用疏松肥沃，含有机质丰富的砂土、壤土或黏质壤土为好。韭葱适易微

碱性土壤，最适 pH 为 7.7～7.8。

薤对土壤要求不严格，耐瘠薄，根的吸肥力强，适于多种土壤栽培，但以排水良好的疏松壤土、砂壤土为佳。产量最高，品质最好。

韭葱及薤需肥量较多，除施用充足的氮、磷、钾肥料外还应补充钙、镁、硫、硼、锰、锌、铜、铁等中微量元素肥料，尤其是硫元素不能缺乏。要求在富含有机质、肥沃、疏松的土壤上种植，并要施足肥料。

第三节　主要品种介绍

一、韭葱

中国韭葱较少，品种也很少。作为标准化栽培的品种较著名的有河北邯郸韭葱和广西韭葱。这两个品种叶片宽、扁平、无空心、绿色。鳞茎肥大，花薹猛长，假茎培土软化后洁白柔嫩，味甜，整株都可食用。炒食风味独特。韭葱耐寒、耐热，适应性很强，不易发生病虫害。对土壤要求不严，可以周年栽培。其中，邯郸韭葱栽培历史较长，各地引种较多。目前栽培的还有从国外引进的美国花旗、伦敦宽叶、卜鲁赛克等品种。这些品种产量较高，一般每 667 米² 产 3 000 千克左右。

（一）美国花旗韭葱

生长势强，株高约 70 厘米，假茎洁白如葱，叶身扁平似蒜，叶片长披针形，单叶互生，外有蜡粉，宽 2.50～5 厘米，长 30～50 厘米，圆状叶鞘套生成假茎，外皮膜质，白色，蒜薹实心，断面圆形，基部粗 1 厘米，长 80 厘米。耐寒，适应性广，能忍耐 38℃高温和－10℃的低温，生长适宜的昼温为 18～22℃，夜温为 12～13℃；根系分布较浅，不耐干旱，也不耐涝，生产上必须及时灌水和排涝。播种后可连续收 7～8 年（收获情形和韭菜相同），每 667 米² 可年产蒜苗和蒜薹 6 500～8 000 千克。

（二）卜鲁赛克

叶片似大蒜叶，扁平肥厚，直立呈带状，比蒜叶宽大，绿色，表面有蜡粉；多层叶鞘包合形成假茎，高 10～15 厘米、粗 2～3 厘米，假茎似葱白，洁白柔嫩，但不形成蒜瓣；生长前期花薹和花苞极似蒜薹，生长后期花薹增粗中空，花苞开放极似大葱的花薹和花头，聚伞状花序，花薹粗大，直径 1～2 厘米，高 100～150 厘米；主根较粗，弦状，须根发达，抗病性强，很少发生病虫害。耐寒、耐热。经在寿光试种，能够经受 38℃左右的高温和－12℃低温；生长适宜温度白天为 18～22℃，夜间 12～13℃。

二、薤

（一）大叶薤

叶较大，分蘖力较差，一般每个鳞茎分蘖 5～6 个。鳞茎大而圆，产量高。柄短，叶多倒伏于地。以鳞茎供食。

（二）细叶薤

又名紫皮薤。叶细小，分蘖力强，一般每个鳞茎分蘖 15～20 个。鳞茎小，柄短。叶长 30 厘米左右，倒伏。叶和鳞茎均供食用。

（三）长柄薤

又名白鸡腿。分蘖力较强，每一鳞茎分蘖 10～15 个。薤柄长，白而柔嫩，品质佳。叶直立，产量高。

（四）三白荞头

分蘖力较弱，每株丛有鳞茎 7～11 个。早熟，耐瘠薄，耐旱，不耐涝。单球重 16 克，高者达 62 克。

另外还有一些地方品种，如云南"开远甜薤头"，产品主要用于出口，在国外誉称"珍珠薤头"。湖北省武昌县"梁子湖畔薤头"，该类包括大叶薤、长柄薤、细叶薤。

第四节 栽培季节与栽培模式

一、栽培季节

韭葱　我国的华北、华中、华南等地可春季育苗，一般于 3～4 月份播种，夏季 6～7 月份定植，2～3 个月后收获嫩苗，初冬 11 月收获假茎上市。也可在夏季 7 月播种育苗，9～10 月采收嫩苗上市，或在翌年春季收假茎上市，亦可在 5 月收获花薹上市。江南温暖地区可秋季播种，于冬季或早春收获。北京郊区露地种植一般在 3～4 月播种，5～6 月定植，10 月收获。改良阳畦或日光温室种植一般于 5 月播种育苗，8～9 月定植，12 月开始陆续收获。

薤　在江南地区一般于 8 月中旬至 9 月初播种。播种过早，地温高，雨量多，易腐烂；过迟，则生长期短，降低产量。

二、高效栽培模式

（一）菠菜—韭葱高产栽培模式

菠菜、韭葱是加工脱水蔬菜的主要品种，由于质量优、销路好，宁夏回族自治区近几年种植面积逐年扩大，加之采取订单农业的方式，产品全部由脱水蔬菜企业按合同收购，使该种植模式发展势头良好。菠菜于 3 月上旬播种，5 月底、6 月上旬抽薹前收获，并及时脱水加工。韭葱于 4 月上中旬育苗，6 月底至 7 月初定植，9 月底至 10 月初收获上部嫩叶，10 月中下旬收获假茎。

（二）南瓜—韭葱高产高效栽培模式

南瓜具有较高的营养价值，且还具有补中宜气、治疗糖尿病的功效。韭葱营养丰富，假茎和叶生食、炒食或煮烧皆宜，风味如同大葱。宁夏中卫县经过几年的研究、试验示范，已成功总结出南瓜复种韭葱高产高效栽培技术。南瓜3月上旬在日光温室育苗，4月下旬定植，7月初采摘结束。韭葱3月中旬育苗，7月上旬定植，10月上旬收假茎上市。

（三）冬油菜—韭葱栽培模式

高析等在甘肃酒泉地区冬油菜收后复种韭葱栽培模式下，进行了种植密度试验，结论为兰斯洛特、bejo、铁秆韭葱3个供试韭葱品种的产量随着种植密度的增加而提高，在种植密度每667米^{2}3万株的水平下，3个韭葱品种的产量均为最高，每667米^{2}分别为2 722.2、2 588.9、2 133.3千克，达到高产高效的目的。

（四）甘蓝—玉米—韭葱3种3收栽培模式

王立华报道小拱棚甘蓝—玉米—韭葱3种3收栽培模式在河北省玉田县已初具规模，一般每667米^{2}三茬合计收入3 500～4 000元，纯收入达3 220元。甘蓝1月中旬阳畦育苗，3月底4月初定植，5月中旬收获。4月下旬在甘蓝畦背上播种玉米，每667米^{2}3 500～4 000株，8月下旬至9月上旬收获。韭葱3月20日播种育苗，6月中旬移栽，11月上旬收获。

（五）水稻—薤头水旱轮作栽培模式

李明党等报道一季稻—薤头水旱轮作栽培模式在湖南湘阴示范推广，取得了很好的产量与生态效益。水稻育秧6月上旬为宜，6月下旬抛秧或插秧，9月下旬收割。薤头9月下旬播种，次年6月上中旬收获。

（六）薤与其他作物间套作模式

薤生长期很长，且耐弱光，为提高经济效益，多进行间作、套种栽培。江南地区与玉米、大豆或甘薯、萝卜套种。这样栽培能充分利用土地和光能，增加经济效益。在薤播种前先播种玉米或甘薯，在玉米或甘薯行间套种薤。玉米与甘薯初冬收获。翌年初春在薤行间套种大豆或萝卜。

第五节　栽培技术

一、韭葱露地栽培技术

(一)育苗

1. 苗床选择、施肥、整地　应选肥沃疏松的砂壤土,每 667 米² 施用腐熟的有机肥 2 500~3 000 千克,浅翻细耙,整平做成宽 1.2~1.5 米的小高畦。

2. 播种　华南、华中春季 3~4 月份育苗,秋季 8 月中旬至 9 月初育苗。苗床整平后浇水,待水渗后撒种,覆土 1 厘米。北方地区播种后要及时覆盖地膜。如土壤墒情好,也可开沟条播。每 667 米² 播种量 2.5~3.0 千克。

3. 苗期管理　播种 7~8 天后出苗。苗高 5~6 厘米时间苗 1~2 次,最后定苗距为 2 厘米左右。苗期每 5~7 天浇一次水,保持土壤见干见湿。如苗期缺肥,可结合浇水每 667 米² 追尿素 5~10 千克。待苗龄 60~70 天,苗高 30 厘米,假茎粗 1 厘米时即可定植。播种后应经常浇水,保持土壤见干见湿,防止高温干旱导致死苗。大雨后应及时排水防涝。结合间苗、中耕,经常拔草,防止草荒。苗龄 50 天左右,苗高 20 厘米时即可定植。

(二)定植

华南、华中春季于 4 月上旬至 5 月中旬定植。选择 3 年以上未种过百合科蔬菜的疏松肥沃土壤,定植前耕翻施基肥,每 667 米² 施充分腐熟的圈肥 5 000 千克,磷酸二铵 40 千克。并且翻地前用 50% 辛硫磷 1 000 倍液喷洒地面,预防地蛆。采用平畦栽培,采收嫩苗的田块定植株行距 5 厘米×20 厘米,每 667 米² 保苗 6 万~7 万株。采收假茎、花薹者稍稀,株行距 10 厘米×60 厘米,每 667 米² 保苗 1.0 万~1.2 万株。定植深度以埋住小苗白根为宜。秋季定植于 9 月上中旬,定植株行距以 10~15 厘米×10~15 厘米为宜。

（三）田间管理

一是定植后浇水促进幼苗成活，缓苗后多次中耕除草，促进新根生长。7～8 月高温干旱，应在傍晚浇水，防止高温期浇水引起地温骤变伤根。浇水掌握见干见湿的原则。结合浇水全生长期随水追施尿素 3～4 次，每 667 米² 20 千克，生长中后期每公顷追施 1～2 次磷酸二铵或硫酸钾 15～17 千克。二是雨后及时排水防涝，防止烂根、黄叶和死苗。三是注意除草，避免发生草害。四是生长期间应及时清理老叶。五是为了使葱的假茎白嫩，改善品质，可在假茎粗达 2～3 厘米时，进行分次培土。每次培土间隔 10 余天，培土深度以不超过叶鞘与叶身交叉处为宜，切不可埋没心叶，以免影响生长。在收获前 30 天停止培土，每次培土可结合追肥进行。

（四）收获

韭葱周年均可收获，当地上部长至 80～100 厘米，假茎长 60～70 厘米时即可上市，露地栽培多在初冬收获成株以确保品质最优，采收在霜降至立冬间进行。成株采后耐贮藏，不怕冻，冬季稍加覆盖即可，植株解冻后不影响食用风味。采收花薹田块，应不收假茎，一直管理到 5 月中下旬，待花薹长成即可收获。

二、华北韭葱大棚栽培技术

（一）播种育苗

韭葱生长期较长，为能在春节供应上市，并能给早春茬菜腾地，应适当早播。华北地区一般在 7 月底 8 月初播种，此时播种出苗快且齐，生长健壮。播前整平苗床，每 667 米² 施圈肥 4 000 千克，浅耕 6～9 厘米，整细搂平，然后做畦，灌足底水。将种子放入清水中搅拌，捞出秕子，然后用 60～65℃的温水浸泡 40～60 分钟，晾干后均匀地撒入苗床，覆 0.5～1 厘米厚的细土。

（二）移栽定植

当韭葱 4～5 片叶时，要适时移栽定植。定植前挖沟，沟深 20～25 厘米，栽前将基肥和土混合撒到沟内，每 667 米^2 配合施用过磷酸钙 15 千克。栽后浇水，覆土，以不埋心叶为宜。每 667 米^2 栽 1.5 万棵左右，株距 8 厘米，行距 55 厘米。

（三）肥水管理

韭葱根系吸肥力弱，宜选有机质丰富、疏松的土壤栽培。韭葱定植时已是秋末冬初，气温、地温较低，缓苗较为缓慢，此时要少浇水，加强中耕保墒，促进根系发育，使之迅速缓苗。霜降后天气日益冷凉，应及时扣棚。立冬以后根系基本恢复，进入发棵盛期，对水肥的需要增加，要结合灌水进行第一次追肥，每 667 米^2 施有机肥 1 000～1 500 千克，追尿素 10～15 千克，配合施入复合肥 20 千克，把肥撒在沟脊上，结合中耕与土混合锄于沟内。第二次追肥在假茎生长盛期。每 667 米^2 施尿素 10 千克或腐熟人粪尿 500～1 000 千克，并适量追加速效性氮肥，结合浇水进行。这一时期灌水应掌握少浇勤浇的原则，经常保持土壤湿润，以满足假茎生长的需要。在韭葱生长后期，应视情况追加一定数量的尿素或叶面肥。

（四）中耕培土

培土是提高韭葱品质的一个重要措施。假茎的伸长主要依靠分生组织所分生的叶鞘细胞的延长生长，而叶鞘细胞的延长生长要求黑暗、湿润的环境条件，并以营养物质的输入和贮存为基础，所以在加强肥水管理的同时，还要求分期培土。缓苗后结合中耕进行少量覆土，以后结合追肥和中耕锄草分 3 次培土，每次培土厚度均以培至最上叶片的出叶口为宜，切不可埋没心叶，以免影响韭葱生长。

（五）温湿度管理

韭葱抗寒、耐热、生长势强，能经受 38℃ 左右高温和 －10℃ 低温，生长适宜温度为昼温 18～22℃，夜温 12～13℃。

霜降以后天气渐凉，应及时加盖草苫。草苫要早揭晚盖；阴天时也要将草苫揭开，可适当晚揭早盖。在晴好天气中午，棚内温度超过35℃时，可适当放风，当温度降到26℃以下时，关闭通风口。冬天棚内不可浇大水，防止棚内湿度过大，病害增多。棚内湿度大时，要选晴好天气上午8～9时放风排湿。

（六）采收

为了保证韭葱的质量，获取较高的栽培效益，一般应在春节前后进行采收。采收前半个月左右要浇一遍透水，以保证韭葱鲜嫩可口，采收前1周左右停止浇水。

三、薤的栽培技术

在江南地区一般于8月中旬至9月初播种。播种过早，地温高，雨量多，易腐烂；过迟，则生长期短，降低产量。

（一）整地、施基肥、做畦

播种前每667米² 施腐熟的有机肥3 000～4 000千克，深翻，耙平。然后做成宽2～2.5米的小高畦。

（二）栽种

在高畦上按行距25厘米开沟，沟深8～10厘米。栽植时如每穴1个种，则穴距7～8厘米；如每穴2～3个种鳞茎，则穴距15～16厘米。栽种后覆薄土，以稍露茬柄顶端为宜。全畦种完后，薄铺一层碎草，同时浇盖腐熟的厩肥一层，每667米²1 000千克左右。

（三）田间管理

播种后应注意浇水，保持土壤湿润，约7～10天即可发芽出土。出苗后开始追肥，每次每667米² 追腐熟的人粪尿1 000千克，或复合肥15～20千克。生长期经常保持土壤湿润。大雨后注意排水，防止长期水浸。生长期中耕除草2～3次，在鳞茎膨大期结合中耕适当培土。翌年夏季期间，生长势渐衰，可行束叶，促进鳞茎肥大。

（四）采收

以嫩叶和鳞茎供食用的，在种植第二年的 1～4 月可陆续采收上市。以收嫩茎为主的，可从 5 月叶子开始转黄时收获，一直采收到 9 月。每 667 米² 产 1 000 千克左右。

四、薤苗的立体软化栽培技术

薤苗与蒜苗的生产原理相同。其产品可以蘸酱、炝拌，也可炒食。人工栽培薤苗可在元旦、春节期间上市，备受消费者的青睐，同时又能获得较高的经济效益。每个床架（共 4 层，每层长 0.8 米，宽 0.6 米，高 0.4 米）可采收 20～24 千克产品，按每千克 8～10 元计算，每次每个立体单元收入至少 200 元。宁盛等研究立体软化栽培技术如下：

（一）场地选择

薤苗无土栽培专业生产宜选在加温温室内，于元旦前后进行；家庭生产可在小作坊及居室内。

（二）床架及栽培基质的选择

多为 4 层立体床架，架高 2 米，宽 0.6 米，长 0.8 米，层间距 30～40 厘米，用钢材或其他坚固耐用材料均可。选用较薄的防寒塑料，用塑料胶或电熨斗制成套在栽培床架上的塑料帐。生长箱长 0.6 米，宽 0.4 米，高 0.1～1.5 米，盘底要有漏水的筛孔，多为塑料制品。选用珍珠岩和洁净的细河沙为基质。

（三）生产季节确定

为提高经济效益，薤苗的立体软化栽培要选在当地鲜菜上市淡季，以元旦和春节前上市为好。

（四）消毒

生产前对生产场地、床架、生产箱、基质及所用的工具进行消毒。可用高锰酸钾 800 倍液进行表面喷洒，珍珠岩和细沙消毒时还需进行均匀翻动。

（五）播种

播种前将薤鳞茎用温水浸泡 18～20 小时。生产箱底部铺一层消过毒的无纺布，上铺栽培基质。将鳞茎播在基质上，粒挨粒，互相不重叠，每平方米用种量 0.75～1.00 千克。播后覆盖 3 厘米厚的混合基质（细河沙∶珍珠岩为 1∶3），整平，浇 1 次透水，要浇温水，水渗下后出现的下沉部位用混合基质填平。播完一盘后上架，床架摆满后用塑料帐封严。

（六）软化栽培管理

出苗前昼夜温度控制在 20～22℃，出苗后保持在 18～20℃，采收前 5 天降到 15℃。一般出苗前不浇水，出苗后 3 天浇 1 次水，水量不宜过大，要浇温水。苗高 5 厘米时覆 3 厘米厚的混合基质，覆 2 次后，苗再长出 5 厘米就可以采收。栽培过程中不需强光，11∶00～14∶00 用 50％遮光率的遮阳网遮光即可。产品高度可达 20～25 厘米，上绿中黄下白，外观品质极佳。

（七）采收

采收时扒开基质，拔出薤苗，用清水冲洗干净，成捆上市。一般一个生长周期只需 20～25 天。

五、珍珠玉薤头栽培技术

云南开远生产的珍珠玉薤头有着悠久的历史传统，其产品个大、洁白、肉质肥糯、脆嫩、无渣，品质好，被誉为"糯薤头"。由于珍珠玉薤头不仅味道可口，而且有很高的药用价值。

（一）品种选择

选用本市地方珍珠玉薤头作为种植品种。该品种在本市种植历史悠久，生产的薤头洁白晶亮，品质优良，适宜在本市海拔 2 000 米以上地区种植。

（二）选地与整地

选择土壤肥沃，有夜潮的地区种植，要求精细整地，做到土细畦平。

（三）播种施肥

1. 播种时间　掌握在 2 月至 3 月上旬，播种以 2 月中下旬播种最佳。播种可采用开沟条播和塘播，行距 17 厘米，株距 13 厘米，每亩播 3 万穴，每穴播种一个饱满大个最好是独个的薤头鳞茎，667 米² 播种量 135 千克。

2. 播种前种子处理　为了防治刺足根螨、蚜虫，可用 40% 辛硫磷乳剂拌种，按 0.2∶50∶1 000（药∶水∶薤头种子）的比例现拌现播种。

3. 播种施肥　每 667 米² 用充分腐熟农家肥 2 000 千克、普通过磷酸钙 50 千克，充分混拌均匀后施入播种沟或穴内并盖细土作种肥。

（四）田间管理

在薤头种植地区，雨水多、土壤有夜潮，有利于杂草生长，要及时进行中耕除草。第一次出苗后一个月时用锄或钉耙进行锄草，以疏松土壤；第二次除草在 5 月下旬薤头封行前进行；第三次在薤头封行后拔除杂草。追肥在下小雨时或下雨后，每 667 米² 施用尿素 10 千克。

（五）收获

选择晴天及时采收。采收时期应掌握在薤头地上部分茎叶枯萎、地下鳞茎最饱满时收获，收获时间不宜太过延长，否则薤头会在土中重新抽芽，消耗鳞茎营养物质，降低品质。

第七章

葱蒜类蔬菜病虫草害防治技术

葱蒜类蔬菜病虫害的防治也与其他蔬菜病虫害防治一样,应坚持"预防为主,综合防治"的原则。采用以农业防治为重点,生物防治、生态防治、物理防治与化学防治多种办法相结合的综合防控措施,将危害损失程度控制在经济阈值以下。化学防治应符合GB 4285和GB/T 8321(所有部分)的要求,并按照 NY 5228—2004 无公害食品 大蒜生产技术规程、NY/T 5224—2004 无公害食品 洋葱生产技术规程、NY/T 5002—2001 无公害食品 韭菜生产技术规程、NY/T 744—2003 绿色食品 葱蒜类蔬菜相关标准执行,生产中严禁使用:六六六、滴滴涕、毒杀芬、二溴氯丙烷、杀虫脒、二溴乙烷、除草醚、艾氏剂、狄氏剂、汞制剂、砷类、铅类、敌枯双、氟乙酰胺、甘氟、毒鼠强、氟乙酸钠、毒鼠硅、甲胺磷、甲基对硫磷、对硫磷、久效磷、磷胺、甲拌磷、甲基异柳磷、特丁硫磷、甲基硫环磷、治螟磷,内吸磷、克百威、涕灭威、灭线磷、硫环磷、蝇毒磷、地虫硫磷、氯唑磷、苯线磷等农药品种,确保农药残留量符合国家规定。

第一节 大蒜主要病虫草害防治技术

一、大蒜主要病害与防治

大蒜上发生的病害主要有锈病、叶枯病、叶斑病、灰霉病、白腐病、菌核病、软腐病、病毒病及由线虫侵染引起的大蒜线虫病等多种。主要防治方法如下：

（一）大蒜锈病

大蒜锈病是我国大蒜上的一大流行性病害，一般减产 5%～15%，严重发生时减产可达 30% 以上。

1. 危害症状　该病主要为害蒜叶，其次为害假茎。病部初为梭形褪绿斑，后再表皮下出现圆至椭圆形稍凸起的夏孢子堆，散生或丛生，周围有黄色晕圈，表皮破裂散出橙黄色粉状物（夏孢子），一般基叶比顶叶发病重，严重时病斑互连成片而致全叶枯死。后期表皮未破裂的夏孢子堆上长出表皮不破裂的黑色冬孢子堆。病株蒜头多开裂散瓣。

2. 病原及发生规律　病原菌系葱柄锈菌，属担子菌亚门柄锈菌属。夏孢子广椭圆形，黄色，有微刺。冬孢子长圆形或倒卵圆形，有单孢和双孢两种。夏孢子萌发温限 6～27℃，侵入适温 10～23℃。高湿或有水滴时，9～19℃ 即侵入；干燥时，−16℃ 以下可越冬（耐低温）。此菌除侵染大蒜外，还为害韭菜和葱类等蔬菜。

大蒜收获后，以夏孢子在大蒜病残体中越夏，并大量侵染大葱、洋葱等葱属植物。秋季蒜苗出土后，又转侵蒜苗。入冬后，病菌以夏孢子或菌丝体在留种大蒜和蒜苗上越冬。翌春气温稳定在 10℃ 以上时开始再次侵染，构成周年循环。3～5 月均可发生为害。一般春季雨水多，地下水位高，湿度大、葱蒜混作田，利于病菌繁殖扩散，发病重。

3. 防治方法

（1）农业防治　①合理布局，避免葱蒜混种，注意清洁蒜田，减少初侵染源；②选用抗（耐）病良种和高燥地块种蒜。③培育壮苗，增强抗（耐）病能力。科学运筹肥水，增施生物有机肥及大蒜专用肥，注意防止大水漫灌。

（2）化学防治　发病初期，及时喷洒 70% 代森锌可湿性粉剂 1 000 倍液，或 25% 三唑酮（粉锈宁）可湿性粉剂 2 000 倍液，7～10 天喷 1 次，连喷 2～3 次。

（二）大蒜叶枯病

大蒜叶枯病不仅是大蒜上的一种重要病害，而且为害洋葱、大葱、韭菜等葱属类蔬菜。在国内分布广、为害重。20 世纪 90 年代以来曾在江苏、山东、河南、陕西、云南等大蒜产区暴发流行，造成较大损失。

1. 危害症状　该病主要为害蒜叶和蒜薹。大蒜自 3 叶 1 心时即可染病，发病初期多始于叶尖或叶的其他部位，渐向叶基发展，并由下部叶片向上部叶片蔓延，初呈苍白或灰白色稍凹陷的小圆点，扩大后呈不规则形或椭圆形灰白色或灰褐色、浅紫色病斑，病斑常顺着叶缘产生，潮湿时其上生出黑色霉状物（分生孢子及分生孢子梗）。薹一抽出即可染病，形成与叶部相同的病斑，且易从病部折断，最后病部散生许多粒状小黑点（子囊壳）。为害严重时病叶枯死，蒜薹抽不出来。

2. 病原及发生规律　该病病原菌无性阶段为匍柄霉菌，属半知菌亚门匍柄霉属；有性世代为枯叶格孢腔菌，属子囊菌亚门格孢腔菌属。分生孢子梗 3～5 根丛生或单生，稍弯曲呈匍匐状，顶端膨大，暗至暗褐色，隔膜 4～7 个。分生孢子单生、卵形至椭圆形或广椭圆形，灰色或暗黄褐色，横隔 3～8 个，纵隔 1～3 个，表面密布疣状小刺点，无喙状细胞。子囊壳群生或散生，（扁）球形，内含 20～30 个子囊；子囊无色，长椭圆形或棍棒状，内含 8 个子囊孢子，纺锤形或椭圆形，黄褐色，横隔 3～7 个，纵隔 0～7 个。

病菌在 2～35℃均可生长，适温为 15～30℃，23～25℃最适；分生孢子在相对湿度 90％时才萌发，尤以在水中萌发为佳，饱和湿度下次之。

病菌主要以菌丝体或子囊壳随病残体遗落在土中或在大蒜种皮上（自然带菌率 4％）越夏（冬），冬前或翌春散发出子囊孢子引起初侵染，后病部产出分生孢子再侵染。该菌系弱寄生菌，后期常伴随紫斑病、病毒病等混合发生。田间一般在播种后 2 个月左右开始发病，先后出现 2 个发病峰次。次峰出现在冬前的 11 月下旬至 12 月上旬，1 月份明显下降，翌春病情逐渐回升，4 月下旬至 5 月中旬出现主峰。

一般冬暖湿润和 4～5 月多雨寡照、连作、播种过早等条件下发病重。

3. 防治方法

（1）**农业防治** ①轮作换茬。大蒜忌连作，和其他作物进行 2～3 年的轮作，可以减轻病害的发生。②配方施肥，增施生物有机肥和大蒜专用肥，培育壮苗，增强抗病力。③适期播种，合理密植。④加强管理，雨后及时排水，防涝降渍。⑤发病初期病叶较少时，及时清除被害叶。

（2）**化学防治** 发病初期喷洒 30％氧氯化铜悬浮剂 600～800 倍液，或 64％恶霜灵可湿性粉剂 500 倍液，或 70％代森锰锌可湿性粉剂 500 倍液，7～10 天喷 1 次，连喷 2～3 次，均匀喷雾，应交替轮换使用。

（三）大蒜叶疫病

大蒜叶疫病是大蒜上的一种新的流行性病害。国内目前仅分布在新疆海拔 500～1 200 米的蒜区，凡高于 1 300 米的蒜区少见发生。一般流行年份为害损失 5～6 成，特大流行年份损失 7～8 成以上，是大蒜产区应引起注意的病害。

1. 危害症状 只侵染蒜叶和叶鞘，未见为害蒜薹。叶上症状有两类：一是叶尖枯型。多发生在初侵染阶段。感病叶尖呈深褐色干枯，并依主脉对称形成许多深紫褐色的斜条状平行的斑纹，渐向叶基缓慢扩展而枯死。二是斑点型。系再侵染症状，可出现在蒜叶的任何部位。初期先出现水渍状小斑点，稍凹陷，随后急剧扩大成纺锤形或长椭圆形大病斑，组织坏死，凹陷，多为紫褐色，病斑上有深浅相间的同心环纹，叶背病斑多呈黄褐色；病斑无边缘，两端具深褐色坏死线。有的叶子上虽只生 1 个病斑，但因坏死线延长而使其变黄枯死；叶基受害全叶迅速青枯而死。病斑多时，扩大愈合后，加速其青枯死亡。一般病叶自感染至死亡只需 4～6 天，流行年份约经 10～15 天即可使全田蒜苗焦枯死亡，最后仅剩 1 根短而弯曲的绿薹。雨后病斑和枯死叶上连片长出稠密的深橄榄色至黑色的绒状霉层（病菌子实体）。

2. 病原及发生规律　该病病原菌为泡囊匍匐霉菌，属半知菌亚门匍柄霉属。分生孢子梗单生或簇生，个别有简单的 1 次枝，短而直，两端细胞膨大似槌，孢子孔出，离体后梗顶部呈杯状。隔膜 1～3 个。分生孢子单生，长矩形至长卵形，淡黄褐至深褐色，砖隔状，横隔 3～5 个，主横隔处缢缩明显，细纵隔数个，表面密生斜状规则排列的不明显的小疣。

病菌适生温度为 10～34℃，最适为 23～28℃；2～39℃范围内分生孢子均能萌发，最适温度 19～34℃。病菌侵染大蒜的致病力很强，在 25～30℃和高湿条件下，潜育期为 1～2 天。

病菌以分生孢子和菌丝体随病残体安全越冬，成为翌年的主要初侵染源。田间发病期在 6～8 月，7 月份为发病盛期。因此，发病期早的于 7 月底死亡，其蒜头横径 2～3 厘米，损失高达 80%～90%；8 月上旬或以后死亡的，蒜头横径虽达 3.4～4.0 厘米，有的甚至达 5 厘米左右，损失不超过 30%，但蒜头不耐贮藏，易干僵空包，俗称"棉花蒜"。

本菌属广温性病原，偏喜高温、高湿。6～7 月气温保持在 24～28℃时，若降雨次数多、雨时长，尤其是 7 月中下旬只要有 3 次连续 12 小时以上的降雨，即会暴发流行。反之，若 7 月份温度偏低、少雨，即使前期温度适宜、多雨，也不会大流行。低洼蒜地、连作蒜田发病早、为害重。

3. 防治方法

（1）农业防治　①蒜、葱收货后清洁田园，深翻秋灌。②选择地势高燥、土质肥沃、灌排系统良好的地块种蒜。③合理轮作换茬，适期播种，配方施肥，增施生物有机肥和大蒜专用肥。④

播前全面处理蒜株残体，减少初侵染源。

（2）化学防治　发病初期喷洒 40％三乙膦酸铝可湿性粉剂 250 倍液，或 72.2％霜霉威水剂 600～800 倍液，或 70％代森锰锌可湿性粉剂 400 倍液，或 64％恶霜灵可湿性粉剂 500 倍液，7～10 天喷 1 次，连喷 2～3 次，均匀喷雾，应交替轮换使用。

（四）大蒜叶斑病

大蒜叶斑病又称大蒜煤斑病，国内广泛分布于各产蒜区，尤以西南蒜区发生为害严重，发病蒜株整株枯死，损失较大。

1. 危害症状　大蒜叶斑病只为害大蒜叶片。病叶初呈针尖状黄白色小点，渐发展呈水渍状，褪绿斑后扩大形成以长轴平行于叶脉的椭圆形或梭形病斑，稍凹陷，中央枯黄色，边缘红褐色，外围黄色，并迅速向叶片两端扩展，尤以向叶尖方向扩展的速度最快，致叶尖扭曲枯死，病斑中央深橄榄色，湿度大时呈绒毛状，干燥时呈粉状。

2. 病原及发生规律　该病由葱芽枝孢霉引起，属半知菌亚门枝孢属。分生孢子梗从叶片病斑两面伸出，单生或 2～3 根丛生，不分枝、有分隔、基部稍粗、暗褐色，产孢细菌作合轴式延伸，单孢芽生。分生孢子圆筒形、两端钝圆、中间稍缢缩，有脚胞，暗褐色，隔膜 1～3 个，最多 5 个，单生或两个孢子链生，表面有瘤状小突起。寄主有大蒜、葱和洋葱。

分生孢子萌发温度 0～30℃，适温 5～15℃；菌丝生长温度 0～25℃，适温 10～20℃。相对湿度饱和且有水膜（滴）时，分生孢子才萌发侵染，相对湿度在 90％以下的不萌发，且保湿时间越长，侵染率越高。

病菌以分生孢子在病残体（除蒜瓣）内越夏、越冬，成为初侵染源，也可在高海拔地区田间生长的大蒜植株上越夏，随风传播。孢子萌发从寄主气孔或表皮细胞侵入，在维管束周围定殖扩展，潜育期 6 天（15～17℃）。田间从苗期到蒜头膨大期均可发病。

该病菌喜冷凉高湿，一般偏施重施氮肥、密度大的田块发病较重。

3. 防治方法

（1）农业防治　①适期播种，合理密植。②科学施肥，施足以生物有机肥和大蒜专用肥为主的底肥，及时追肥，配方施肥，增施磷钾肥和大蒜专用肥。③沟系配套，排涝降渍。④与非葱蒜类蔬菜连作换茬。清除病残体并及时烧毁。

（2）化学防治　发病初期，喷洒 500 倍 70％代森锰锌，58％甲霜灵锰锌 1∶600 倍液，1∶1∶100 波尔多液。视病情 6～7 天 1 次，连用 2～3 次。

（五）大蒜菌核病

在我国秋播蒜区均匀有发生，为害较重，一般减产 30％，甚至更高。也可为害葱、韭菜等葱蒜类蔬菜。

1. 危害症状　发病初期鳞茎上外部叶片发黄，根系不发达，植株生长缓慢，后期整株逐渐枯黄，蒜头腐烂枯死。潮湿时病部表皮下散生褐色或黑色小菌核。

2. 病原及发生规律　病原菌系大蒜核盘菌，属半知菌亚门核盘菌属。菌核片状至不规则形或椭圆形，萌发时产生 4～5 个囊盘。子囊筒状，内含 8 个子囊孢子。子囊孢子长椭圆形，单孢，无色。

该病的菌核随病残体遗落在土壤中越夏过冬。菌丝和菌核均能随流水、土杂肥和附着在农具、人畜脚上而传播扩散。菌核病在黄淮地区一般 3 月上旬开始发生，盛期在 3 月下旬至 4 月上旬。低温高湿，土质黏重，透水性差，发病较重。

3. 防治方法

（1）农业防治　①实行 2～3 年以上的水旱轮作，避免葱、韭、蒜连作。②不用病残体沤制土杂肥，配方施肥，增施大蒜专用肥和生物有机肥。③合理密植，培育壮苗，提高抗病力。④加强肥水管理。勿大水漫灌。

（2）化学防治　①播前蒜种处理。播前用70％代森锰锌可湿性粉剂0.5千克或50％甲基硫菌灵可湿性粉剂0.5千克，均匀拌种50千克，或50％速克灵可湿性粉剂50克对水适量均匀拌种200～250千克，晾干后播种。②大田药剂防治。发病初期，每667米²用75％百菌清可湿性粉剂500倍液，或50％速克灵可湿性粉剂1 000倍液，或50％扑海因可湿性粉剂1 000～1 500倍液50～75千克对大蒜基部均匀喷雾，隔7～8天，视病情连用2～3次。

（六）大蒜灰霉病

是大蒜生产中后期和蒜薹贮藏期间经常发生的重要病害之一，常造成蒜头、蒜薹腐烂。

1. 危害症状　该病为害蒜叶和蒜薹。病斑初呈水渍状，继而变成白色至浅灰褐色斑点，由叶尖向叶基发展。病斑扩大后成梭形或椭圆形，后期病斑愈合成长条形，叶面生稀疏灰至灰褐色绒毛状霉层，枯叶表面可见形状不规则、1～6毫米大小的黑色坚硬菌核。先从下部老叶尖端开始，继而向上部叶片蔓延直至整株发病，造成叶鞘甚至蒜头腐烂，后干枯成灰白色，易拔起，病部有灰霉及菌核。库藏蒜薹先由薹梢发病，后蔓及薹茎，直至腐烂。

2. 病原及发生规律　该病系葱鳞葡萄孢引起的。属半知菌亚门葡萄孢属。菌丝近透明，直径变化大，具隔，分枝基部不缢缩。分生孢子梗密集或丛生，直立，淡灰至暗褐色，分隔1～6个，基部稍膨大成手风琴褶式，分枝处正常缢缩，分枝末端呈头状膨大，其上着生短而透明的小梗及分生孢子，孢子脱落后，侧枝干缩，形成波状皱折，最后多从基部分隔处折倒或脱落，主枝上留下清晰的疤痕。分生孢子卵至椭圆形，光滑透明，浅灰至褐绿色。分生孢子和菌丝细胞是多核体，存在异核现象。先形成<1毫米的微菌核，片状或块状，灰绿色；后形成2～6毫米的鼠粪状大菌核，黑色，淹水条件下菌核产生子囊盘。该菌耐低温，能在0℃左右低温下侵染为害。适生温限15～30℃，菌丝生长适

温 15～21℃，27℃产菌核最多。寄主有大蒜、韭菜和大葱。

该病主要以菌核潜伏在蒜田土壤中越夏（冬）。在低温高湿下产生孢子，传播侵染大蒜，潜育期 4 天。主要靠病原的无性繁殖体在田间扩大再侵染。冬前和翌春田间有 2 次发病过程，以春季为主。库藏蒜薹菌源主要来自田间，其次为库房内带菌。该病喜中温高湿，一般春季多雨发病重。

3. 防治方法

（1）农业防治　①选用抗病品种。②配方施肥，增施磷钾肥、生物有机肥和大蒜专用肥。③加强水分管理。沟系配套，防涝渍。④加强库房消毒以及温湿度和气体管理。

（2）化学防治　蒜薹入库上架预冷时，在通风道上均匀分布保鲜灵烟雾剂熏蒸。田间病害发生时，及早用药，可于发病初期喷洒 50％腐霉利可湿性粉剂 1 000～1 500 倍液，或 50％多菌灵可湿性粉剂 400～500 倍液，或 50％异菌脲可湿性粉剂 1 000～1 500倍液，7～10 天喷 1 次，连喷 2～3 次，均匀喷雾，应交替轮换使用。

（七）大蒜白腐病

大蒜白腐病在我国蒜区均有发生，为害较重，同时也可为害葱属类其他蔬菜。

1. 危害症状　大蒜白腐病发生初期，外叶叶尖出现褐色或黄褐色纵条斑，植株生长阻滞、黄化；后病情向下（内）蔓及叶鞘（内叶），呈水渍状，假茎软腐枯死，出现灰白色菌丝层和芝麻大小的黑色菌核。假茎受害轻或中后期发病的，蒜头小，不久变黑腐烂或收获后变成酱色干瓣。潮湿时，其上长出霉层和菌核。

2. 病原及发生规律　病原菌系白腐小核菌属。菌核球形或扁球形，外表黑色，内部浅红色。菌核萌发时表面凸起，外皮破裂后细密的菌丝自由融合后伸出，在其上生小瓶梗，瓶梗上链生小型分生孢子，孢子透明，球形，直径 1.6～2.0 微米。

以菌核随病残体遗落在土中越夏、过冬。菌丝和菌核均能随流水、土杂肥和附着在农具、人畜脚上而传播扩散，喜低温高湿。在日均温 10～20℃的春末初夏和中晚秋，多雨、寡照且田间积水易发病，且流行成灾。土壤黏重、地势低洼、排水不畅、连作、密植、偏施氮肥的蒜田发病则重。

3. 防治方法

（1）农业防治　①实行水旱轮作，避免葱、韭、蒜连作。②配方施肥，增施生物有机肥和大蒜专用肥。勿用病残体沤制土杂肥。③合理密植育壮苗，提高抗病力。④加强肥水管理。勿大水漫灌。

（2）化学防治　①播前蒜种处理。播前用 25%多菌灵可湿性粉剂 1 千克或 50%甲基硫菌灵可湿性粉剂 0.5 千克，均匀拌种 50 千克，或 50%速克灵可湿性粉 50 克对水适量均匀拌种 200～250 千克，晾干后播种。②大田药剂防治。发病初期，每 667 米² 用 75%百菌清可湿性粉 500 倍液，或 75%蒜叶青可湿性粉 1 000～1 500 倍液，或 50%速克灵可湿性粉 1 000 倍液，或 50%扑海因可湿性粉剂 1 000～1 500 倍液 50～75 千克对大蒜基部均匀喷雾，隔 7～8 天，视病情连用 2～3 次。

（八）大蒜软腐病

大蒜软腐病是大蒜上经常发生的细菌性病害，近年有加重发生的趋势。

1. 危害症状　发病时先从叶缘或中脉开始，并逐渐扩大，后沿叶缘或中脉形成黄白色条斑，可贯穿整个叶片。湿度大时，病部呈黄褐色软腐状。一般脚叶先发病，后逐渐向上部叶片扩展，可致全株枯黄或死亡。重病田挥发出浓烈的大蒜素气味。

2. 病原及发生规律　该病系胡萝卜软腐欧氏杆菌胡萝卜软腐致病型细菌引起。菌体短杆状，大小为 0.9～1.5 微米×0.5～0.6 微米，周身 4～6 根鞭毛。适生温度限 4～39℃，25～30℃最适，50℃10 分钟致死。经伤口侵入，蓟马、地蛆为害也可传病。

除为害大蒜、葱外，还侵染白菜、甘蓝、芹菜、胡萝卜、马铃薯等。

病菌主要在遗落土中尚未腐烂的病残体上存活越冬，翌春5月上中旬开始发病。此期若多雨、寡照，尤其是高温大雨或暴雨（俗称"热雨"），发病严重；反之，若干旱少雨，发病轻或不发病。一般浇灌后可自行缓解。砂浆黑土和黏重土蒜田发病重，而冲积潮土蒜田发病轻或不发病。一般早播、偏施氮肥而致生长过旺的田块发病重。

3. 防治方法

（1）农业防治　①清除病残体，减少初侵染源。②适期播种，沟系配套，注意排涝降渍。③配方施肥、推广应用生物有机肥和大蒜专用肥，培育壮苗。④及时防治蓟马和根蛆等地下害虫。

（2）化学防治　发病初期及早喷洒14％络胺铜水剂300倍液或77％可杀得可湿性微粒粉500倍液，或1 000万单位新植霉素4 000～5 000倍液均匀喷雾。

（九）大蒜病毒病

病毒病是大蒜重要病害之一，是由病毒感染引起的病害。大蒜系无性繁殖，带毒株能长期随蒜瓣传至下代导致大蒜种性退化，蒜头变小，产量降低。

1. 危害症状　发病初期沿叶脉出现断续黄条点，后连成黄绿相间长条纹，其后长出的叶片都表现相同的黄条斑驳现象。随病情渐重，新生叶发育受阻，植株矮小，叶片及假茎畸形扭曲，外叶黄化，最后整株枯死。早期感染蒜株多冬前死亡；感病晚的冬前无明显症状，生长接近正常，但翌春气温回升后开始显症。除叶片呈黄绿条斑外，蒜薹瘦弱、短小，蒜头变小，蒜衣破裂裸瓣，须根少，不经休眠即发芽出苗，重者蒜瓣僵硬，贮期尤为明显。

2. 病原及发生规律　大蒜病毒病常由1种或多种病毒复合

侵染所致，目前已明确七类病毒可侵染大蒜，其中主要是大蒜花叶病毒（GMV）和大蒜潜隐病毒（GLV），由桃蚜传播。GMV病毒粒体线状，稀释限点 102～103 倍，钝化温度 55～60℃，体外存活 2～3 天。寄主范围窄，只系统感染葱属作物。该病毒与 OYDV 亲缘关系极近，有人认为 GMV 可能属 OYDV 的一个株系，或者就是 OYDV。GLV 一般与 GMV 同时感染大蒜，稀释限点 104～105 倍，钝化温度 60℃，体外存活期 2～3 天。

大蒜病毒分布于除气生鳞茎以外的蒜株各部位。播种病瓣，长出的苗和自生苗是大蒜病毒病的中心毒源。田间主要通过桃蚜、葱蚜等进行非持久性传毒。蚜虫吸食病株汁液获毒后，病毒素刺激蚜虫翅型分化，经有翅蚜迁飞扩散而迅速传播蔓延。

病害发生与蚜虫的关系极为密切。高温、干旱，蚜量大，传毒面广，发病普遍且严重。播种早和土壤干燥、肥料缺乏、杂草丛生等管理差的蒜田，发病早且重。与其他葱属作物连（邻）作的蒜田发病也重。

3. 防治方法

（1）农业防治　①严格选种，有条件的可播种脱毒大蒜；②避免大蒜与韭、葱等葱属植物邻作或连作；③挂银灰膜避蚜防病，通过治蚜控病。

（2）化学防治　发病初期喷洒 20％病毒 A 可湿性粉剂 500 倍液，或 1.5％植病灵乳剂 1 000 倍液，或用 20％病毒灵悬浮剂 400～600 倍液，7～10 天喷 1 次，连喷 2～3 次，均匀喷雾，应交替轮换使用。

（十）大蒜线虫病

为害大蒜的线虫主要有大蒜根腐线虫和马铃薯茎线虫两种，分布广泛，寄主达百余种植物。主要寄生豆科作物，也为害葱蒜类等蔬菜。

1. 危害症状

（1）大蒜根腐线虫　以成虫和幼虫为害蒜株的根茎部位，典型症状是植株无根须。受害后，蒜株矮小黄化，新生叶不能展开，蒜叶细长、卷曲折叠；假茎和蒜薹肿胀粗短，畸形，弯曲；根部初呈暗褐色斑，随后茎盘朽烂，根须脱落，植株死亡，缺苗断垄。大蒜根腐线虫一年发生 4～5 代，世代重叠，在寄主或土中越冬。在病组织中繁殖，喜酸性砂质壤土，土粒小、水分多的土壤有助于其活动，并借助于土壤内水分的微循环和地表径流来完成土内转移和田间扩散蔓延。

（2）马铃薯茎线虫　以成虫和幼虫为害蒜株，典型症状是从根际向茎上开始软化变质逐渐腐烂，黄化枯死。被害蒜株近根部组织呈稍凹陷的灰褐至黄褐色病斑，蒜瓣肉呈海绵状或蜂巢状的不同变质，瓣内幼芽多呈腐烂状，若用其播种，多不能萌芽或出芽后不久逐渐枯死而大量缺苗。蒜株常从根际向茎上开始软化变质、腐烂，植株不断黄化枯死，形成缺苗断垄。马铃薯茎线虫一年发生 5～6 代，世代重叠，在寄主或土中越冬，成为次年的初侵染源，在蒜肉内繁殖危害。

2. 病原

（1）大蒜根腐线虫　属垫刃目短体亚科根腐线虫属，雌雄虫均为圆筒形。雌成虫体长 438～658 微米，宽 18～28 微米；唇区低，无缢缩，前端秃，口针粗壮发达；阴门横列，位于虫体后部约 4/5 处；卵巢 1 个，直生；尾圆筒形，末端变化较大，一般为宽圆形，稍不对称就平截：腹部环纹约 15～20 个，尾部环纹明显但不超于肛门，即尾端无环纹。雄成虫体长 500～600 微米，宽 71～25 微米；单精囊，直生；交合刺成对，不合并，引带槽状。卵椭圆形。幼虫与成虫体态相似，但更小。其中 1 龄幼虫先在卵内，1 龄末期孵化出壳。

（2）马铃薯茎线虫　属垫刃目垫刃科茎线虫属，雌雄虫均呈蠕虫形，体侧线 6 条，尾尖圆形，体呈乳白色半透明状，无污白黏膜（区别于甘薯茎线虫）。雌成虫体长 800～1 000 微米，宽23～35 微米；尾端褐色，刻点明显，卵巢末端不超过肠的前端。

雄成虫略小于雌成虫，交合刺基部膨大并有分枝状突起，后食道球膨大并延伸到肠端背侧。

3. 生物学特性

（1）大蒜根腐线虫　一年发生 4～6 代，世代重叠，在寄主或土中越冬，成为来年的初侵染源。雌成虫可在病组织上中大量繁殖，单雌产卵 35～70 粒，卵常产在病组织或土壤里。幼虫共 4 龄，孵出的幼虫经 7～8 天后脱皮成为 2 龄幼虫，再脱皮 3 次即变为成虫。2 龄幼虫开始侵害寄主，幼虫和成虫可自由进出根部，常从病组织里移行到土壤里，又经土壤从一个取食点游离到另一个取食点，扩大为害，造成组织腐烂。其中－1.5℃以下或37℃以上生活 15 天即死亡，适温 24～30℃。喜酸性砂质土壤，土粒小和水分多的土壤有助于其活动，并借助于土壤水分的微循环和地表径流来完成土内转移和田间扩散蔓延。

（2）马铃薯茎线虫　一年发生 5～6 代，世代重叠，在寄主或土中越冬，成为次年的初侵染源。多从蒜瓣肉质的生根部位侵入，在蒜肉内繁殖为害，当蒜肉全部耗尽后才从中慢慢游离转移到土壤里，借助于土中水分能够移行较远的距离，扩大侵害其他健株蒜头，造成死苗断垄。

4. 防治方法

（1）农业防治　①清洁田园。收获后及时清除并销毁残根腐叶。②建立无病繁殖田，实现统一良繁和供种。③合理轮作换茬。防止连作使该线虫逐年累积，病害不断加重。实践证明，实行 3 年以上的水旱轮作，防效较好。④发现病株后，要连土挖出并集中销毁病株，撒石灰深埋。⑤增施生物有机肥或生物菌剂抑制线虫危害。

（2）物理防治　进行温汤浸种。先将蒜种在温水中浸泡 2～3 小时，使其成虫开始活动，后再用 50℃ 的热水浸泡 10～20 分钟，上下翻动 2～3 次，杀虫效果好。

（3）化学防治　①蒜种处理。播前先用温水浸泡蒜种 2 小

时，后用 90％晶体敌百虫或 80％敌敌畏乳油 1 000 倍液浸种 24
小时。②发病初期每 667 米² 用 48％乐斯本乳油 800～1 000 倍
液穴施灌根，渗后盖土即可。

二、大蒜主要虫害与防治

大蒜的虫害主要有蒜蛆、蓟马、蚜虫、潜叶蝇、象鼻虫等几
种。由于我国大蒜主要以出口为主，生产中要特别注意在防治害
虫时的用药应符合无公害产品要求，严禁高毒高残留化学农药的
使用。大蒜主要害虫及防治方法如下：

（一）蒜蛆

蒜蛆又叫根蛆、地蛆、粪蛆。常见的是种蝇和葱蝇的幼虫，
属双翅目花蝇科。种蝇为害葱蒜类、瓜类、豆类、菠菜及十字花
科蔬菜，葱蝇只为害葱蒜类。

1. 形态特征

（1）种蝇　成虫：比家蝇小，体长约 6 毫米，暗褐色，头部
银灰色，胸背上有 3 条褐色纵纹，全身有黑色刚毛。翅透明，翅
脉黄褐色。卵：长椭圆形，稍弯曲，乳白色，表面有网纹。幼
虫：似粪蛆，乳黄色，体长 7～9 毫米，尾端有 7 对肉质突起。
蝇：长 4～5 毫米，椭圆形，黄褐或红褐色，尾端有 6 对突起。

（2）葱蝇形态　与种蝇相似。

2. 发生规律　种蝇和葱蝇在北方 1 年发生 3～4 代，南方
5～6 代。一般以蛹在土里或粪堆中越冬，成虫和幼虫也可以越
冬，翌年早春成虫开始大量出现，早晚躲在土缝中，天气晴暖时
很活跃，田间成虫数量大增。

种蝇和葱蝇都是腐蚀性害虫，成虫喜欢群集在腐烂发臭的粪
肥、饼肥及厩肥等有机物中，并在上面产卵，或在蒜苗基部叶鞘
缝内及鳞茎上产卵，卵期 3～5 天，卵孵化为幼虫后便开始危害。
幼虫期约 20 天，老熟幼虫在土壤中化蛹。

幼虫活动性强，可在土中转株为害。一般春季为害种，秋季

较轻。成虫产卵喜欢选择干燥的地块，大蒜栽种后或在成虫产卵盛期不能及时浇水，则落卵量大增，幼虫也喜欢干燥的土壤，降雨和灌溉可减轻其危害。

蒜蛆成虫对未腐熟的粪肥及发酵的饼肥均有强趋性。故施用未腐熟的粪肥、厩肥或发酵的饼肥易招致其产卵为害重。大蒜在烂母期发出特殊臭味，招致种蝇和葱蝇在表土中产卵，所以大蒜在烂母期受害最重。幼虫在葱蒜类蔬菜地下部的根与假茎间钻成孔道，蛀食心叶，使组织腐烂，叶片枯黄、萎蔫乃至成片死亡。

蒜蛆以幼虫群集为害蒜头，从根茎间侵入，多向上咬食 2～3 厘米，致使腐烂，自下部叶片起，叶尖枯黄至中部，呈黄白色条纹，影响大蒜生长发育，受害蒜头多呈畸形或腐烂，重者全株枯死。

3. 防治方法

（1）**农业防治** ①精选蒜种。应选用无伤、无病的大瓣蒜作蒜种。②适期播种。避开蒜蛆成虫的高发期，培育壮苗，以减轻地蛆为害。③科学运筹肥水。灌施草木灰，施用充分腐熟的有机肥，施后及时翻土，种肥分离，勤浇水。北方蒜区播种和苗期要保证供水充足，土壤墒情不足时要带水播种。出苗后浇好"满月水"烂母前适时浇水、追肥。

（2）**物理防治** ①地膜覆盖栽培，减少害虫直接危害。②糖醋诱杀成虫。采用 1＋1＋3＋0.1 的糖＋醋＋水＋90％敌百虫晶体溶液，每 667 米^2 放置 3～4 盆诱杀成虫。7～8 天更换 1 次诱液，成虫数量突增时即为盛发期，应注意及时用药防治；③灯光诱杀成虫。大蒜产区可推广使用频振式杀虫灯诱杀成虫，控制为害。一般每 2～4 公顷设置一盏频振式杀虫灯。

（3）**生物防治** 采用生物农药防治病虫害，每 667 米^2 用 1.8％阿维菌素乳油 50～80 毫升；或 Bt 乳剂 2～3 千克防治葱蝇幼虫。

（4）**化学防治** ①防治成虫可选用 90％晶体敌百虫 1：

1 000倍液，或80％敌敌畏乳油1∶1 500倍液喷雾；②防治幼虫可用48％乐斯本乳油1∶1 500倍液，或50％辛硫磷乳油1∶1 000倍液进行灌根或喷淋茎基部；也可每667米^{2}用1.1％苦参碱粉30～40克混入适量细土撒施后浇水。

(二) 蓟马

蓟马属缨翅目蓟马科，食性杂，主要为害葱蒜类蔬菜，还可以为害瓜类和茄果类蔬菜。成（若）虫锉吸式口器吸食叶汁，使蒜叶形成许多细密的灰白色条斑，严重时叶片扭曲，叶尖枯黄变白，影响大蒜的产量、质量，蓟马还可传播植物病毒。

1. 形态特征　成虫：虫体细小，长约1.3毫米，体色从淡黄色到深褐色；翅细长、透明、浅褐色，翅的周缘密生细长毛。卵：极小，肾形，乳白色。若虫：如针尖大小，全体呈淡黄色，形状似成虫，无翅或仅有翅芽。伪蛹，深褐色，形似若虫，生有翅芽。

2. 发生规律　葱蓟马在华北地区1年发生3～4代，华东地区6～10代，华南地区达20多代。主要以成虫和若虫潜藏在葱、蒜类蔬菜的叶鞘内及在杂草、枯枝、落叶和土缝中越冬。翌春成若虫开始活动为害，以锉吸取叶片中的汁液，被害叶片形成许多长形的白色的斑点，严重时叶片扭曲、皱缩，叶尖枯黄。

成虫性活泼，善飞翔，可借风势传播扩散，怕阳光直射，白天躲在叶背面或叶鞘内，早晚和阴天转移到叶面取食。成虫在叶和叶鞘组织中产卵，卵散生，并对蓝色物体有较强的趋性。

该虫喜温暖、干旱，多雨则影响其活动和生存。北方5月上旬到6月上旬，南方10月下旬至11月上旬，气候若温暖、少雨干旱，则有利于其发生为害，损失严重。

3. 防治方法

（1）农业防治　早春清除田间杂草和残株落叶、集中处理，压低越冬虫口密度。平时勤浇水、除草，可减轻危害。

（2）**物理防治** 利用蓟马对蓝色物体有较强趋性的习性，在田间每 30～40 米² 放置蓝板一块，上涂机油或其他黏性物质，对其成虫进行诱杀。

（3）**化学防治** 可喷洒 0.3％苦参碱水剂 1∶1 000 倍液；80％敌敌畏乳油 1∶1 500 倍液；50％辛硫磷乳油 1∶1 500 倍液；21％灭杀毙乳油 1∶1 500 倍液；20％复方浏阳霉素乳油 1∶1 000 倍液。

（三）潜叶蝇

潜叶蝇俗称叶蛆，属双翅目潜蝇科。国内分布在除西藏、青海和新疆之外的各省（直辖市、自治区）。寄主有 21 科 137 种植物，主害大蒜、葱类、十字花科蔬菜及豌豆等。该虫近年在中原蒜区普遍严重发生，钻蛀大蒜心叶和叶鞘，蛀食叶肉和表皮，形成弯曲的灰白色潜道，重者蒜株干枯死亡。

1. 形态特征 成虫，是一种小型蝇子，体长 2～3 毫米，翅展 5～7 毫米。复眼椭圆形，红褐色。翅透明，腹部灰黑色，背部暗黄色。卵：椭圆形，灰白色，略透明。幼虫，为长圆筒形，体表光滑柔软，初孵时为乳白色，以后变为黄褐色。蛹，卵圆形，略扁，最初为黄色，后变为褐色。

2. 发生规律 潜叶蝇 1 年发生多代。在北方和淮河以北地区以蛹在被害叶内越冬，南方以蛹或幼虫越冬，少数以幼虫和成虫越冬。早春天气转暖后成虫出现，在大蒜叶背产卵，多数产在叶背边缘的叶肉组织里。1 头雌虫可产卵 45～90 粒。卵孵化为幼虫后，潜入叶片上下表皮间食取叶肉，使被害叶片出现许多灰白色、弯弯曲曲的潜道。随着幼虫的长大，潜道由细变粗，最后在潜道末端化蛹，或在叶表皮破裂落土里化蛹。严重时 1 片叶中有幼虫数十头，叶肉几乎全部被吃光，仅剩下两层表皮，致使叶片干枯。春、秋季为害较重，夏季为害较轻。在江苏蒜区，2 月下旬开始为害，4 月中旬至 5 月中旬为害重。一年发生多代，世代重叠普遍。成虫对黄色有较强的趋性。

3. 防治方法

（1）农业防治　①消灭虫源。大蒜收获后及时处理残株枯叶，控制越夏基数。②合理布局。蒜田不要与春秋有蜜源的作物间套种或邻作，控制成虫补充营养，降低其繁殖力。③科学施肥。推广使用生物有机肥和大蒜专用肥，培育壮苗，降低成虫落卵量，减轻其发生为害。

（2）物理防治　利用潜叶蝇对黄色物体有较强趋性的习性，在田间每 30～40 米² 放置黄板一块，上涂机油或其他黏性物质，对其成虫进行诱杀。

（3）化学防治　始见幼虫潜蛀时，喷洒 48% 乐斯本乳油 1 000 倍液，1.8% 爱福丁乳油 1 000 倍液，10% 烟碱乳油 1 000 倍液，10% 氯氰菊酯乳油 2 000 倍液。视虫情 7～8 天 1 次，连防 2～3 次。

（四）蚜虫

危害大蒜的蚜虫有桃蚜、葱蚜，属同翅目蚜科。蚜虫食性杂，其寄主多达 38 科 144 种植物。蚜虫吸食蒜叶汁液，造成蒜叶卷缩变形，褪绿变黄而枯干；同时传播大蒜花叶病毒，导致大蒜种性退化。

1. 形态特征　有翅蚜：体长 2 毫米左右，头、胸部黑色，腹部淡绿色、橘红色、胸翅透明，腹管黑色，细长筒形。无翅蚜：体肥硕、卵圆形、体色黄绿或橘红，胸部无翅，腹管浅黑色，尖筒形。卵：椭圆形，初呈浅黄色，后变黑色，有光泽。

2. 发生规律　蚜虫以卵在蔬菜、棉花或桃树枝上越冬，也可以成蚜和若蚜在温室、大棚、菜窖等比较温暖的场所越冬继续为害，靠有翅蚜迁飞扩散。蚜虫对黄色、橙色有强烈的趋性，对银灰色有负趋性。有假死性。温暖爽润的气候利于蚜虫发生，春、秋两季为害严重，尤其是久旱遇雨初晴常大发生。而夏季高温为害减轻。

与十字花科和茄科植物邻作或近村庄、桃、李树种植的蒜田，蚜虫发生为害重，而间（套）种小麦、玉米的蒜田，蚜虫发生迟，为害轻。蚜虫在寄主间频繁迁飞转移，繁殖力强，常给防治带来困难。

3. 防治方法 为了治蚜防病，防治蚜虫宜及早用药，将其控制在毒源植物上或寄主植物点片发生阶段，以遏制在发生初期、有翅蚜迁飞扩散之前。

（1）农业防治 ①合理进行作物布局。蒜地远离十字花科和茄科蔬菜及桃李园等。②清除田间杂草，减少越冬虫源。

（2）物理防治 ①利用蚜虫对银灰色有负趋性的原理，在田间悬挂银灰色薄膜条，每 667 米^2 用膜 4～5 千克，驱避蚜虫。②利用蚜虫对黄色物体有较强趋性的习性，在田间每 30～40 米^2 放置黄板一块，上涂机油或其他黏性物质，对其成虫进行诱杀。

（3）化学防治 掌握在蚜虫发生初期及早用药，将蚜虫控制在点片发生阶段。可喷洒 10% 吡虫啉 1 000 倍液或 2.5% 功夫菊酯乳油 3 000 倍液，或 80% 敌敌畏乳油 1 000 倍液。

（五）大蒜象鼻虫

大蒜象鼻虫即咖啡豆象，是蒜头贮藏期的主要害虫，属鞘翅目长角象科。

1. 形态特征 其成虫体长 2.5～4.5 毫米，长椭圆形。头顶宽而扁平，喙短而宽。复眼黑色。触角棒状，前背板梯形，前缘向前缩成圆形，后缘和两侧缘基角尖锐。卵，椭圆形。初光亮乳白，后呈透明状。幼虫，共 3 龄。老熟幼虫体长 4.5～6.0 毫米，近蛴螬形，乳白色或乳黄色。头大而圆，不缩入前胸，淡黄色。胸足退化。裸蛹，乳黄色。

2. 发生规律 江苏一年发生 3～4 代，以幼虫在蒜头、枯棉铃和玉米秆里越冬。越冬代、1 代和 2 代成虫期分别在 5 月下旬至 6 月下旬、7 月中旬至 8 月中旬和 9 月中旬至 10 月中旬。2 代幼虫少量滞育越冬，3 代幼虫大量滞育越冬，少数孵化早的幼虫能发育成第四代成虫（不能越冬）。越冬代成虫盛发时，正值蒜头收藏期，大量飞到蒜头上产卵，1、2代成虫陆续在蒜头上产卵繁殖、为害，蒜蒂被蛀空极易散瓣。成虫性活泼，有假死性、趋光性和向上转移的习性。主要产在潮蒜头的根蒂部，极少产在蒜梗上。产卵期可持续1个月左右，初孵幼虫在寄主组织里边咬食边钻蛀，老熟后在寄主组织内筑蛹室，后脱皮成蛹。

3. 防治方法　咖啡豆象为国际国内检疫对象，故要采取农业、检疫和化学防治相结合的综合防控措施，方可奏效。

（1）加强检疫　该虫远距离传播扩散主要是随着被害的蒜头或其他农副产品的贸易、调运而实现，因此，要防治害虫扩散为害，首先要做好产地的检疫工作。一般仓库里可用10毫升/米³80%敌敌畏蘸棉球熏蒸72小时，效果良好。

（2）农业防治　①清洁植株残体，压低虫源。收购蒜头时（7月中下旬）、或加工厂加工蒜头时、或秋播前，注意将整理下来的蒜蒂、蒜梗等残物处理掉，除了深埋、沤肥外，更经济有效的办法是将这些残物粉碎，加工成饲料添加剂。可有效地杀灭其中的1、2代幼虫和蛹等。玉米秆、棉花秸（枯铃）等越冬寄主尽量在来年收蒜前处理掉；②大蒜收获时，有条件的用机械方法快速干燥，减少越冬代成虫落卵量；③采用地膜覆盖等促进早熟的栽培措施，使收蒜期与越冬代成虫产卵期错开。

（3）化学防治　在蒜头收获、晾晒、挂（堆）藏过程中，可采用高效、低毒、低残留、击倒性强、药效期较长的农药（拟除虫菊酯类杀虫剂），或具有忌避作用的农药进行喷雾防治，也可采用敌敌畏棉球熏杀，方法同前。

（六）大蒜粪蚊

属双翅目粪蚊科的害虫，在大蒜整个生育期都可为害，是大蒜生产上的危险性害虫。

1. 形态特征　成虫：雌虫体长2.5～2.8毫米，雄虫略小。全身黑色，有光泽，触角短而粗。头下有短而粗的喙。前翅无色透明，后翅退化成平衡棍，腹部圆筒形。卵：长椭圆形，长约

0.2毫米，初期乳白色，以后变为黄色。幼虫：老熟幼虫体长3.9～4.1米，黄褐色，头部后喙有很深的纵切痕。腹节无足，蠕动行走。蛹：体长2.5～3.0毫米，头部很像幼虫，无刺，末节钝圆形。

2. 发生规律 大蒜粪蚊以蛹或老熟幼虫在土壤或被害蒜头中越冬。成虫在蒜株根部土壤表层内产卵，多数堆产，少数散产。初孵幼虫聚集在大蒜的假茎基部，由外向内蛀食，破坏假茎组织，使植株萎蔫枯死。当蒜瓣形成时，幼虫则蛀食蒜瓣外的嫩皮部分，使蒜瓣变软、变褐、腐烂，瓣肉裸露，甚至引起整个蒜头腐烂。幼虫具群居性，在被害蒜株内常有数条乃至数十条聚集在一起。

生育期适温为15～27℃，适宜的土壤湿度为土壤相对持水量的95％。成虫具趋腐性，幼虫喜欢在潮湿、弱光及腐烂环境中生活。

3. 防治方法

（1）农业防治 ①避免连作，实行3～4年轮作。②春播地区于秋季深耕翻地，消灭越冬虫蛹及幼虫。秋播地区于夏季深耕翻地，实行晒垡，消灭残留在土壤中的虫蛹及幼虫。③大蒜生长期间加强除草、松土，使植株根际周围的表土干燥，抑制虫卵孵化和幼虫活动。

（2）化学防治 ①成虫盛期用敌敌畏熏蒸，具体方法同蒜蛆防治；②幼虫期用50％辛硫磷乳油800倍液罐根。

（七）轮紫斑跳虫

1. 形态特征 成虫：体长约1毫米，近球形，紫黑色，柔软，头部有聚生眼和触角各1对，为咀嚼式口器，腹部近球形，后腹有发达的弹跳器，弹跳非常迅速。若虫形态与成虫相似。

2. 发生规律 该虫多群集于低洼潮湿地带的腐殖土壤内，以成虫及若虫在土块下越冬。抗寒性较强，当气温上升至10℃

左右时便开始活动为害，一般多群集在蒜苗下部 1～5 片叶上，主要啃食叶正面的叶肉，先将叶尖上的叶肉吃成小孔洞，再向叶基部啃食。为害严重时每株受害蒜苗上有虫数十头乃至近百头，将叶肉啃食殆尽，只留叶脉，最后叶脉也干枯，致使整株蒜苗枯死，造成缺苗断垄。

3. 防治方法

（1）农业防治　①实行轮作，深翻地，消灭越冬虫源；②使用经过充分腐熟的有机肥作基肥，适当控制灌水，加强松土保墒，防止土壤表层过分潮湿、板结。

（2）化学防治　在发生危害始盛期，每 667 米² 喷洒 80% 敌敌畏乳油 1 000 倍液 40～50 千克。重点喷洒植株下部叶片及植株周围地面，杀灭其中的成虫及若虫。

（八）螨类

为害大蒜的螨类有根螨、腐嗜酪螨和瘿螨 3 种，它们都具有分布广、繁殖快、为害重的特点。其中，根螨是大蒜田间及贮藏期间的危险害虫；腐嗜酪螨主要为害贮藏蒜头；瘿螨又叫郁金香螨，均为世界性害虫，除为害葱蒜类蔬菜外，还为害麦类、玉米及树木等。

1. 形态特征

（1）根螨　成螨：体长 0.58～0.81 毫米，宽卵圆形，似洋梨状，表面白色，光滑发亮，有 4 对短而粗的足。卵：椭圆形，长 0.2 毫米，乳白色，较透明。

（2）腐嗜酪螨　成螨：卵圆体，体长 0.51～0.61 毫米，体表光滑，乳白色，半透明，有 4 对短而粗的足。卵：长椭圆形，长 0.09～0.12 毫米，乳白色。

（3）瘿螨　成螨：体形很小，为胡萝卜状、乳黄色蠕形虫。卵：近球形，乳白色，略透明。若螨：初孵若螨无色，半透明，蜕皮后逐渐变为乳白色，随着螨龄的增大，体色略有加深。

2. 发生规律

（1）根螨　以成螨和若螨在大蒜鳞茎或植株内或土壤中越冬。成螨在大蒜鳞茎基部的凹陷处产卵，多为单粒或数粒，每个雌螨约产卵 600 粒。一般为 20～30 天繁殖 1 代，发育适温 20～25℃。易发生在有机质丰富的酸性砂质土壤中。成螨及若螨蛀食大蒜植株的鳞茎，使被害鳞茎腐烂发臭，地上部枯萎死亡。贮藏蒜头被害时也会腐烂发臭或干燥成为空壳。

（2）腐嗜酪螨　以卵、若螨或成螨在蒜头内越冬。成螨在大蒜鳞茎茎盘上的蒜瓣基部缝隙处产卵，或在被害部位的孔洞中产卵，多数产卵成堆，少数为单粒；而在蒜瓣表面产卵的，多为单粒，极少数产卵成堆。每头雌螨产卵 85～100 粒。繁殖适温为 20～24℃，最适空气相对湿度为 80%～100%。具群居性，喜生活在潮湿霉烂的环境中。成螨及若螨为害蒜头时，初期蛀食蒜瓣表面，以后逐步蛀入蒜瓣内部，形成许多不规则的孔洞。被害蒜头在潮湿的条件下腐烂，在干燥条件下则枯黄干瘪。在田间，蒜株鳞茎基部受害后，则引起腐烂发臭，导致蒜株枯死。

（3）瘿螨　繁殖的最适温、湿度为 15～20℃、70%～95%。气温低于 3℃、空气相对湿度小于 60% 时，生育停止。以成螨和若螨为害贮藏的蒜头，有时田间蒜头也可受为害。多从蒜头的茎盘边缘缝隙处入侵，在蒜瓣基部的肉质部刺吸汁液，以后逐渐转移到蒜瓣的尖端部为害，使蒜瓣逐渐萎蔫、变褐、干枯，蒜头成空壳。在湿度高的条件下，被害蒜头的伤口还会感染许多病菌，使蒜头腐烂发臭。

瘿螨还是病毒病的传毒媒介，带毒量大，传毒快，毒期长，为害重，对大蒜的传毒率达 100%。凡被瘿螨为害过的大蒜，播种后长出的幼苗呈现多种病毒症状，生长缓慢，不抽薹，不形成蒜头或形成独头蒜。

3. 防治方法

（1）农业防治　①不与大蒜、洋葱、韭菜连（邻）作，实行

3～4 年轮作。②及时清除田间被害植株，烧毁或深埋，以减少螨源；③播种前严格选种，淘汰有病、虫的蒜瓣，选择健壮蒜播种；④掰蒜后剩下的蒜皮、蒜根、蒜薹残桩基茎盘要全部集中烧毁，以减少侵染源。

（2）农药防治 ①蒜头贮藏期间如发现螨害时，可用硫黄粉熏蒸。1 米^{3}空间用硫黄粉 100 克，加入少量锯末木屑，拌匀后装在容器中，放在蒜头贮藏室内，点燃后将门窗封闭，熏蒸 24 小时，杀螨效果达 100％，对卵无效，可待卵孵化后再熏蒸 1 次。②将种瓣用 80％敌敌畏乳油 1 000 倍液浸泡 24 小时。③播种时先在播种沟中均匀撒乙硫磷颗粒剂，每 667 米^{2}用量 3～4 千克。④大蒜在田间生长期间（安全间隔期内）可选用 80％敌敌畏乳油 300～400 倍液灌根。

三、大蒜田草害防治

蒜田草害种类多、发生早、发生量大、危害期长，常与大蒜争光、争水、争肥，是影响大蒜产量的主要因素之一，特别是地膜栽培的大蒜田，由于地膜覆盖，人工除草不便，防除难度较大，如防除不及时，常出现草顶膜现象。为有效控制蒜田杂草的危害，生产上应采取农业防除技术和化学防除技术相结合的综合措施加以控制。

（一）农业防治措施

1. 深翻整地 将表土层草籽翻入 20 厘米以下，抑制出草。同时捡除深层翻上来的草根（如小旋花等）。

2. 合理密植 依栽培方式和收获目标的不同，进行相应的合理密植，创造一个有利于大蒜生长发育而不利于杂草生存竞争的空间环境。

3. 轮作换茬 一般有条件的地区可实行 2～3 年一周期的水旱轮作。水源缺乏的半干旱地区，可实行旱茬轮作换茬。

4. 覆草 秋播蒜时覆 8～10 厘米厚的麦秸、稻草、玉米秸、高粱秸等，不仅能调节田间温、湿度和改土肥田，而且能有效地抑制出草。

5. 使用除草地膜　地膜蒜田草害严重，应大力推广除草药膜和有色（尤其是黑色）地膜，使增温保墒和除草有机结合。

（二）化学防除措施

1. 不同时期蒜田除草剂的选择

①播后苗前进行土壤处理：ⓐ防除禾本科杂草可选用除草通、大惠利、氟乐灵等除草剂；ⓑ防除莎草和禾本科杂草可选用莎扑隆防除；ⓒ防除禾本科杂草、莎草和阔叶草可选用果尔、旱草灵、恶草灵、抑草灵等除草剂；ⓓ防除禾本科杂草和阔叶草可选用扑草净、绿麦隆、异丙隆等。

②大蒜立针期，防除禾本科杂草、莎草和阔叶草，可选用旱草灵、果尔、恶草灵、抑草宁等，但蒜苗 1 叶期禁用药。

③大蒜 2 叶以后，防除禾本科杂草、莎草和阔叶草，可选用果尔、旱草灵等除草剂，但蒜苗 2 叶前禁喷药。

2. 蒜田草害化学防除技术要点

①禾本科杂草的化学防除。大蒜播后苗前，667 米² 用 48％氟乐灵乳油 200～250 毫升、或 33％除草通乳油 200～250 毫升、或 50％大惠利可湿性粉剂 120～140 克、或 200 克绿麦隆可湿性粉剂与 80 毫升氟乐灵乳油混合对水 40～60 千克均匀喷雾。

②莎草的化学防除。大蒜播后苗前，每 667 米² 用 50％莎扑隆可湿性粉剂 450～800 克，对水 50 千克均匀喷雾，或在播前喷药，混土后播蒜。

③阔叶草的化学防除。ⓐ牛繁缕、猪殃殃、婆婆纳、大巢菜等阔叶草的防除。大蒜播后苗前，每 667 米² 用 50％扑草净可湿性粉剂 80～100 克，对水 30～50 千克均匀喷雾，要求墒情好。用量加大时也可除禾本科杂草及莎草，但安全性差，特别是砂质土蒜田易发生药害。ⓑ小旋花的防除。在小旋花苗 6～8 叶期（避开大蒜 1 叶 1 心至 2 叶期），每 667 米² 用 25％恶草灵 120 毫

升、或 24％果尔 50 毫升、或 40％旱草灵 100 毫升、或 37％抑草宁 170 毫升，对水 50～60 千克均匀喷雾即可。ⓒ繁缕、卷耳等石竹科杂草的防除。在繁缕、卷耳等石竹科杂草子叶期，每 667 米^{2}用 24％果尔 66 毫升、或 40％旱草灵 100 毫升，对水 40～50 千克均匀喷雾；或大蒜播后苗前，每 667 米^{2}用 50％异丙隆 200～250 克，对水 50 千克均匀喷雾；或大蒜立针期，每 667 米^{2}用 37％抑草宁 140 毫升，对水 50 千克均匀喷施。

④禾本科杂草＋阔叶草的化学防除。在大蒜播后苗前，每 667 米^{2}用 50％异丙隆 150～200 克、或 25％绿麦隆 300 克，对水 50 千克均匀喷雾，要求土表湿润。若每 667 米^{2}绿麦隆≥400 克，对大蒜和稻蒜轮作区的后茬水稻均有药害。

⑤禾本科杂草＋莎草＋阔叶草的化学防除。在大蒜播后至立针期（以禾本科杂草为主）或大蒜 2 叶 1 心至 4 叶期（以阔叶草为主，且 4 叶期以下），每 667 米^{2}用 40％旱草灵 75～125 毫升或 37％旱草灵 100～140 毫升、或 24％果尔 48～72 毫升、或 37％抑草宁 100～150 毫升，或大蒜播后至立针期，每 667 米^{2}用 25％恶草灵 100～140 毫升，对水 40～60 千克均匀喷雾，要求土壤湿润。果尔和恶草灵用后蒜叶出现褐色或白色的斑点，但 5～7 天即可恢复，对大蒜无不良影响。

⑥地膜蒜田。在播种、洇水并待水渗下覆土后，每 667 米^{2}用 33％除草通 150～200 毫升、24％果尔 36～40 毫升、或 37％旱草灵 60～80 毫升、37％抑草灵 90 毫升，对水 50 千克均匀喷雾，然后盖膜，可控制多种常见杂草。

第二节　洋葱主要病虫草害防治技术

一、洋葱主要病害与防治

洋葱上发生的病害主要有紫斑病、霜霉病、锈病和小菌核病等几种，其防治方法如下：

（一）洋葱紫斑病

1. 危害症状　洋葱紫斑病主要危害叶片和花梗。初发病呈水渍状白色小点，后变淡褐色圆形或纺锤形稍凹陷斑，继续扩大呈褐色或暗紫色，周围常有黄色晕圈，病部长出深褐色或黑灰色具同心轮纹排列的霉状物，病部继续扩大，至全叶变黄枯死或折断。种株花梗发病率高，致种子皱缩，不能充分成熟。一般砂质土壤，缺肥生长不良，且蓟马危害较重的田块，于温暖多湿的初夏发病较重。

2. 病原及发病规律　同大葱紫斑病。

3. 防治方法

（1）农业防治　如选用抗病品种、实行轮作换茬、增施生物有机肥、清洁田园等农业综防措施。

（2）物理防治　温汤浸种。用 50℃温水浸种 25 分钟，再浸入冷水中，捞出晾干后播种。

（3）化学防治　发病初期，喷施 50％异菌脲可湿性粉剂 1 500 倍液，或 50％代森锰锌可湿性粉剂 600 倍液，或 72％锰锌·霜脲可湿性粉剂 600 倍液，或 64％恶霜·锰锌可湿性粉剂 500 倍液等，以上药剂交替使用，每 7～10 天喷 1 次，连续防治 2 次。

（二）洋葱霜霉病

1. 危害症状　洋葱霜霉病主要危害叶片，发病轻时病斑呈苍白绿色，长椭圆形，发病重时，叶片发黄或枯死，病叶呈倒 V 字形。花梗染病后，易从病部折断枯死。鳞茎染病后变软，外部的鳞片表面粗糙或皱缩，植株矮化，叶片扭曲畸形，湿度大时，病斑处长出白色至紫灰色霉层。一般地势低洼、排水不畅、重茬田块发病较重，阴凉多雨或常有大雾的天气易流行。

2. 病原及发病规律　同大葱霜霉病。

3. 防治方法

（1）农业防治　①选择地势高、易排水，且与葱蒜类以外的作物实行 2～3 年轮作或水旱轮作等。②选用抗病强的品种。③收获时及时清理田间病残体，带出田外，深埋或烧毁。④科学施肥，增施生物有机肥。

（2）物理防治　温汤浸种。用 50℃ 温水浸种 25 分钟，再浸入冷水中，捞出晾干后播种。

（3）化学防治　①播前药剂拌种。用种子重 0.3％ 的 35％ 多米尔颗粒剂拌种，杀死种子上病菌。②及时用药。发病初期，喷施 72％ 锰锌·霜脲可湿性粉剂 600 倍液，或 64％ 恶霜·锰锌可湿性粉剂 600～800 倍液，或 72.2％ 霜霉威水剂 700 倍液等，每 7～10 天喷 1 次，以上药剂交替使用，连续防治 2～3 次。

（三）洋葱小菌核病

葱类菌核病于 1909 年在我国台湾省首次发现，目前我国各地均有发生。它危害大葱、洋葱、蒜、韭菜、薤等蔬菜。在中温高湿气候条件下发病严重。

1. 危害症状　洋葱小菌核病可危害叶片、花梗。发病初期，受害植株叶片和花梗先端变色，然后渐渐向下面发展延伸，叶褪绿变褐，植株部分甚至全株下垂枯死。将受害植株从土中拔出，可以看到其地下部变黑腐败。后期病部呈灰白色，内部长有白色绒状霉，并混有黑色短杆状或粒状菌核。黑色菌核多分布在近地表处，呈不规则形片状，有时整个合并在一起。

2. 病原及发病规律　菌核病属真菌病害，其病原菌为大蒜核盘菌。病菌以菌丝体或菌核在病残株或土壤中越冬。翌年条件合适时形成子囊盘，产生大量子囊孢子随风雨传播，或直接产生菌丝扩展蔓延传播。病菌要求较低的温度和高湿度，当温度为 14～20℃、土壤湿度较高时发病严重。

3. 防治方法

（1）农业防治　①选用籽粒饱满、新鲜、无病的种子。选用健壮、无病秧苗定植；②与非葱蒜类蔬菜实行 2 年以上的轮作；③加强水肥管理。雨天及时排水防涝，降低田间湿度。平衡施肥，增施生物有机肥，提高植株抗病能力；④合理密植，改善植株通风条件；⑤经常检查田间病情，及时拔除病株，集中深埋或烧毁。收获后彻底清洁田园，减少田间病源。

（2）化学防治　发病初期，用50％多菌灵可湿性粉剂500倍液，或40％菌核净可湿性粉剂1 000～1 500倍液，或50％速克灵可湿性粉剂1 500倍液，或40％多硫悬浮剂1 500倍液，或50％农利灵可湿性粉剂1 000倍液喷雾。上述药剂任选一种，交替使用，每10天喷1次，连续喷2～3次。

（四）洋葱锈病

1. 危害症状　洋葱锈病主要危害叶片、花梗及假茎。发病初期表皮上产生椭圆形稍隆起的橙黄色疮斑，后表皮破裂外翻，散出橙黄色粉末。一般春秋多雨，气温较低的年份，肥料不足及植株生长不良发病重。

2. 病原及发病规律　同大葱紫斑病。

3. 防治方法

（1）农业防治　选用抗病品种、实行轮作换茬、清洁田园、增施生物有机肥等。

（2）物理防治　温汤浸种，方法同洋葱紫斑病。

（3）化学防治　发病初期，喷施15％三唑酮可湿性粉剂1 500～2000倍液，或70％代森锰锌可湿性粉剂1 000倍液加15％三唑酮可湿性粉剂2 000倍液，或40％氟硅唑乳油8 000～10 000倍液等，以上药剂交替使用，隔10天喷1次，连续防治2次。

（五）洋葱颈腐病（灰色腐败病）

1. 危害症状　生长期和贮藏期均可发病，主要危害叶鞘和鳞茎。生长期受害时，下部几处叶鞘变黄、软化和下垂。鳞茎颈部有大块淡褐色至赤褐色的病斑，后期内部组织腐烂。潮湿时，病部生有大量灰色霉层，后期干缩并产生大量菌丝和黑色菌核。贮藏期间受害时，鳞茎颈部、肩部产生淡褐色的凹陷病斑并软化；鳞片间生有灰色霉层，产生许多黑色菌核。

2. 病原及发生规律　洋葱颈腐病属真菌病害，由葱腐葡萄孢侵染引起，其寄主一般为洋葱。病菌以菌丝或菌核在鳞茎或病残体上越冬，或随洋葱鳞茎在贮藏场所越冬。翌年越冬菌丝或菌核产生分生孢子，随气流传播。分生孢子萌发后产生芽管，由伤口或衰弱的下部叶的叶鞘侵入，并向下扩展，导致鳞茎颈部发病。

较低的温度和高湿度有利于该病害发生。生长后期连续阴雨，收获前灌水，收获及晾晒时遇雨，易发病。此外，植株贪青徒长发病重。

3. 防治方法

（1）农业防治　①选用抗病品种，注意轮作换茬；②选择排水良好、地势高燥地块，采用高畦、高垄栽培，合理灌溉，严禁大水漫灌，雨后及时排水，降低田间湿度；③实行配方施肥，适时早追肥，避免氮肥施用过多或过晚，增施生物有机肥及磷、钾肥，并适当施用镁肥，以提高鳞茎贮藏性能；④晴天收获，及时晾晒，避免雨淋；⑤贮藏前剔除病残鳞茎，贮藏时注意通风，保持0℃的库温和65％的空气相对湿度。

（2）化学防治　发病初期可用50％速克灵可湿性粉剂1 500倍液，或75％百菌清可湿性粉剂600倍液，或50％扑海因可湿性粉剂1 500倍液，或65％万霉灵可湿性粉剂1 500倍液，或70％甲基托布津可湿性粉剂1 000倍液，或45％特克多悬浮剂3 000倍液喷雾。上述药剂任选一种，可交替施用，隔10天喷1次，连喷2～3次。

（六）洋葱黑粉病

1. 危害症状　主要为害叶片、叶鞘、鳞片。苗期即可发病，病苗生长衰弱，叶片稍萎缩且微黄，局部扭曲，严重时病株显著矮化或死亡。成株受害时，叶片、叶鞘、鳞片上有银灰色条斑，后破裂后散出黑色粉末。发病严重时，鳞茎不能形成，植株枯死。

2. 病原及发生规律　洋葱黑粉病属真菌病害，可危害洋葱、大葱等。病原菌为担子菌亚门洋葱条黑粉菌，以厚垣孢子在病残体上或土壤中越冬。种子和未充分腐熟的粪肥都可带菌。翌年当温湿度合适时，越冬菌萌发进行初侵染，主要从幼芽入侵。以后产生的厚垣孢子，借风雨传播。

病菌孢子萌发、侵入需要较高的湿度，特别是较高的土壤湿度，同时孢子萌发要求较低的温度，孢子萌发的适温为 13～20℃，发病的适温为 18℃。较低温度和高湿，易导致该病发生；氮肥过多，幼苗徒长发病也重。

3. 防治方法

（1）农业防治　①选用无病种子和种苗；②与非葱蒜类蔬菜实行 2 年以上轮作；③精细整地，适时播种，播种不要过深，保持土壤不湿不干，促进出苗、出壮苗；④有机肥应充分腐熟，实行配方施肥，增施生物有机肥，避免偏施氮肥，提高植株抗病力；⑤经常检查田间，及时拔除病株，集中烧毁；⑥接触过病苗的手、农具应消毒，病株穴撒施石灰、硫黄（1∶1）混合粉，每 667 米²10 千克。

（2）化学防治　①播种前用商品甲醛稀释 60 倍液喷洒苗床；②定植时可用 50％福美双 1 千克加干细土 100 千克充分混匀后撒施于土壤，进行消毒处理。

（七）洋葱软腐病

1. 危害症状　生长期间和贮藏运输期间均可发病，主要危害叶片和鳞茎。生长期间发病，一般在植株外层的 1～2 片叶的下部产生水浸状、半透明病斑。后期病斑向下扩展到叶鞘基部，使叶鞘基部软化腐烂并散发出臭味，外叶倒伏。鳞茎受害时，外部鳞片呈水浸状凹陷病斑并软化。不久，鳞茎内部腐烂发臭，汁液外流，发病严重时全株腐烂。在贮藏运输期间仍能发病，鳞茎水浸状崩溃，流出白色汁液，严重时造成烂窖。

2. 病原及发生规律 同大葱软腐病。

3. 防治方法 在晴天收获鳞茎，及时晾晒并避免雨淋或阳光直晒。贮藏前严格挑选，剔除病、烂、伤残鳞茎。其余防治方法同大葱软腐病。

（八）洋葱茎线虫病

1. 危害症状 苗期、成株期、贮藏期均可受害。种子萌芽不久被线虫入侵引起幼苗发病，由于线虫在幼苗生长点，故常引起幼苗早期枯死。成株受害时，病株矮化、畸形，新生叶有淡黄色小斑点。鳞茎外表皮出现白色斑点，内部组织疏松。鳞茎顶部与叶片基部变软，外部鳞片干枯脱落。有时鳞茎内部幼嫩鳞片继续生长，使受害枯死鳞片与鳞茎盘向外胀开，形成破裂葱头。贮藏期间鳞茎受害时，外层肉质鳞片撕裂呈白色海绵状。同时病部常有其他病菌侵染，发生腐烂并伴有臭味。

2. 病原及发生规律 致病生物为洋葱茎线虫。雌雄成虫均为线状，成虫长约 15 毫米，透明乳白色。口针三棱形，能穿透植物细胞吸食其中的汁液。洋葱茎线虫以卵、幼虫、成虫在土壤、病残体和鳞茎中越冬，幼虫和卵在干鳞茎内处于假死状态，可保持长达十多年的生命力，一旦处于温暖潮湿条件，便可恢复活动。线虫可随带病的种子、鳞茎和幼苗传播，在田间可随风雨、灌溉水、人、畜和农具等传播。贮藏期间线虫还常从胀裂鳞茎中爬出，进行再侵染。线虫喜温湿环境，土壤较湿润且温暖在 20～30℃时，线虫为害严重。

3. 防治方法

（1）加强植物检疫 严禁从病区调入带病种子、鳞茎和幼苗到无病区。

（2）农业防治 ①选用无线虫种子、鳞茎、幼苗；②与非葱蒜类作物实行轮作，最好与粮食作物实行 2 年以上轮作；③经常检查田间，及时拔除病株，集中烧毁或深埋。④清洁田园，及时铲除田间杂草，减少线虫的寄主地。收获后彻底清除田间残枝老叶，减少田间虫源。④增施生物有机肥或生物菌剂减轻土传害虫危害。

（3）**物理防治**　种子处理。为了确保种子和鳞茎不带线虫，将种子放入 18℃水中浸泡 1 小时，再在 50℃温水中浸泡 5～10 分钟；鳞茎可用 45℃温水浸泡 1.5 小时。

（4）**化学防治**　①利用生物农药灌根。在洋葱定植前后，用 934 增产剂 100 倍液灌根进行预防。②在定植后，如果发现有线虫，可用阿维菌素类药剂，如 1‰螨虫清 2 000 倍液，或 1.8% 阿巴丁 3 000 倍液，或 1.8‰海正灭虫灵 3 000 倍液混合 934 增产剂 100 倍液灌根，可有效地杀死线虫。

（九）洋葱炭疽病

1. 危害症状　主要为害叶片和鳞茎。叶片受害时，出生不规则淡灰褐色病斑，病斑上长出许多小黑点，后期病斑扩大而引起上部叶片枯死。鳞茎刚受害时，外层鳞片产生深褐色圆形斑纹，后期扩大成大病斑，上面散生或轮生小黑点。发病严重时，鳞茎的病斑深凹腐烂。

2. 病原及发生规律　洋葱炭疽病属真菌病害，病原菌为洋葱炭疽刺盘孢。以分生孢子盘随病残体在土壤中越冬，也可在贮藏的鳞茎中越冬。翌年分生孢子盘产生分生孢子，借雨水飞溅传播蔓延。带菌鳞茎的调运可进行远距离传播。病菌喜温湿，分生孢子的形成与传播，需高湿度和水滴存在。病菌发育最适温为 20℃，分生孢子萌发适温为 20～26℃。温暖高湿，尤其鳞茎生长期为阴雨天时，发病严重。

3. 防治方法

（1）**农业防治**　①选择抗（耐）病品种。一般紫皮、辣味浓的品种抗病性较强，黄皮品种次之，白皮品种抗病性弱；②与非葱类作物实行 2 年以上轮作；③选择排水良好，地势高燥的地块种植；④实行配方施肥，增强植株抗病力；⑤合理灌溉，雨后及时排水，降低田间湿度；⑥收获后清除残株老叶，深翻土地，减少田间菌源。⑦加强收获和贮藏管理。晴天收获，及时晾晒并避免雨淋。贮藏以架贮为宜，并将温度保持在为 0～2℃，空气相对湿度在 65％左右。

（2）化学防治　在雨季前或发病初期，选用 70％甲基托布津可湿性粉剂 1 000 倍液，或 77％可杀得可湿性粉剂 600 倍液，或 80％炭疽福美可湿性粉剂 800 倍液，或 40％多硫悬浮剂 600 倍液，或 80％代森锰锌可湿性粉剂 600 倍液喷雾。上述药剂任选一种，交替施用。

（十）洋葱黄矮病

其症状、病原及发生规律和防治方法，参考大葱黄矮病。

（十一）洋葱疫病

其症状、病原及发生规律和防治方法，同大葱疫病。

二、洋葱主要虫害与防治

洋葱的主要害虫有葱斑潜蝇、葱蓟马、葱地种蝇、甘蓝夜蛾、甜菜夜蛾、葱须鳞蛾和葱蚜等。防治技术如下：

1. 葱蚜　又叫台湾韭蚜、葱小瘤蚜，属同翅目蚜科。可为害葱、蒜、洋葱、韭菜等百合科蔬菜。

（1）**形态特征**　有翅孤雌蚜长 2.4 毫米，头、胸黑色，中、后胸具黑色圆斑，腹部黑褐色，有光泽。无翅孤雌若蚜，体色由黄绿色渐变为红褐色，其他特征似有翅孤雌蚜。有翅孤雌若蚜体淡黄褐色，翅芽乳白色。若虫共 4 龄，末龄若虫体长约 2 毫米。

（2）**发生规律**　葱蚜 1 年发生 20～30 代，如果温度合适可终年繁殖为害。通常以成虫、若虫群集在葱、洋葱等叶片上或花内，吸取汁液。轻者使叶片变黑，植株衰弱；重者使叶片枯黄，植株矮小、萎蔫，严重影响产品质量和产量。葱蚜冬季可在贮藏的洋葱鳞茎内继续为害，致使鳞茎失去汁液而商品价值下降。

在我国北方地区，以若蚜在贮藏的洋葱鳞茎上越冬。春秋季发生量大，为害重。成蚜和若蚜均有群集性，初期多集中在植株分蘖处，当虫量大时布满整株。葱蚜有假死性，趋嫩性，背光性，一般集中在叶背面。

（3）防治方法

①加强检疫管理：防治秋冬季运输蒜或洋葱时，人为地将带有葱蚜的蒜或洋葱从一地传播到另一地。

②农业防治：清洁田园，清除杂草、残株和老叶，减少葱蚜寄生场所。

③物理防治：一是利用黄板诱杀。利用其对黄色有较强趋性的习性，在田间每 30～40 米² 放置黄板一块，上涂机油或其他黏性物质，对其成虫进行诱杀。二是用银灰色薄膜驱避。利用其对银灰色薄膜有负趋性的习性，在田间悬挂 10～15 厘米宽的银灰色薄膜条，每 667 米² 用量 4～5 千克，驱避葱蚜，阻止其飞入洋葱田。

④化学防治：可用 10％吡虫啉可湿性粉 5 000 倍液喷雾，或 50％抗蚜威可湿性粉剂 2 000 倍液，或 2.5％溴氰菊酯乳油 5 000 倍液喷雾。

2. 洋葱常见害虫 除葱蚜外，葱斑潜蝇、葱蓟马、葱地种蝇、甘蓝夜蛾、甜菜夜蛾和葱须鳞蛾等主要常见害虫的防治方法，请参考本章第四节中大葱虫害防治部分。

三、洋葱田草害防治

洋葱田间杂草主要有看麦娘、硬草、猪殃殃、荠菜、小蓟、小旋花、牛繁缕等，其防治方法：

1. 农业防治 ①深翻耕地，将表土层杂草种子翻入 20 厘米以下，抑制草种发芽，同时捡除深层翻上的杂草的地下根茎。②实行水旱轮作换茬，降低杂草基数。③在洋葱生长期间，加强管理，及时进行人工中耕锄草。

2. 物理防治 应用除草膜或有色地膜（特别是黑色膜）

抑草。

3. 化学除草　①防除禾本科杂草。定植前土壤处理，特别是地膜覆盖栽培的田块，通常每 667 米^{2}用 48％氟乐灵乳油 200～250 毫升，或 33％除草通乳油 200～250 毫升防除禾本科杂草；②防除阔叶杂草。用 50％扑草净可湿性粉剂 80～100 克，对水 30～50 千克喷防，用于防除阔叶杂草；③防治莎草类杂草。用 50％莎扑隆可湿性粉剂 450～800 克，对水 50 千克喷洒，用于防治莎草类杂草。处理土壤时，应注意土壤保墒增墒，7～10 天后即可定植洋葱。

第三节　韭菜主要病虫草害防治技术

一、韭菜主要病害与防治

韭菜生产上经常发生的主要病害有韭菜灰霉病、韭菜疫病、锈病和炭疽病等，其防治方法如下：

（一）韭菜灰霉病

1. 危害症状　主要为害叶片，分为白点型、干尖型和湿腐型。白点型和干尖型初在叶片正面或背面生白色或浅灰褐色小斑点，由叶尖向下发展，病斑扩大后呈椭圆形或梭形，可互相汇合在斑块，致半叶或全叶枯焦。湿腐型发生在湿度大时，叶上不产生白点，枯叶表面密生灰至绿色绒毛状霉，伴有霉味。干尖型由割茬刀口处向下腐烂，初呈水浸状，后变淡绿色，有褐色轮纹，病斑扩展后多呈半圆形或 V 字形，并可向下延伸 2～3 厘米，呈黄褐色，表面生灰褐或灰绿色绒毛状霉。韭菜在贮运中，病叶会出现湿腐型症状，完全湿软腐烂，其表面产生灰霉。

2. 病原及发生规律　病原菌为半知菌亚门葱鳞葡萄孢属真菌。主要靠病原菌的无性繁殖体，即病叶上的灰霉传播蔓延。每次收割韭菜都会把病菌散落于土表，致新生叶染病。该病菌生长温限 15～30℃；适合于菌丝生长的温度为 15～21℃。27℃产生最多，并以此菌核越夏。秋末冬初韭菜扣棚后始见发病，由于菜棚等设施内生态环境适合发病，只要有菌源，病情不断加重。此病菌还可侵染大葱、大蒜等蔬菜。

3. 防治方法

（1）农业防治　①清洁田园，及时清除病残体。②适时通风降湿，这是防治韭菜灰霉病的关键。

（2）化学防治　①用 6.5% 多菌·霉威粉尘剂，每 667 米² 用药 1 千克，7 天喷 1 次。晴天用 40% 二甲嘧啶胺悬浮剂 1 200 倍液，或 65% 硫菌·霉威可湿性粉剂 1 000 倍液，或 50% 异菌脲可湿性粉剂 1 000～1 600 倍液喷雾，7 天 1 次，连喷 2 次。②每667 米² 用 10% 腐霉利烟剂 260～300 克，分散点燃，关闭棚室，熏蒸一夜。

（二）韭菜疫病

1. 危害症状　韭菜的根、茎、叶、花薹均可被害，以假茎和鳞茎受害最重。叶片及花薹染病，多始于中下部，初为暗绿色水浸状，长 0.5～5.0 厘米，有时扩展到叶片或花薹一半时，病部失水后缢缩，引起叶、薹发黄、下垂、腐烂，湿度大时，病部长出稀疏白霉。假茎受害时，呈水浸状浅褐色软腐，叶鞘易脱落，湿度大时，其上也长出稀疏白霉。鳞茎被害时，根盘部呈水浸状，浅褐色至暗褐色腐烂，纵切鳞茎，内部组织变浅褐色，影响体内养分贮存，使生长受抑制，新生叶片纤弱。根部染病变褐色腐烂，根毛明显减少，影响水分吸收，根部寿命大为缩短。高温多雨、湿度过大时易发病。

2. 病原及发生规律　由鞭毛菌亚门真菌的烟草疫霉菌侵染引起。以卵孢子在土壤中病残体上越冬，翌年条件适宜时，产生孢子囊和游动孢子，侵染寄主后发病，在降雨、结露等湿度大时，又由病部长出孢子囊，借风雨传播蔓延，进行重复侵染。25～32℃最适宜病菌发育。设施栽培时，棚内温度超过 25℃，若放风不及时导致通风不良，湿度过大时发病较重。

3. 防治方法

（1）农业防治 ①韭菜分苗时，严格检查，不从病田取苗栽种。②轮作换茬，避免连茬种植。③加强管理，控制浇水量和次数。④疏通好田间排涝系统，防止雨涝灾害。

（2）化学防治 ①发病初期用 60％甲霜铜可湿性粉剂 600倍液，或 72％霜霉威水剂 800 倍液，或 60％烯酰吗啉可湿性粉剂 2 000 倍液，或 60％琥·乙膦铝可湿性粉剂 600 倍液灌；②用5％百菌清粉尘剂，每 667 米² 用药 1 千克，7 天喷 1 次。

（三）锈病

1. 危害症状 主要侵染叶片和花梗。初在表皮上产生纺锤形或椭圆形隆起的橙黄色小疱斑，为夏孢子堆。病斑周围具黄色晕环，后扩大为较大的疱斑，其表皮破裂后，散出橙黄色夏孢子。叶两面均可染病，后期叶及花茎上出现黑色小疱斑，为病菌冬孢子堆。病情严重，病斑布满整个叶片。夏孢子堆是主要侵染源。气候温暖、湿度高、露多雾大、密度过大、氮肥过多、钾肥不足发病重。

2. 病原及发生规律 病原为担子菌亚门真菌葱柄锈菌。菌丝体或夏孢子在寄主上越冬（夏），夏孢子借气流传播，遇适宜条件，重复侵染不断进行，一般春秋两季发病重，冬季温暖利于夏孢子越冬，夏季低温多雨利于其越夏，夏孢子是主要侵染源。天气温暖湿度高、雾多雾大，或种植过密，氮肥过多，钾肥不足发病重。

3. 防治方法

（1）农业防治 ①轮作换茬，减少菌源。合理密植，增加通风透光性。②做到沟渠配套，以利排水。③增施生物有机肥及磷钾肥，提高抗病能力。

（2）化学防治 发病初期用 16％三唑酮可湿性粉剂 1 600倍液，隔 10 天喷 1 次，连喷 2 次。也可选用烯唑醇、三唑醇等。

（四）白绢病

1. 危害症状 韭菜须根、根状茎及假茎砍头可受害。根部及根状茎受害后软腐，失去吸收功能，导致地上部萎蔫变黄，逐渐枯死。假茎受害后，外叶首先枯黄或从病部脱落，重者整个茎秆软腐倒伏死亡，所有患病部位均产生白色绢丝状菌丝，中后期菌丝集结成小菌核。在高温潮湿条件下，病株及周围地表均可见到白色菌丝及菌核。菌核初为白色并逐渐变为淡黄色、栗褐色至茶褐色，表面光滑，球形或近球形，直径 0.8～2.3 毫米，与油菜子相似。菌核或菌丝遗留在土中或病残体上越冬，在适宜条件下产生菌丝，从地下须根、根状茎或假茎的地表处侵入，形成中心病株。再向四周扩展，借雨水、灌溉水、施肥等传播蔓延。

2. 病原与发生规律 致病菌为真菌半知菌亚门齐整小核菌。生长温度 28～32℃，30℃ 受害最重，28℃ 以下，32℃ 以上皆不利菌丝生长，相对湿度 100% 是菌丝最佳生长条件。

3. 防治方法

（1）农业防治 ①播前将种子过筛，除去小菌核，减少初侵染源。②施用充分腐熟的有机肥，避免粪肥带菌。③加强田间管理。天旱时注意灌水，防止植株衰弱，提高抗病能力。雨天及时排水降渍。

（2）化学防治 发病初期，及时拔除并销毁病株，并在病穴内及四周喷洒 50% 代森铵 1 000 倍液或撒石灰杀菌。

二、韭菜主要虫害与防治

韭菜生产上经常发生的害虫主要有韭蛆、蛴螬等，防治方法如下：

（一）韭蛆

韭蛆是为害韭菜的双翅目眼蕈科幼虫，有韭菜迟眼蕈蚊和陆氏迟眼蕈蚊两种，以迟眼蕈蚊为主。成虫为小型蚊子，喜在阴湿弱光下活动。幼虫集聚于韭菜地下为害，钻食假茎和鳞茎。被害后地上部叶片瘦弱枯黄，萎蔫断叶，腐烂以及整墩成片死亡。

1. 形态特征　同蒜蛆。

2. 发生规律　同蒜蛆。

3. 防治方法

（1）农业防治　春季韭菜萌发前，翻晒表土，并晒根，以杀灭幼虫。

（2）化学防治　①地面施药。成虫盛发期，顺垄撒施 2.5％敌百虫粉剂，每 667 米² 撒施 2～2.6 千克，或在上午 9～11 时喷洒 40％辛硫磷乳油 1 000 倍液，或 2.5％溴氰菊酯乳油 2 000 倍液，及其他菊酯类农药如氯氰菊酯、氰戊菊酯、功夫、百树菊酯等。也可在浇足水促使害虫上行后每 667 米² 喷 75％灭蝇胺 6～10 克。②灌根。早春（3 月上中旬）和晚秋（9 月中下旬）进行药剂灌根防治，以下方法任选其一：选用 40.8％毒死蜱乳油 600毫升，或 1.1％苦参碱粉剂 2～4 千克，或 40％辛硫磷乳油 1 000毫升，或 20％吡·辛乳油 1 000 毫升，或辛硫磷—毒死蜱合剂（1+1）800 毫升，稀释成 100 倍液，去掉喷雾器喷头，对准韭菜根部灌药，然后浇水。任选以上药剂其中之一，药剂用量加倍，随浇水滴药灌溉或喷施。

（二）蛴螬

蛴螬属鞘翅目金龟子科金龟子幼虫。金龟子俗称"瞎碰"。成幼虫均可为害。成虫取食叶片，有时也取食花和果实，具有昼伏夜出性、假死性和趋光性，并对未腐熟的厩肥有强烈趋性。幼虫食性杂，具有喜湿性，主要为害地下根系及地下茎，造成缺苗断垄，伤口有利于病菌侵入诱发病害。

1. 形态特征（以大黑鳃金龟为例）　成虫体长 16～22 毫米，体黑褐色至黑色，有光泽。前胸背板两侧缘最宽处位于中央或稍前，鞘翅上点刻较多，每侧各有 4 条明显的纵隆线。前足胫节外侧具 3 个齿，内层有 1 距，均较锋利。卵长 2～3 毫米，初产时两头稍尖，水青色。逐渐膨大为鸡蛋形，污白色，表面光滑。老熟幼虫体长 35～45 毫米，头部成黄或橙色，体乳白色，肥胖弯曲呈 C 形，多皱纹。胸足 3 对，密生棕褐色细毛。蛹体长 21～23 毫米，裸蛹。体表密生细小短毛，头小，体稍微弯曲，由黄白色渐变为橙黄色。

2. 发生规律　在北方大黑鳃金龟多为 2 年 1 代，卵期一般 10 余天，幼虫期约 350 天，蛹期 20 余天，成虫期近 1 年。成虫和幼虫在 55～150 厘米无冻土层中越冬。翌年 4 月中旬至 7 月越冬成虫出土，盛期为 5 月中旬至 6 月中旬。成虫出土后即行取食、交配、产卵。卵多散产于寄主根际周围 4～6 厘米处，以松散湿润土壤和水浇地居多。当年孵出的幼虫在立秋时进入 3 龄盛期，土温适宜，造成严重为害。秋末冬初当 10 厘米土温降至 10℃以下时，即停止为害，下移越冬。第二年春季 4 月上中旬土温适宜时，越冬幼虫上移至耕作层取食为害，形成春季为害高峰，一般在 5 月下旬、6 月上旬至 8 月，幼虫下移筑土室化蛹。早期羽化的部分成虫还能出土，大多数成虫即在原地越冬。

金龟子成虫有假死性、趋光性、趋粪性和喜湿性。白天潜伏土中，黄昏后出土活动，飞翔，晚 8～10 时为活动盛期。成虫有多次交配、分批产卵的习性。每雌可产卵近百粒。初孵幼虫先取食土壤中有机质，后取食幼根，3 龄进入暴食期，往往把根茎部咬断吃光后，再转移为害。春秋季为害猖獗。蛴螬喜温润，适宜其生长发育的土壤含水量为 10%～20%，小雨连绵天气为害加重。靠近果园、林带、草岭和荒坡的地块，为成虫提供食料、繁殖和幼虫滋生的适宜条件，往往蛴螬密度高。

3. 防治方法

（1）农业防治　①施用充分腐熟的有机肥，以减少其成虫产卵。②精耕细作，人工捡拾土壤中的成（幼）虫，压低虫口密度。

（2）物理防治　①利用性诱剂诱杀成虫。②灯光诱杀。在成虫发生期可用黑光灯、振频式杀虫灯进行诱杀。③植物诱杀。田间四周种植蓖麻诱杀金龟子成虫，使其麻醉后集中杀死。④药枝诱杀。具体做法是：剪取新鲜的蓖麻、杨树等枝叶，放入90%晶体敌百虫200倍液中浸湿后，于傍晚前后插入田间，每667米^{2}8～10把。⑤糖醋液诱杀：糖、醋、白酒、水之比为0.5∶1∶0.2∶10。另加适量的敌百虫晶体，搅拌均匀后每天傍晚放置于田间，清晨将害虫捡出深埋，防止被家禽取食引起中毒。

（3）生物防治　一是利用养鸡和保护天敌益鸟等控制其危害。二是结合施肥，每667米^{2}用复合白僵菌180克与有机肥混合均匀后施入田间。

（4）化学防治　①喷雾防治。在成虫盛发期，可用90%敌百虫800～1 000倍液喷雾；②毒土诱杀。用90%敌百虫按每667米^{2}用药100～150克，加少量水后，拌细土15～20千克，制成毒土，撒在地面，再结合耙地，使毒土与土壤混合，以此杀死成虫；③药剂拌种。用50%辛硫磷乳油拌种杀灭幼虫。用药、水、种子的比例为1∶50∶600。先将药对水，再将药液喷在种子上，并搅拌均匀，然后用塑料薄膜包好，闷种3～4小时，中间翻动1～2次，待种子把药液吸干后，即可播种；④药液灌根。在蛴螬已发生危害且虫量较大时，可利用药液灌根。一般用90%敌百虫500倍液，或50%辛硫磷乳油800倍液，或25%西维因可湿性粉剂800倍液，每株灌150～250毫升，可杀死根际幼虫。

三、韭菜田草害防治

韭菜生产中，其田间杂草一般以一年生杂草为主，有些地块也有多年生杂草为害。对于多年生宿根性杂草，一般宜在韭菜播种前，杂草萌发后，喷用灭生性除草剂如草甘膦、克芜踪等进行灭杀，每 667 米² 用量 1 000 毫升左右。

对于一年生杂草通常需要多次防治。在防治上一般分新播韭田（包括育苗）和老根韭田两种情况。

1. 播后芽前处理 主要使用的除草剂有 33％除草通乳油、48％地乐胺乳油、50％扑草净可湿性粉剂等。除草通是新播韭菜最为理想的一种除草剂，残效期 40～50 天，每 667 米² 用量 125 毫升，对水 50 千克地面喷洒。地乐胺每 667 米² 用 200 毫升，残效期 30 天左右。使用芽前除草剂要注意以下几点：准确掌握使用的时间，必须在播后第一次浇水后的 2～3 天里施用；严格掌握单位面积用药量和配制浓度；不能漏喷，更不能重喷；整地要细，防止形成局部漏喷的死角；不要破坏地面药膜。喷药时要倒退着进行，喷药后不要进入地块，发现个别出现的杂草要轻轻铲除，不能过多的掀动土壤。

2. 苗后处理 直播韭菜苗期生长期长达 4～5 个月，韭菜生长缓慢而杂草生长快，而播后芽前处理的药剂残效期短，一般只有 20～50 天，一旦药效过后，杂草仍可能大量滋生。因此，韭菜出苗后仍需要再次用药。这时可采取两种办法除草：一是苗后土壤处理。使用的是封闭型除草剂（对已生长的杂草无效），如 33％除草通乳油，每 667 米² 用 125 毫升，或 48％地乐胺乳油，每 667 米² 用 200 毫升。目的是不让新的杂草出土；二是苗后茎叶处理。当杂草长到 3～5 片叶期间，每 667 米² 用 20％拿捕净乳油 65～100 毫升或 50％利谷隆可湿性粉剂 150 克对杂草茎叶进行喷雾。或选用茎叶兼土壤处理的除草剂，如 20％百草枯水剂每 667 米² 用量 100～150 毫升，与上述土壤处理时所用的任一种除草剂混合施用，既喷地面又喷茎叶，也可收到较好的效果。

3. 老根韭菜田的化学除草 老根韭菜比新根韭菜有更强的抗药性，比新播韭菜所适用的除草剂种类要多一些。老根韭菜每收割 1 刀要喷 1 次药。但收割后需要清除田间杂草并松土，等到韭菜伤口愈合后再用药。主要使用的除草剂有 48% 氟乐灵乳油每 667 米² 100～150 毫升，喷后要浅锄与土混合，效果好，成本低，对韭菜也安全。另外，50% 扑草净可湿性粉剂每 667 米² 100～150 克，或 33% 除草通乳油每 667 米² 100 毫升或 45% 地乐胺乳油每 667 米² 150～200 毫升等，均为老根韭菜田间除草的较好药剂。

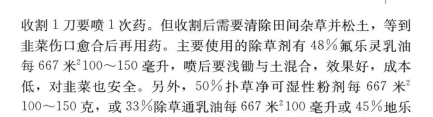

第四节　大葱主要病虫草害防治技术

一、大葱主要病害与防治

大葱病害主要有霜霉病、紫斑病、锈病、黄矮病、软腐病、灰霉病、疫病、白腐病、炭疽病、叶霉病、黑斑病等。防治方法如下：

（一）大葱霜霉病

在北方地区，霜霉病是葱的主要病害，可危害大葱、大蒜、韭菜、洋葱、细香葱、分葱、韭葱、薤等。在低温多雨的年份，该病可使葱叶片干枯死亡达 50% 以上，造成严重减产。

1. 危害症状　主要危害叶、花梗等。在生长期间感病，叶和花梗产生圆形或长椭圆形病斑，边缘不明显，淡黄绿至黄白色。潮湿时，病斑长白霉、紫霉；干燥时，病斑干枯。叶中下部受害出现病斑时，叶垂倒后干枯。假茎早期发病，上部生长不均衡，致使病株扭曲；发病后期，被害假茎常在发病处破裂。叶片由栽植的鳞茎带菌引起，则呈系统感染病症：病株矮化，叶片扭曲畸形，叶色失绿呈苍白绿色。潮湿时，叶片与茎表面遍生白色绒霉。

2. 病原及发病规律　葱霜霉病为真菌病害，致病菌为鞭毛菌亚门葱霜霉菌。病菌主要以卵孢子随病株残体遗留在土壤中越冬，翌年春季卵孢子萌发产生芽管，从叶片气孔侵入。带菌的鳞茎或种苗可直接感染。种子中也有潜伏的病菌菌丝，表皮也常黏附卵孢子，播种后可直接侵染幼苗引起发病。发病后病斑产生大量孢子囊，借气流、雨水或昆虫传播，进行再侵染。相对湿度90％以上、温度15℃左右是此病流行的适宜环境。低温多雨，浓雾弥漫，地势低洼，排水不良和重茬地发病严重。

3. 防治方法

（1）农业防治　①选择抗病和抗逆性强的品种，并选用籽粒饱满、新鲜、无病虫的种子；②与非葱蒜类作物实行2～3年的轮作；③选择地势高燥、通风、排水良好的地块种植；④施足基肥，增施磷、钾肥和生物有机肥，以提高植株抗病力；⑤合理灌溉，雨后及时排水，降低田间湿度；⑥苗床内及时拔除病株，定植时严格选苗；⑦清洁田园，定植后经常查看病情，及时拔除病残株，并在收获后彻底清洁葱地，减少菌源。

（2）化学防治　①药剂拌种，用相当于种子重量0.3％的雷多米尔拌种。②及时喷药防治。发病初期可用75％百菌清可湿性粉剂500倍液，或70％代森锰锌可湿性粉剂500倍液，或25％瑞毒霉500倍液，或90％乙膦铝可湿性粉剂500倍液，或72％克露可湿性粉剂600倍液，或56％靠山水分散微颗粒剂800倍液喷雾。上述药剂任选一种，交替使用。每隔10天左右喷药1次，连续喷3～4次。

（二）大葱紫斑病

又称黑斑病，是葱类常见的病害，可发生于各种葱蒜类蔬菜上。

1. 危害症状　主要危害叶片和花梗，储运期间可危害洋葱鳞茎。病斑多从叶尖中部开始发生，几天后即可蔓延至下部。初期病斑很小，稍凹陷，黄褐色至褐色，湿度大时病部长满褐色至黑色粉霉状物，常排列呈同心轮纹状，病斑常数个愈合成长条形大斑，致使叶片枯死。

2. 病原及发病规律　紫斑病为真菌病害。病原菌为半知菌亚门，以菌丝体在寄主体内或附在病残体上于土中越冬，翌年春天产生分生孢子，借助气流或雨水传播蔓延。种子也可带菌，并随着菌种子的调运和使用，进行远距离传播。分生孢子萌发后产生芽管，由气孔或伤口侵入，也可直接穿透寄主表皮侵入分生孢子萌发的适宜温度为 24～27℃，低于 12℃则不发病。在适宜的温湿度下，病菌入侵 1～4 天后即可表现症状，5 天后从病斑上长出分生孢子。

温暖多雨，尤其是连阴雨天后发病严重。此外，重茬地、缺肥、管理差、植株生长衰弱、植株上有伤口时，发病重。

3. 防治方法

（1）农业防治　①清洁田园，实行 2 年以上轮作。②加强管理，施足基肥，增施生物有机肥，合理追肥，雨后排水，使植株生长健壮，增强抗病力。③及时防治葱蓟马，以免造成伤口。

（2）化学防治　发病初期喷洒 75％百菌清可湿性粉剂 500～600 倍液，或 64％杀毒矾可湿性粉剂 500 倍液、58％甲霜灵锰锌可湿性粉剂 500 倍液，隔 7～10 天 1 次，连续防治 3～4 次。

（三）大葱锈病

锈病可危害葱、洋葱、蒜、韭菜等。该病在我国分布广泛，秋季发生严重。

1. 危害症状　发生于叶及绿茎部分，病部初期生有椭圆形或纺锤形的稍隆起褐色小疮疱，后期纵裂，周围的表皮翻起，散出橙黄色粉末，最后在病部形成长椭圆形或纺锤形、黑褐色、稍隆起的病斑，病斑破裂后散出暗褐色粉末。

2. 病原及发病规律　为葱锈菌属真菌病害，其病原菌为担子菌亚门葱柄锈菌。在南方病菌以菌丝体或夏孢子上辗转危害，或在病株上越冬。在北方病菌以冬孢子随病残株体在土壤中越冬。夏孢子是再侵染的主要来源，翌年春季，夏孢子通过气流或雨水传播。夏孢子萌发后，从植株的表皮或气孔侵入。在夏季冷凉地区，夏孢子可在病株上越夏。

夏孢子萌发的适宜温度为 9～18℃，高于 24℃时，萌发率显著降低；侵入的适宜温度为 10～22℃，空气相对湿度为 95％时，少量发病；空气相对湿度为 100％时，发病迅速加重。因此，锈病在低温、多雨的情况下易发生，一般当田间温度为 20℃左右、空气相对湿度 100％持续 6 个小时以上时就开始发病。冬季温暖多雨地区有利于病菌越冬，翌年发病严重。夏季低温多雨则有利于病菌越夏，秋季发病重。此外，管理粗放，缺肥而使植株生长衰弱，发病也重。

3. 防治方法

（1）农业防治　①选用无病葱苗。②发病初期及时摘除病叶深埋或烧毁。③增施生物有机肥，注意氮、磷、钾肥配合，做到科学平衡施肥。

（2）化学药剂防治　发病初期，用 15％粉锈宁可湿性粉剂 2 000～2 500 倍液，或 50％萎锈灵 1 000 倍液，或 70％代森锰锌可湿性粉剂 500 倍液，或 80％代森锌可湿性粉剂 500 倍液，或 97％敌锈钠可湿性粉剂 2 000 倍液喷雾。以上各种药剂任选一种，要交替使用，每隔 10 天左右喷 1 次，连续防治 2～3 次。

（四）大葱黄矮病

大葱黄矮病分布广泛，各地均有发生，可侵染大葱和洋葱等。

1. 危害症状　受害叶片产生黄绿色斑驳，或呈长条形黄斑，叶面皱缩，凹凸不平，叶管变形，叶尖逐渐黄化、下垂，新叶生长受抑制，植株矮小、丛生或萎缩，严重时整株死亡。病害多在苗期发生，发病后幼苗生长缓慢或停止，不能形成葱白，严重影响产量和质量。

2. 病原及发病规律　大葱黄萎病为病毒病，病原为洋葱黄萎病毒。寄主范围限于葱属植物，病毒致死温度为 60～65℃，病毒在体外的存活期为 2～3 天。带毒葱属植物的幼苗或鳞茎是病毒来源，种子不带毒。病毒的传播途径，一是通过农事活动如定植、锄地、培土等造成的机械伤口使病毒侵入；二是通过蚜虫、叶蝉、飞虱等昆虫刺吸作物造成伤口使病毒侵入。

田间发病分为 3 个阶段：8 月中上旬开始发病，为初发期。10 月上旬至下旬为高发期。11 月初随着气温的下降，发病症状减退，进入隐症阶段。

3. 防治方法

（1）农业防治　①选择抗病品种，培育选用健康、无病毒葱苗；②葱田不要与葱类育苗或采种田相邻；加强肥水管理，增施生物有机肥，增强植株抗病能力；③经常检查田间，及时拔除病株，集中深埋或烧毁；④接触过病株的手、家具要消毒，否则不能接触健康植株；要加强虫害防治，减少传播途径；⑤农事操作注意不要造成葱苗损伤，以免病毒从伤口入侵。

（2）化学防治　发病初期及时喷 83 增抗剂 100 倍液，或20％病毒 A 可湿性粉剂 500 倍液，或抗毒剂 1 号水剂 300 倍液。

（五）大葱软腐病

葱类软腐病在田间和贮藏期间均可发生，大葱、洋葱、白菜、甘蓝、胡萝卜及马铃薯等都可受到污染。

1. 危害症状　葱类软腐病可危害大葱的叶、花梗等。初发病时，第一至第二片叶沿叶脉出现水浸状小型软化病斑。随着病斑扩展到叶鞘基部，使叶鞘基部软化腐烂并发出恶臭，外叶倒伏。

2. 病原及发病规律　软腐病为细菌病害，由欧式杆菌属细菌从伤口侵染引起。病原菌在鳞茎、病残体、土壤中越冬，翌年春从伤口直接侵入寄主。生长季节病菌主要通过肥料、雨水、灌溉水中昆虫传播蔓延，从伤口入侵。病菌生长的最适温度为27～30℃，在 4～36℃均可生长。植株健壮，伤口愈合快，发病较少；在连作地或低洼地栽培，管理粗放，植株生长不良，生长季节多雨、潮湿，收获时遇雨等都有利于发病。

3. 防治方法

（1）农业防治　①选择抗病性、抗逆性强的品种，并选用籽粒饱满、新鲜、无病害种子；与非葱蒜类作物实行 2 年以上轮作；②在种植前和收获后清洁田园，把枯枝、病残体等清除出田间，集中烧毁或深埋；③培育壮苗，适时定植，防止田间高温；增施生物有机肥，适时追肥，促进植株生长健壮，加速伤口愈合速度，增强抗病力；④加强水分管理，轻浇水，雨季及时排水，降低田间湿度；⑤经常检查田间病情，及时拔除病株；⑥加强害虫防治，注意在早期防治地下害虫，苗期防治各种咀嚼式口器害虫，减少虫害伤口。

（2）化学防治　①发病初期可用 72% 农用链霉素可溶性粉剂 4 000 倍液，或新植霉素 4 000～5 000 倍液，或抗菌剂四〇一的 500～600 倍液，或 77% 可杀得可湿性粉剂 500 倍液，或50% 琥胶肥酸铜可湿性粉剂 500 倍液，或 56% 靠山水分散微颗粒剂 800 倍液喷雾，每 10 天喷 1 次，连喷 2 次。上述药剂要注意交替轮换使用。②防治贮藏期病害，在晴天收获，并充分晾晒，使伤口干燥硬化，加速愈合；选择健壮、无病、无虫、无伤残的大葱用于贮藏，在贮藏期间注意通风，保持 0℃ 左右的低温。

（六）灰霉病

1. 危害症状　发病初期大葱叶上生白色斑点，椭圆或近圆形，直径 1～3 毫米，多由叶尖向下发展。随着病情发展，病斑扩大连成一片，直到半张或整张叶片卷曲枯死，叶鞘内部组织腐烂。潮湿时，病部长出灰色霉层。

2. 病原及发病规律　大葱灰霉病属真菌病害，病原菌为半知菌亚门葡萄孢属真菌。以菌丝、分生孢子或菌核随病株残体在田间越冬，分生孢子是初侵染和再侵染的来源。翌年春通过伤口或叶尖的表皮侵入寄主，随气流、雨水、灌溉水传播蔓延。病菌发育的最适宜温度为 23℃，较低的温度和较高的湿度是该病发生和流行的条件。管理粗放，植株生长衰弱，病情加重。

3. 防治方法

（1）农业防治 ①选择抗病性、抗逆性强的品种，并选用籽粒饱满、新鲜、无病的种子；②与非葱蒜类作物实行2年以上轮作；③彻底清除病残株，减少田间菌源；④选择排水良好的地块，并采用高畦或垄作，合理密植，使通风良好；⑤加强水分管理，防止大小漫灌，雨后栽植及时排水，以降低田间湿度；⑥采用配方平衡施肥，施用生物有机肥，不过度施用氮肥，以免植株徒长，降低抗病能力；⑦收获后及时清除田间病残体，并随之深翻土壤。

（2）化学防治 发病初期用50％扑海因可湿性粉剂1 000～1 500倍液，或50％速克灵可湿性粉剂2 000倍液，或65％万霉灵可湿性粉剂1 000倍液，或50％灰霉宁可湿性粉剂500倍液喷雾。上述药剂任选一种，轮换使用，隔10天左右喷1次，连续喷2～3次。

（七）大葱疫病

1. 危害症状 大葱疫病可侵害叶、花梗等。叶部受害时初期为暗绿色的水浸状病斑，扩大后成为灰白色斑，包围叶身致使叶片常从病部折倒而枯萎。阴雨连绵或湿度大时，病部长出稀疏的白色霉状物，天气干燥时，白霉消失，撕开表皮可见棉絮状白色菌丝体。发病严重时病叶腐烂，整个植株枯死。

2. 病原及发病规律 疫病为真菌病害，病原菌为烟草疫霉菌。病菌以菌丝体、卵孢子、后垣孢子随病株残体在土壤中越冬，翌年春天产生孢子囊和游动孢子，借雨水、气流传播。孢子萌发后产生芽管，牙管可穿透寄主表皮直接侵入。以后病部又产生孢子囊进行再侵染，扩大为害。病菌生长的最适宜温度为25～30℃，在12～36℃范围内均可生长发育。夏季雨水多、气温高的年份易发病；种植密度大，地势低洼，田间积水，植株徒长的地块发病重。

3. 防治方法

（1）农业防治　①选用抗逆性和抗病性强的品种，并选用籽粒饱满、新鲜、无病的种子；②与非葱蒜类蔬菜实行2年以上轮作；③定植时选用壮苗，剔除病苗、弱苗和伤残苗；④彻底清洁田园，及时中耕除草，清除病残株，减少田间菌源；选择排水良好、地势高燥地块栽植，并采用高畦或垄作，合理密植，使通风良好；⑤加强水分管理，雨后及时排水，降低田间湿度；⑥采用配方施肥，增施生物有机肥，促进植株健壮生长，增强抗病能力。

（2）化学防治　①播前进行种子处理。可用相当于种子重0.3%的25%瑞毒霉进行拌种。②发病初期，及时用药。可用75%百菌清可湿性粉剂500倍液，或50%多菌灵可湿性粉剂500倍液，或25%瑞毒霉可湿性粉剂800倍液，或64%杀毒矾可湿性粉剂500倍液，或50%速克灵可湿性粉剂1 500～2 000倍液，或58%的甲霜灵锰锌可湿性粉剂500倍液，或50%扑海因可湿性粉剂1 000～1 500倍液，或72%普力克水剂600倍液喷雾。上述药剂要交替使用，每7～10天喷1次，连续喷2～3次。

（八）大葱白腐病

1. 危害症状　苗期、成株均可发病。幼苗受害时，叶尖变黄，后期整张叶呈灰白色枯死，最后幼苗枯萎而死。成株发病时叶片从叶尖向下变黄后枯死，植株矮化枯萎，茎基部组织变软，以后呈干腐状，微凹陷，灰黑色，并沿茎基部向上扩展，地下部变黑腐败。湿度大时，叶鞘表面或组织内生许多绒毛状白色霉，后变成灰黑色，并迅速形成大量黑色球形菌核。菌核圆形较小，常彼此重叠成菌核块，菌核块厚度有时可达5毫米左右。

2. 病原及发病规律　白腐病属真菌病害，病原菌为白腐小核菌。病菌以菌丝体或菌核随病残体在田间土壤中越冬。遇根分泌物可刺激其萌发，长出菌丝侵染植株间辗转传播。病菌侵染和扩展的最适温度为15～20℃，在5～10℃或高于25℃时病害扩展减慢。土壤含水量对菌核的萌发有较大影响。春末夏初多雨年份有利于发病；连作、排水不良、土壤肥力不足的地块易发病；夏季高温不利于该病发生和扩展。

3. 防治方法

（1）农业防治　①选择抗病性或抗逆性强的品种，并选用籽粒饱满、新鲜、无病的种子或无病葱秧；②与非葱蒜类蔬菜实行2年以上轮作；选择排水良好、地势干燥的地块栽植；③加强肥水管理，雨后及时排水，降低田间湿度；彻底清洁田园，清除病残体，减少田间菌源；④加强田间检查，及时拔除株集中烧毁或深埋，同时在病株穴撒施石灰或草木灰消毒；⑤实行配方施肥，切勿偏施氮肥，要增施磷、钾肥和生物有机肥，以增强植株抗病力。

（2）化学防治　①播前用相当于重量0.3%的50%扑海因可湿性粉剂进行拌种处理；②发病初期用50%多菌灵可湿性粉剂500倍液，或70%甲基托布津可湿性粉剂800倍液，或50%扑海因可湿性粉剂1 000～1 500倍液，或68%倍得利可湿性粉剂800倍液灌淋根茎或喷洒。

（九）大葱炭疽病

1. 危害症状　大葱炭疽病多发生于叶片和花梗上。叶片受害时，初生近梭形或不规则淡灰褐色至褐色无边缘病斑，以后随着病情发展，在病斑上散生小黑点，即病菌的分生孢子盘。病害严重时，上部叶片枯死。

2. 病原及发病规律　炭疽病属真菌病害，由葱刺盘孢菌侵染引起。其病菌以菌体或分生孢子盘随病残体在土壤中越冬。翌年分生孢子盘产生分生孢子进行初侵染和再侵染，借雨水飞溅传播蔓延。在10～32℃范围内可发病，当温度为26℃左右、空气相对湿度在95%以上时发病最重。分生孢子的产生需要高温高湿条件，因此，高温多雨，排水不良，地势低洼等易导致该病发生。

3. 防治方法

（1）农业防治　①选择抗病品种，并在无病植株上留种，防止种子带菌；②与非葱蒜类蔬菜实行 2 年以上轮作；③选择排水良好、地势高燥地块栽植，并合理密植，使通风良好，定植时选择壮苗，淘汰病苗、伤残苗和弱苗；④实行配方施肥，增强植株抗病能力；⑤加强水分管理，适当浇水，雨后及时排水，降低田间湿度；⑦收获后彻底清洁田园，经常检查田间病情，及时清除病株。

（2）化学防治　①播种前用福尔马林 300 倍液浸种 3 小时，捞出冲洗干净晾干后播种；②发病初期，用 75％百菌清可湿性粉剂 600 倍液，或 80％炭疽福美可湿性粉剂 800 倍液，或 70％代森锰锌可湿性粉剂 500 倍液，或 64％杀毒矾可湿性粉剂 500 倍液，或 50％甲基托布津可湿性粉剂 500 倍液喷雾。上述药剂任选一种，可交替使用，隔 10 天左右喷 1 次，防治 1～2 次。

（十）大葱叶霉病

1. 危害症状　该病危害叶片。发病初期，叶片上有水浸状褪绿斑点，随着病情的发展，形成大小不一、不规则的暗绿色病斑，稍凹陷；后期，病斑上长出致密的黑色绒状霉层。发病严重时，叶片干枯死亡。

2. 病原及发病规律　叶霉病为真菌病害，由葱疣螺孢菌侵染所致。病菌以菌丝体在病残体中越冬。翌年越冬的菌丝体产生分生孢子进行初侵染，并借风雨进行再侵染。温暖多雨，有利于该病发生。植株生长衰弱，则发病重。

3. 防治方法

（1）农业防治　①与非葱蒜类蔬菜实行 2 年以上轮作；②选择排水良好、土壤肥沃、地势高燥的地块栽植；③定植时选壮苗，淘汰病残苗、弱苗，并合理密植；④保持株间通风透光良好；⑤加强水分管理，雨后及时排水，降低田间湿度；⑥配方施肥，增施生物有机肥，防止植株徒长，增强植株抗病能力；⑦经常进行田间检查，及时拔除病株。收获后彻底清洁田园，减少田间病菌来源。

（2）化学防治　发病初期，用50％多菌灵可湿性粉剂500倍液，或40％多硫悬浮剂500倍液，或50％混杀硫悬浮剂500倍液，或80％代森锰锌可湿性粉剂600倍液，或50％苯菌灵可湿粉剂1 500倍液喷雾。上述药剂任选一种，要交替使用，每隔7～10天喷1次，连续喷2～3次。

（十一）大葱黑斑病

1. 危害症状　主要危害叶片和花梗。植株受害时，初生水浸状白色小斑点，随着病情发展，变为灰色或淡褐色椭圆形或纺锤形病斑，稍凹陷。后期病斑扩大，周围常有黄色晕圈，并具有同心轮纹状排列的深暗色或黑灰色霉状物。发病严重时，病斑相互连成一片或扩大绕叶或花梗1周，使叶或花梗折断，或全叶枯死。

2. 病原及发生规律　黑斑病为真菌病害，病原菌为匐柄霉，以子囊座随病残体在土壤中越冬。翌年越冬菌产生子囊孢子，进行初侵染。田间发病后，病部产生大量分生孢子，借风雨传播，进行反复再侵染，使病情扩大发展。病菌喜温湿，温暖多雨时易发病。此外，在管理粗放、植株长势弱或受冻等情况下病情加重。

3. 防治方法

（1）农业防治　①选择抗病品种，选用籽粒饱满、新鲜、无病虫的种子；②与非葱蒜类蔬菜实行2年以上轮作；③选择排水良好地块合理密植，使株间通风透光；④实行配方施肥，增施生物有机肥，防止植株早衰，提高植株抗病能力；⑤合理灌溉，雨后及时排水，以降低田间湿度；⑥经常田间检查，及时拔除病株；⑦收获后彻底清除田间病残体，并集中深埋或烧毁。

（2）化学防治　发病初期，用50％扑海因可湿性粉剂1 500倍液，64％杀毒矾可湿性粉剂500倍液，或58％甲霜灵锰锌可湿性粉剂 800 倍液，或 75％百菌清可湿性粉剂 600 倍液，或 70％代森锰锌可湿性粉剂 600 倍液喷雾。上述药剂选一种并应交替使用，每 10 天左右喷 1 次，连续喷 2～3 次。

二、大葱主要虫害与防治

大葱主要虫害有葱蓟马、葱潜叶蝇、葱蛆、甜菜夜蛾、甘蓝夜蛾、葱须鳞蛾等，防治方法如下：

（一）葱蓟马

葱蓟马属缨翅目蓟马科，成虫和若虫均以锉吸式口器为害心叶、嫩芽。被害叶形成许多细密而长形的灰白色斑纹，使叶子失去膨压而下垂，严重时扭曲、变黄枯萎。

1. 形态特征 葱蓟马成虫淡褐色，体长 1～1.4 毫米，翅展 1.8 毫米左右，背面褐色，翅脉黑色。卵长约 0.29 毫米，初期肾形、白色，后期渐变为卵圆形、乳黄色。卵孵化时，可透过卵壳见到红色的眼点。若虫有 4 龄，1～2 龄若虫分别称为前蛹期和蛹期，有翅芽，触角翘向头、胸部背面。

2. 发生规律 在华南地区 1 年发生 20 代左右，华北地区为 3～4 代。葱蓟马以成虫、若虫在未收获的寄主叶鞘内、杂草、残株间或附近的土里越冬。翌年春成、若虫开始活动为害。北方 5～6 月间成虫将卵产在叶片组织内，一般两性生殖，也可孤雌生殖。卵孵化后幼虫在叶内潜食，幼虫老熟后就在潜道的一端化蛹，并在化蛹处穿破表皮羽化。因此，卵、幼虫、蛹都在叶片内生活。成虫活跃、善飞，怕阳光，晴天多隐蔽在叶背或叶鞘缝内。早晚或阴天在叶上取食。此虫发育的适宜温度为 25℃左右，相对湿度约 60％，高温高湿均不利于其发育。温度超过 38℃，若虫不能存活，暴风雨后葱蓟马明显减少。在适宜的条件下，卵期为 5～7 天，若虫期（1～2 龄）为 6～7 天，前蛹期（3 龄）2 天，蛹期（4 龄）3～5 天，成虫寿命 7～10 天。葱蓟马还可传播植物病毒，成虫活泼善飞，可借风力传播。

3. 防治方法

（1）农业防治　早春清除田间杂草和残株落叶，集中处理，压低越冬虫口密度。平时勤浇水、除草，可减轻危害。

（2）物理防治　利用葱蓟马对蓝色有较强趋性的习性，在田间每 30～40 米^2 放置蓝板一块，上涂机油或其他黏性物质，对其成虫进行诱杀。

（3）化学防治　可用辛硫磷乳油 1∶1 500 倍液；20％复方浏阳霉素 1∶1 000 倍液进行喷雾防治。

（二）葱潜叶蝇

葱潜叶蝇主要以幼虫潜叶为害。幼虫在叶内潜食叶肉，在叶面上可见迂回曲折的蛇形隧道，被害部分只剩下两层表皮。严重时，一张叶片内可有 10 余条幼虫潜害，使叶片枯萎，甚至大葱成株死亡。该虫大发生季节可造成毁灭性的危害。

1. 形态特征　成虫为小型蝇子，长约 2 毫米，头部黄色，复眼红褐色。触角和足黑色，胸腹部灰色，上生许多细长毛。初龄幼虫乳白色，幼虫老熟时浅黄色，长筒形，长 3～4 毫米，体柔软透明，表皮光滑。蛹为围蛹，体长约 2.5 毫米，长椭圆形，初期淡黄色，后变黄褐色，壳坚硬。

2. 发生规律　葱斑潜蝇在我国北方地区 1 年发生 3～5 代，以蛹在被害叶内和土壤中越冬。第二年 5 月上旬越冬成虫开始活动并产卵，成虫产卵时将叶片刺伤，并吸取刺破处的叶片汁液，使叶面有许多白色斑点，多个白点排列成整齐的纵列，葱叶尖上的白点最多。4～5 天后卵孵化，幼虫就在叶内潜食。第一代幼虫为害葱苗，第三、第四代为害大葱。幼虫老熟时一般咬破表皮，脱落叶片，入土化蛹。但也有极少数幼虫在潜道末端化蛹，并在化蛹处穿破表皮落地羽化。

成虫白天活动，躲在葱株间飞翔或停息在叶尖部。成虫羽化1 天后交配，交配后 1～2 开始产卵。此虫对糖醋液无趋性，但对葱汁趋性强。

3. 防治方法

（1）农业防治　种植前和收获后要及时清除田间残叶、枯叶，并深翻、冬灌，破坏部分越冬蛹，减少越冬虫源。

（2）物理防治　利用潜叶蝇对黄色物体有较强趋性的习性，在田间每 30～40 米^2 放置黄板一块，上涂机油或其他黏性物质，对其成虫进行诱杀。

（3）化学防治　防治葱潜叶蝇应及早进行，关键是在产卵前消灭成虫。可在成虫盛发期或幼虫为害初期喷药防治。可用48%乐斯本乳油 1∶1 000 倍液，或 1.8%爱福丁乳油 1∶1 000倍液，或 10%烟碱乳油 1∶1 000 倍液，或 2.5%溴氰菊酯乳油2 500～3 000 倍液，或 25%喹硫磷乳油 1 000 倍液，或 90%晶体敌百虫 800～1 000 倍液，或 50%敌敌畏乳油 1 000 倍液喷雾。上述药剂可任选一种，交替施用。

（三）葱地种蝇

葱地种蝇以幼虫蛀入鳞茎内，受害植株的茎盘和叶鞘基部被蛀食成孔洞和斑痕，引起腐烂，散发臭味。受害植株的叶片常枯黄、萎蔫、甚至成片枯死。

1. 形态特征　成虫为暗褐色或暗黄色小蝇，体长 4.5～6.5毫米。卵乳白色，长约 1 毫米，表面有网纹，长椭圆形，稍弯，内有纵沟。幼虫似蛆，乳黄色，长 4～6 毫米。蛹为围蛹，椭圆形，黄褐色或红褐色，长约 5 毫米。

2. 发生规律　葱地种蝇在我国华北地区 1 年发生 3～4 代，以蛹在土中或粪中越冬。4 月间成虫开始活动并产卵，5 月中下旬为第一代幼虫为害期，第二代幼虫一般在 6 月份发生。6 月下旬以后，随着气温升高老熟幼虫在植株周围的土壤中化蛹。8 月下旬至 9 月中旬，气温下降，越夏蛹羽化，成虫产卵，10 月份出现第三代幼虫。幼虫喜潮湿，如果有机肥含有足够的水分，幼虫会在其中生存，从而减少对作物的为害。成虫也喜欢在潮湿的土壤中生活，卵多产在植株根际周围潮湿土表或土缝中。卵孵化后幼虫便蛀食鳞茎基部和茎盘。成虫有趋臭性，未腐熟的肥料、发酵物质或葱蒜汁易招引成虫产卵。在合适条件下，卵孵化期为3～5天，幼虫期为20天左右，蛹期约14天。

葱地种蝇一般在春秋季为害较严重，发病地块常出现缺苗断垄现象，严重地块受害面积可达80％左右。地势低洼、排水不良及沙土地、重茬地等受害重。

3. 防治方法

（1）农业防治　①施入田间的各种有机肥必须充分腐熟，避免肥料露在土面上，以减少害虫聚集。有条件的可施入生物有机肥或河泥、炕土、老房土等做底肥，可有效地减少害虫聚集、产卵。②与不同作物轮作倒茬，并在作物收获后及时进行秋翻土地，破坏部分越冬蛹。在早春及时整地，使成虫盛发时地表有干土，破坏成虫产卵。③严格选种和选苗，淘汰病虫种子和秧苗，减轻虫害。

（2）物理防治　可利用其成虫具有的趋性进行诱杀。①糖醋诱杀。采用1＋1＋3＋0.1的糖＋醋＋水＋90％敌百虫晶体溶液，每667米^{2}放置3～4盆诱杀成虫，7～8天更换1次诱液。②杀虫灯诱杀。大蒜产区可推广使用"频振式杀虫灯"诱杀成虫，控制为害。一般每2～4公顷设置频振式杀虫灯一盏。

（3）化学防治　①喷雾。在成虫盛发期用21％灭杀毙（增效氰·马乳油）3 000～4 000倍液，或2.5％溴氰菊酯乳油（敌杀死）3 000倍液，或10％二氯苯醚菊酯乳油2 500～3 000倍液，或40％辛硫磷乳油1 000倍液喷雾。②灌根。可用90％敌百虫晶体1 000倍液，或48％乐斯本、0.3％苦参碱乳油1 000～2 000倍液灌根。灌根时在受害植株旁开沟，把喷雾器喷头旋水片拧去，然后顺沟喷灌，灌后覆土埋沟即可。

（四）甜菜夜蛾

甜菜夜蛾又叫贪夜蛾、白菜褐夜蛾，是多食性害虫，属鳞翅目夜蛾科。以幼虫为害叶片为主，初龄若虫钻入筒状叶内取食叶肉，只留下表皮。3龄幼虫将筒叶吃成缺刻，并排出大量虫粪，污染葱心。4龄后食量增大，可将葱叶吃光，剩下葱白部分。苗期受害，可使大批幼苗死亡，造成缺苗断垄。为害留种葱时，可影响其结籽。

1. 形态特征 成虫长10～12毫米，翅展25～33毫米。虫体及前翅黄褐色或灰黑色，后翅白色，半透明，腹部鳞毛较多。卵半球形，白色，直径约0.3毫米，卵粒排列重叠成块，覆盖有土黄色绒毛。幼虫老熟时淡褐色，头较小，体末端较粗，体长22～33毫米，体色有深绿色、黄褐色和黑褐色等。蛹黄褐色，长约10毫米。

2. 发生规律 在北方1年发生4～5代，南方1年发生6～7代。甜菜夜蛾每年5～9月均可发生，以7～9月为害最重。成虫对黑光灯和糖醋液有较强的趋性，白天一般隐蔽在植株丛和草丛中，晚间出来活动交配和产卵。卵产在叶背面、叶柄及杂草上，成块重叠。幼虫在3龄前群集，并可吐丝结网，幼虫在网内为害。幼虫3龄后分散为害，老熟幼虫食量增加，有假死性，受惊吓即落地。幼虫老熟后入土做椭圆形土室化蛹。

甜菜夜蛾喜温，耐高温能力强，抗寒力弱。幼虫在2℃以下，蛹在－12℃以下数日即死。

3. 防治方法

（1）农业防治 ①在成虫产卵盛期摘除卵块，或在初龄幼虫未分散为害之前，人工捕捉群集的幼虫；或利用幼虫的假死性捕捉幼虫，集中消灭。②在秋冬季进行耕翻整地时，人工捡拾幼虫及蛹，并集中处理，以减少越冬虫口基数。

（2）物理防治

①灯光诱杀成虫。利用成虫的趋光性，结合防治其他害虫，在田间设黑光灯诱杀、频振式诱虫灯等进行灯光诱杀。

②糖醋液或杨树枝诱集。利用成虫对糖醋液和杨树散发的气味有较强的趋性，因此可用糖醋液（糖醋液配方参照葱地种蝇防

治配方）和杨树枝进行诱蛾后再集中消灭。

③利用性诱剂诱杀成虫。性引诱剂作为新的防治手段，具有不杀伤天敌，不污染环境，防治对象专一，对人畜安全，在无公害蔬菜生产中可以较好的利用。甜菜夜蛾雄虫对性外激素（Z，E）-9-12-十四碳二烯乙酸酯和（Z）-9-十四碳烯-1-醇10∶1的混合物有较强的趋性。中国科学院上海昆虫研究所生产的性诱剂防治甜菜夜蛾，对诱杀雄虫、降低成虫受精精囊作用显著。甜菜夜蛾性诱剂的诱集高峰一般在每天的18∶00～22∶00。

诱捕器及安置：诱捕器以口径为8厘米的透明诱集瓶为宜，取性诱芯1～3粒用细铅丝固定在瓶口上方1厘米左右的中心处，瓶内灌肥皂水至离瓶口2厘米，将诱集瓶固定在木棒上后，分别安置于诱捕区域。诱捕器安置密度每667米^{2}一般为10～15个为宜，可根据田间虫口基数调节数量。

一般情况下，性诱芯15天更换一次，在高温干旱气候时，应适当缩短时间，注意保持诱捕器中水量，勤换肥皂水。

（3）生物防治　①以虫治虫。有条件的，可在卵盛发期释放赤眼蜂，每667米^{2}设6～8个点，每次每点放2 000～3 000头，每隔5天1次，连续2～3次。②以病毒治虫。目前用于防治甜菜夜蛾的病毒有甜菜夜蛾颗粒体病毒（LeGV）、NPV、苜蓿银纹夜蛾核多角体病毒（A厘米NPV）和芹菜夜蛾核多角体病毒（SfaMNPV）。利用上述病毒防治甜菜夜蛾时另外加一些病毒的抗紫外线保护剂，如1％尿酸、1％活性炭和1％叶酸等，能明显地减少紫外线对病毒的钝化作用，提高防治效果。

（4）化学防治　在害虫发生初期，用5％农梦特乳油4 000倍液，或2.5％溴氰菊酯乳油2 500～3 000倍液，或20％灭幼脲1号或25％灭幼脲3号悬浮剂各500～1 000倍液，或5％抑太保乳油4 000倍液，或80％敌敌畏乳油1 200～1 500倍液，或20％氰戊菊酯乳油2 500～3 000倍液喷雾。上述药剂任选一种，交替施用。

（五）甘蓝夜蛾

甘蓝夜蛾又叫甘蓝夜盗。属鳞翅目夜蛾科。以幼虫为害叶片为主。孵化初期，幼虫群集在所产卵块的叶背面取食，受害叶片出现密集的小孔洞；稍大后分散为害，钻入葱叶内取食，并将虫粪排在其中，污染葱心，造成腐烂。

1. 形态特征 成虫体、翅灰褐色，体长15～25毫米，翅展30～50毫米。卵为半圆形，初期为乳白色，近孵化时出现紫色环纹。初孵幼虫体黑色，取食后变成绿色，此时只有3对腹足。3龄以后足完整，为5对。3～4龄幼虫体淡绿色，头淡褐色。幼虫5龄后体色为灰黑色，并出现黑色斑点，老熟幼虫体长40毫米左右，胸、腹部黑褐色，头黄色，身体有白色纵条纹。蛹赤褐色，长20毫米左右，背中央有一深色纵带。

2. 发生规律 甘蓝夜蛾在我国各地发生的世代不同。北方地区1年2～3次，以蛹在土中越冬，翌年春季当气温达15℃左右时，越冬蛹开始羽化。成虫对糖醋液、香甜物质、黑光灯等有很强的趋性。白天一般躲藏在菜株内或杂草中，傍晚在葱地取食、交配。卵多产在叶背面，并成块状。初孵幼虫群集，3龄以后分散，4龄后食量增加，5～6龄食量剧增，其食量占整个幼虫期食量的80%以上。当食物不足时，可成群迁移。老熟幼虫入土化蛹。春秋季雨水较多的年份，发生较重，干旱少雨发生轻。

3. 防治方法

（1）农业防治 ①铲除杂草，菜田收获后进行秋耕或冬耕深翻，消灭越冬蛹，减少翌年成虫发生量。②在成虫产卵盛期，结合农事操作，人工摘除卵块，在幼虫分散为害前集中处理，消灭群集幼虫。

（2）物理防治 ①糖醋诱杀成虫。利用成虫的趋化性，在羽化期于田间设置糖醋盆（诱液中糖、醋、酒、水比例为6：3：1：10，另加90%敌百虫晶体适量）调匀后放在田间诱杀成虫。②灯光诱杀成虫。利用其成虫的趋光性，在田间设置频振式杀虫灯（每 10 000 米^2 设频振灯一盏）或黑光灯（每 6 667 米^2 安放一盏黑光灯）诱杀成虫。

（3）生物防治　一是以菌治虫。在幼虫 3 龄前施用细菌杀虫剂苏云金杆菌：Bt 悬浮剂、Bt 可湿性粉剂，一般每克含 100 亿孢子，对水 500～1 000 倍喷雾，选温度 20℃以上晴天喷洒效果较好。二是以虫治虫。卵期人工释放赤眼蜂，每 667 米^2 设 7 个点，每次每点放 2 500 头左右，每隔 5 天 1 次，连续 2～3 次。

（4）化学防治　防治甘蓝夜蛾要掌握在幼虫 3 龄以前时（在幼虫钻入叶球前）喷药。在 1～2 龄幼虫期，应首选昆虫生长调节剂农药，如 5％卡死克乳油 500～1 000 倍液，或 20％灭幼脲 1 号、25％灭幼脲 3 号和悬浮剂各 500～1 000 倍液，或 5％农梦特乳油 4 000 倍液喷雾。也可用 2.5％溴氰菊酯乳油 2 500～3 000 倍液，或 50％辛硫磷乳油 1 000～1 500 倍液，或 20％速灭杀丁乳油 2 500～3 000 倍液，或 40％菊·马乳油 2 000～3 000 倍液喷雾。上述药剂任选一种，交替施用。

（六）葱须鳞蛾

葱须鳞蛾又叫葱小蛾，属鳞翅目须鳞蛾科，以幼虫蛀食葱叶为主。初龄幼虫在叶上啃食，形成透明斑，稍大后将葱叶吃成孔洞，并钻入葱叶中继续取食。被害叶片发黄、坏死，严重时将葱叶吃成大的缺刻，并将虫粪排入其中，污染葱心。

1. 形态特征　成虫长 4～5 毫米，翅展 10～12 毫米，黑褐色，头密被鳞毛。触角须状，长度超过体长的 1/2，前翅黄褐色至黑褐色，后缘自基部 1/3 处有一个三角形白斑。翅中部近外缘处有一深色近三角形区域，翅中部有 1 条深色纵纹。后翅为深灰色。卵长圆形，初期淡黄色有光泽，后变为浅褐色。老熟幼虫长 8～10 毫米，体黄绿色，头黄褐色，前胸背板两侧各有 1 个黑色板。各节有稀疏的毛分布。蛹纺锤形，褐色、褐绿色或深褐色，长约 6 毫米，蛹外包白色丝状茧。

2. 发生规律　在我国葱须鳞蛾主要分布在华北地区，一般一年发生 5～6 代，以成虫和蛹在向阳背风处的葱枯叶或杂草叶下越冬。翌年 3 月下旬至 4 月上中旬，越冬成虫开始活动。5 月中旬至 6 月上旬出现第一代成虫。8 月以后为害严重，10 月中下旬成虫陆续越冬。

成虫白天隐蔽，晚间活动，飞翔力较差。卵散产于叶上，卵期 5～7 天。幼虫受惊后吐丝下垂。老熟幼虫吐丝结薄茧化蛹，多数化蛹于叶片中上部。幼虫期 7～11 天，成虫期 10～20 天，蛹期 8～10 天。

3. 防治方法

（1）农业防治　葱收获后彻底清洁田园，清除枯枝老叶和杂草，减少越冬成虫和蛹。

（2）化学防治　在幼虫孵化盛期，可用 2.5% 溴氰菊酯 3 000 倍液，或 40% 毒死蜱乳油 1 000 倍液，或 21% 灭杀毙乳油 6 000 倍液，或 50% 辛硫磷乳油 800～1 000 倍液，或 20% 氰戊菊酯 3 000 倍液喷雾。上述药剂任选一种，交替施用。

三、大葱田草害防治

大葱田间主要杂草可分为单子叶类禾本科杂草，如看麦娘、马唐、牛筋草等和双子叶类阔叶杂草，如牛繁缕、播娘蒿、荠菜、藜、苋、猪秧秧、大巢菜等。

移栽前可使用的除草剂有：50% 敌草胺、48% 地乐胺、33% 除草通、50% 扑草净。大葱田移栽后杂草 2～3 叶期，适用的除草剂有 10% 喹禾灵、50% 精禾草克、10.8% 高效盖草能、20% 拿捕净等。一般以禾本科杂草为主的大葱田块，可在移栽前用 33% 除草通每 667 米^{2}100 毫升对水 50 千克均匀喷雾；以阔叶草为主的大葱田块，可于定植前每 667 米^2 用 50% 扑草净可湿性粉剂 100～150 克，对水 50 千克喷雾。

生产上，小香葱、韭葱、薤等蔬菜病虫发生情况与大葱发生的病虫害相似，可分别参照大葱病虫害的防治方法予以防治。

第八章

葱蒜类蔬菜贮藏保鲜与加工技术

第一节　贮藏保鲜技术

一、蒜薹贮藏保鲜

（一）蒜薹贮前的准备工作

1. 贮前消毒　在蒜薹入库前一周，对所有设备进行安全检查，不合格的要立即更换。然后在上轮冷藏品出库后消毒处理的基础上，再对库、架、袋等进行全面清洗和消毒处理。

（1）熏蒸法　通常采用的是硫黄和保鲜灵烟剂熏蒸消毒。①硫黄熏蒸消毒法。硫黄用量为 $5\sim10$ 克/米^3，加入适量锯末，置于陶制器皿中，点燃后产生能灭菌的二氧化硫气体，达到消毒目的。熏蒸后密闭库房 24 小时，然后打开库门通风，放出残气和刺激气味；最后再用食醋 5 克/米^3 进行熏蒸，一是灭菌，二是校正气味。②保鲜灵烟剂熏蒸法。在蒜薹入库上架预冷时，在冷库道中堆置保鲜灵烟剂，用量为 $5\sim7$ 克/米^3，每处 $0.7\sim1.0$ 千克，将其垒成塔形，只要点燃最上面的一块，让其自燃冒烟（注意安全），点毕关闭库门 $4\sim5$ 小时后，开启风机，使烟雾均匀扩散其间。

（2）喷雾消毒法　通常采用的是过氧乙酸和漂白粉等溶液喷雾消毒。①过氧乙酸消毒法。1 份双氧水加 2 份冰醋酸混合后，按混合液总量的 1% 加入浓硫酸，再在室温静置 $2\sim3$ 天即得

15%过氧乙酸，然后再将其稀释到 0.5%～0.7%浓度时即可，用量为 1 毫克/米³，用喷雾器将药液喷洒库房四壁和地板、天花板。②漂白粉消毒法。用 0.3%～0.5%漂白粉溶液喷洒消毒，其后也可加喷一次过氧乙酸溶液进行更彻底的消毒。

2. 贮前预冷　在蒜薹入库前 2～3 天，消过毒的库房要降温到－2～0℃，目的是防止蒜薹入库时使库温回升过快、过高。蒜薹贮前预冷包括整理阶段的预冷和整理后至封袋阶段架上预冷两个过程。前者为边整理边预冷，以 4～5℃为好；后者为整理上架后在库温下进行，使薹温降至与库温一致，一般不超过 24～36 小时，否则易使蒜薹凋萎。整理后的蒜薹立即转移到冷库内，采用塑料袋（用 0.08 厘米厚的塑料薄膜轧成长 100～110 厘米、宽 70～80 厘米的长方形袋）贮法，将捆好把的蒜薹按等级分别装袋，装袋前要仔细检查，剔除漏气袋，上架后及贮后 1 个月时再分别统一检查一遍有无漏气情况，发现后及时更换。装袋时薹梢朝袋口，薹茎要摆直，先紧排 3 层，过磅后多退少补，每袋贮量为 20±1 千克，待薹温与库温基本平衡后扎袋口。

注意事项：①架上预冷温度不能低于－1℃或高于 1℃；②货架要光滑，无尖棱、尖角和铁丝等物，最好用消过毒的废旧塑料薄膜将架子垫（或绑）上，使之光滑；③预冷时不要将蒜薹放在蒸发器附近的架子上，以免冻害，随时掌握入库量和库温情况，少开冷风机。

（二）蒜薹贮藏保鲜方法

蒜薹贮藏保鲜方法有冰窖贮藏法、一般冷藏法和气调冷藏法 3 种。

1. 冰窖贮藏法　适用东北一带冰源丰富的地区农户小规模贮藏蒜薹，但这种方法耗冰量和耗劳动力均较大，规模小，且保鲜效果不好，损耗量较大，成本较高，难以形成产业化。

2. 一般冷藏法　即冷库中堆码货筐贮藏，较简便易行，库温保持 0℃±0.5℃，空气相对湿度（RH）保持在 90%以上，但贮藏期较短，一般为 3 个月左右，保鲜效果不太理想，且蒜薹出库后很快老化，口感差。

3. 气调冷藏法　因对气体调节的严格程度不同，可将其分成正规气调冷藏法和限气冷藏法。前者的设备及技术要求较高，目前国内还没有大规模推广应用；后者目前在国内应用较广，已形成产业化。

限气冷藏法按蒜薹存放方式不同，又可分为小袋冷藏和大帐封垛冷藏法两种类型。

（1）小袋冷藏　将经过严格挑选的蒜薹每 1 千克扎成一梱，放在 0℃温度下预冷 24～48 小时，当蒜薹温度达到冷库控制的温度（0℃±0.5℃）时，装入用 0.06～0.08 毫米厚的聚乙烯塑料薄膜制成的小袋中，袋长 100～110 厘米，宽 70～80 厘米。每袋装蒜薹 10～15 千克。袋口用线绳握紧后摆放在冷库的架子上。上架以后的管理工作主要是温度、湿度和气体的管理。

①温度。蒜薹贮藏的适宜温度为 0℃，要求库温的变动幅度不超过±0.5℃。如果库温变化大，袋内易形成雾气和水滴，袋内的二氧化碳气溶于水后，形成弱酸性水溶液，对蒜薹有伤害。所以应在冷库内的不同部位安放温度计，每天定期观察和调控。

②湿度。冷库内的空气相对湿度要求控制在 85％～90％，袋内的相对湿度以 95％为宜。袋内如出现薄雾状，表示湿度合适；如出现水流，说明湿度过高，蒜薹有被微生物侵染而腐烂变质的可能，可结合放风，用消毒毛巾擦干。

③气体。蒜薹贮藏的适宜气体含量为：氧气 2％～3％，二氧化碳 10％左右。开始时袋内空气中氧气的含量为 21％，二氧化碳为 0.03％，以后由于蒜薹的呼吸作用，使氧气减少，二氧化碳增多。如果氧气含量长期低于 1％，则会出现低氧伤害症状，蒜薹和总苞呈水烫伤状，蒜薹上出现灰色凹陷斑块并连接成片，薹变软，组织死亡。如果二氧化碳长期高于 15％，蒜薹上

也会出现水烫伤状。所以要定期从袋中抽取气体，检测氧气和二氧化碳含量。当氧气含量低于 2%，二氧化碳高于 12% 时，就要加以调整。如果缺少检测仪器设备和气体调节技术，可采用简单的定期敞开袋口放风的办法。一般每隔 7～10 天放风 1 次。将袋口打开，更换袋内空气。袋内如有水珠，要用消毒毛巾擦干，约 4 小时后将袋口扎紧。在这种环境中蒜薹可贮藏 7～8 个月。

为了减少蒜薹贮藏期间开袋通风换气的麻烦，在小袋冷藏法的基础上又研制成硅窗袋贮法。就是在聚乙烯塑料薄膜小袋的一个面上，剪去 10 厘米见方的开口，黏上硅胶薄膜，装入蒜薹后将袋口扎紧，硅橡胶薄膜具有特殊的透气性能，二氧化碳的透过速度比氧气快，不易出现二氧化碳中毒现象，因而可减少开袋通风换气的次数，蒜薹的贮藏期也比较长。但硅窗袋贮法也有缺点：硅胶薄膜价格较贵；整个贮藏期袋内氧气含量偏高，湿度偏高，贮藏后期蒜薹顶部常发生霉变。

近年来，东北农业大学和哈尔滨龙华保鲜袋制造厂联合研制成蒜薹专用保鲜塑料薄膜袋，每袋装蒜薹 15 千克，透气性比硅窗袋和塑料薄膜袋好，贮藏期间袋内的氧气和二氧化碳含量，可在比较长的时期稳定在适宜指标范围内，所以贮藏期较长（8～9 个月），蒜薹质量较高，损耗率较低。

（2）大帐封垛冷藏　用 0.15～0.23 毫米厚的无毒聚乙烯薄膜制成长方形大帐，帐子的大小根据贮藏量决定，小帐贮藏蒜薹 500～1 000 千克，大帐贮藏蒜薹 2500 千克。帐子的高度要比堆放蒜薹的高度高出 40～50 厘米，以便于封帐。在帐子的两个长面上，距帐底约 1 米处，各设一个取气孔，平时关紧，取气检测时打开。在帐子的两端各设一个直径为 15～20 厘米的袖筒状开口，其中一个距帐底约 0.8 米，另一个距帐底约 1.5 米，平时将袖口扎紧，需要进行帐内气体循环时再打开。

将经过严格挑选的蒜薹扎成重 1 千克左右的小捆，经预冷后摆放在冷库中的货架上，或装在筐子里，码成垛。上架或码垛以前，先在架或垛的底部铺放垫底薄膜。垫底薄膜的面积要比架或垛底部的面积大。蒜薹码放完毕后，在垫底薄膜上铺一层消石灰（氢氧化钙），以吸收帐内过多的二氧化碳，消石灰的用量一般为蒜薹贮藏量的 0.25%。然后将帐子底部的四周与垫底薄膜的四周叠卷在一起并压紧，以防漏气。

大帐封垛冷藏要求帐内氧气含量为 2%～5%，二氧化碳含量为 2%～8%，达到此要求的方法有两种：自然降氧和人工降氧。

①自然降氧。是在封帐后靠蒜薹自身的呼吸作用使帐内的气体组成发生变化，变化氧气含量逐渐减少，二氧化碳含量逐渐增加，当二氧化碳含量上升到高限时，需要更换帐内的消石灰，以吸收过多的二氧化碳。与此同时，还要适时补充帐内的氧气，方法是将袖筒状开口打开，使帐内空气流通，10～15 分钟关闭。

②人工降氧。是在封帐后充入氮气，使氧气稀释到要求的浓度，并按要求的二氧化碳浓度充入二氧化碳。以后定期从帐中取气检测，按要求有标准充氮降氧及补充二氧化碳。

为提高大帐封垛冷藏是采用自然降氧法的贮藏保鲜效果，可在大帐的四周各黏一个硅窗，利用硅窗的开闭，调节帐内氧气和二氧化碳的浓度。

二、蒜头贮藏保鲜方法

根据对蒜头贮藏保鲜期长短的不同要求，目前蒜头贮藏保鲜主要有常温贮藏、冷藏和气调冷藏等 3 种方法。

（一）常温贮藏

是利用蒜头自身休眠特性而进行的保鲜方法，简便易行，成本低，但贮藏期较短，南方地区易发生蒜头虫蛀和霉变，北方地区易发生冻害。因此，该法贮藏蒜头的质量难以保障。

（二）冷藏

是指利用人工降低贮藏环境的温度或利用自然低温条件，抑制蒜头的呼吸作用，减少养分和水分损失，防止病虫繁殖蔓延，以延长贮藏保鲜期。

有冷藏库的地方，蒜头收获后，当外界日平均气温25℃以上时可在室内或防雨棚下贮藏一段时间，待蒜头生理休眠期结束，外界气温开始下降时，移入冷藏库贮藏。冷藏库内温度控制在0℃±1℃，空气相对湿度70%～75%。在此环境中，一般可贮藏5个月左右。在秋播地区，可以使蒜头的供应期延长到年底。

北方地区利用当地自然低温条件，采用冷窖贮藏蒜头效果也较好。其做法是：选择地势高、土质坚实的地点挖窖。冷窖内的环境要求冷晾干燥。窖深1.0～1.2米，宽2～2.4米，长度以地形与贮藏量大小而定，窖两头各留一个窖门，窖顶每隔1.7～2.0米留1个天窗，以便于通风和调节窖内温、湿度。中间留有人行通道，窖上盖土厚度15厘米左右。

蒜头下窖的时期应选在地面刚上冻时。下窖时间应在下午4时后，以免窖内温度升高。

下窖后的管理重点是根据天气变化，调节窖内温、湿度，尽可能使窖内温度保持在0℃左右，空气相对湿度保持在70%～75%。用冷窖贮藏的蒜头可贮藏到4月份。

（三）气调冷藏

秋播地区，蒜头采用一般冷藏虽然可以使蒜头的保质期达到5个月左右，但一般只能延长到年底。进入翌年1月份发芽蒜增多，要想再延长保质期，需要采取气调冷藏。冷库中的温度控制在0℃±1℃，空气相对湿度70%～75%。

目前国内一般采用限气冷藏，与蒜薹限气冷藏相似，也有小袋冷藏和大帐冷藏两种类型。具体贮藏方法可参考前述蒜薹气调冷藏部分。适宜的气体成分组成为：氧气3%～4%，二氧化碳5%～6%。

在上述环境中，蒜头的贮藏保鲜期可达8～9个月，需要注意的是，蒜头贮藏的适宜温度和气体成分组成虽然与蒜薹相近，但适宜的湿度较蒜薹低，在采用小袋冷藏或大帐封垛冷藏时，要注意防止因湿度太高引起蒜头霉变。

辐照处理与化学处理保鲜技术，暂不作介绍。

三、洋葱的贮藏

（一）贮藏条件及其影响因素

刚收获的鲜洋葱含水量大，需较高的温度促进其组织内水分的蒸发，使鳞茎干燥。另外，新采收的洋葱有一个愈伤过程，愈伤适宜温度为 $24\sim32℃$。所以，洋葱收获后需在田间摊晒或在室内摊晾，一般情况下，愈伤后的洋葱其最佳贮藏温度为 $-1\sim0℃$，空气相对湿度为 $65\%\sim70\%$。在此条件下，洋葱贮藏期可达 8 个月。

洋葱的贮藏主要是防止抽芽、腐烂和失水干缩。

洋葱品种间的耐贮性存在着很大的差异，在同等贮藏条件下，不同品种腐烂和发芽的程度各不相同。因此，选择耐贮藏品种对于做好贮藏工作十分重要。一般情况下，黄皮扁圆类型的中熟或晚熟品种，肉质白里带黄，细嫩柔软，甜而略带辣味，品质好，这种类型的洋葱休眠期长，耐贮藏。红皮类型品种，肉质不如黄皮类型细嫩，且辣味重，干物质含量多，休眠期短，耐贮藏性差。但同样是红皮类型品种，其中球形的比扁圆的耐贮藏，白皮类型为早熟种，鳞茎较小，产量较低，肉柔嫩，容易发芽，不耐贮藏。

温度是影响洋葱鳞茎贮藏的主要原因，适当的低温可防止鳞茎抽芽。洋葱的食用部分是肥大的鳞茎，有自然的休眠期。收获后鳞茎进入休眠期，生理活动减弱，对外界环境反应不敏感，遇到适宜的环境条件，鳞茎也不发芽，这是洋葱常规贮藏的重要生理基础。休眠期的长短因品种类型而异。例如，黄皮品种约 60 天，红皮品种为 $30\sim40$ 天；早熟品种比晚熟品种的生理休眠期短。完成休眠期后，洋葱进入休眠解除期，生理活动渐渐加强，鳞茎中的养分向生长点转移而开始抽芽。抽芽后，鳞茎质地变软中空，纤维增多，品质下降，失去食用价值。相关研究发现，生理休眠期结束后的洋葱，在5~25℃时会加速发芽。因此，给贮藏鳞茎以0℃的低温，就会使其处于被迫休眠状态不萌芽，需要注意的是：必须在洋葱生理休眠期结束前给以0℃的低温环境，才能达到延长休眠期的目的。

洋葱的抽芽与其含水量、含氮量和贮藏环境的含氮量有关。含水量高，鳞茎中干物质的含量就低，容易萌芽；鳞茎含氮量越高，也越容易萌芽，堆藏的洋葱，四周通风好，供养充足，抽芽也多。针对环境中氧气含量对洋葱鳞茎萌芽的影响，可采用调节贮藏环境中氧气和二氧化碳的比例来抑制其发芽。据国内有关研究报道，氧气含量控制在2%~5%，二氧化碳含量控制在8%~10%，对抑制洋葱萌芽效果很好。国外有关研究认为，3%的氧气和5%的二氧化碳有助于抑制洋葱萌芽和须根的生长。

贮藏环境的湿度对洋葱贮藏性也有一定的影响。一般情况下，处于生理休眠期的洋葱对湿度不敏感，但较湿润的环境有利于减少鳞茎失水干缩，而干燥的环境又有利于防止鳞茎腐烂。在休眠完全解除后，在常温条件下，干燥环境对鳞茎萌发有抑制作用，而湿润环境则促其萌芽。因此，洋葱贮藏环境要保持适宜的空气相对湿度，一般以65%~70%为宜。

洋葱在贮藏期间易发生腐烂。收获前浇水过多，收获时遇雨或晾晒未达到要求，茎叶含水量多；洋葱在田间造成的虫害伤口、生理性裂口，或采收、采后处理、运输、贮藏过程中造成的机械伤口；洋葱栽培缺钾严重；贮藏期间堆垛过大，堆垛淋雨，翻堆不及时等因素都会引起洋葱在贮藏过程中发生腐烂。因此，要防止洋葱在贮藏期间发生腐烂，不仅要做好贮藏工作，还要抓好田间管理、采后处理及运输等环节的工作。

（二）贮藏方法

1. 挂藏 这是我国传统的家庭贮藏洋葱的方法。在收获时，将经晾晒风干和清除了泥土的带叶洋葱编成一辫，每辫约 60 个鳞茎。编好后，将葱头向下，茎叶向上，继续晾晒 6～7 天，使葱头充分干燥，即可挂藏。也可将带叶洋葱每 10～20 头扎成 1 把挂藏。挂藏的地点一般是屋檐下、室内、荫棚等通风、干燥阴凉处。栽培面积不大、洋葱收获量少的，一般可在屋檐下吊挂；在栽培面积集中的产区，可在室内设支架挂藏。洋葱瓣不要接触地面，并最好用席子将挂藏的洋葱围上，以防雨淋。室内挂藏的，要经常通风排湿，保持空气干燥。下雨天要及时关窗，防止湿气进入；雨过天晴，要及时打开门窗通风。要注意经常检查，及时清除腐烂的葱头。

2. 垛藏 垛藏洋葱在华北地区有较长历史，贮藏期长、效果好。垛藏应选地势高燥、排水良好的场所。先将洋葱在晾晒干过程中编成长度一致的长辫子，并进一步充分晾晒风干。在地面上垫上枕木，上面铺一层秸秆，然后在秸秆上放上一层层的葱辫，葱辫的末梢朝外，垛顶应覆盖 3～4 层席子或加一层油毡，防止雨淋或沾上露水，垛码好后，四周用 2 层苇席围好，然后用绳捆扎封垛。一般垛长 5～6 米，宽 1.5～2 米，高 1.5 米（约 2 条洋葱辫的长度），每垛 5 000 千克左右。如果发现漏雨应拆垛晾晒。封垛后一般不倒垛，因为倒垛往往会促使洋葱萌芽。如果垛内太湿，可视天气情况倒垛 1～2 次。在连续降雨或阴雨连绵的天气过去以后，可将四周的席子揭掉一层，进行晾垛，然后再封好。倒垛应在洋葱休眠期结束前进行，否则会引起发芽。贮藏到 10 月份以后，视天气情况，加盖草帘防冻。寒冷地区应转入库内贮藏。华北大部分地区采用这种方法贮藏洋葱，可达 6 个月之久。

3. 堆藏 堆藏是最普通的一种洋葱贮藏方法。堆藏又可分为室内堆藏和室外堆藏两种。

（1）室内堆藏　又叫囤藏。洋葱收获后晾晒几天，带外皮干燥时将其从鳞茎颈部剪去干枯的叶和茎秆，对葱头再进行1次选择把符合贮藏条件的洋葱堆放在通风、干燥的空房中。堆的高度不宜超过1米。每隔10～15天翻倒1次，以防止堆内发热。如果发现有腐烂的鳞茎，要及时剔除。中秋节以后气温稳定，即在室外做囤。在囤底垫上木棍等物，四周用苇席围成圆筒形，囤底铺上扎成把子的高粱或玉米秸秆，然后把洋葱鳞茎放在秸秆上。每放入厚约30厘米的鳞茎，就平铺一层高粱秸秆或稻草作为隔离层，以便于散热、散湿和透气。按此一层一层的码放，直至装满囤。入囤后，每隔15～20天倒囤1次。一般倒囤2～3次后，天气就已变冷而不用再翻堆了。这时要用稻草盖囤顶，并封囤防寒。囤藏贮藏量大，贮藏期长，北京地区可贮藏到春节前后。但缺点是比较费工，且成本较高。

（2）室外堆藏　选取室外地势高燥、排水良好、避光避风的地方，然后在地面上垫厚约20厘米的干麦秸做垛底。将经过晾晒、清除泥土的洋葱扎成小把，放在垛底上堆成圆堆，圆堆的直径为1.5～2米，堆高1.5米左右，每堆800～1 000千克。堆的四周围上麦秸，堆顶也用麦秸做成屋顶状，防止雨淋。贮藏期间一般不翻动。用这种方法可贮藏3～4个月。

4. 冷库贮藏　这是一种采用低温强迫洋葱鳞茎休眠、抑制鳞茎发芽而达到贮藏目的的方法，也是目前贮藏大批量洋葱较为理想的方式。洋葱适宜的冷藏温度是0～2℃，空气相对湿度为65％～70％。

在冷库贮藏前，首先将待藏的洋葱鳞茎切去假茎和叶片，并将其进一步风干。根据中华人民共和国商业行业标准（SB/T 10286—1997）的规定，人工干燥时将洋葱鳞茎放入干燥房内，温、湿度条件分别是25～28℃和60％，流过每立方米洋葱的气流量为2～8米^3/分钟，干燥2～7天。也可采用热风干燥，用40～45℃的热风连续送风12～16小时，使洋葱的水分减少10％

左右。热风干燥具有灭菌和杀灭害虫的作用。在用热风干燥处理时，要密切注意温度，如果洋葱在45℃以上的高温下时间过长，会影响鳞茎品质。

经过充分风干的洋葱鳞茎，就可入库冷藏。为了在保证贮藏质量的同时，尽量缩短洋葱占用冷库的时间，但要注意不能入库太晚，以免影响贮藏效果。入库前，冷库内要进行消毒，在准备堆贮洋葱的地方铺上垫板。将经过挑选的洋葱鳞茎装入柳条筐、网袋或木箱中，先进行预冷，使洋葱温度冷却到冷库贮藏前所要求的温度。根据中华人民共和国商业行业标准（SB/T 10286—1997）的规定，贮藏的洋葱需按等级、规格、产地、批次分别码入库内。码放高度视包装材料和种类的抗压强度确定，但最高不得超过3米。每堆之间要留有通道。贮藏期间，每隔一段时间检查1次，及时剔除有病、有机械损伤的鳞茎。要注意冷库中湿度的变化，如果湿度过高，鳞茎常会长出不定根。

5. 气调贮藏　气调贮藏（Contrllde atmosphere storage）就是调节气体贮藏，简称CA贮藏。这是一种在密闭的条件下，人为地改变贮藏环境中气体成分的贮藏方法。气调贮藏主要通过降低空气中氧气浓度和适当增加二氧化碳浓度，使洋葱鳞茎的呼吸强度降到维持正常且最低的代谢水平，从而延长洋葱的贮藏期。一般气调贮藏适宜的氧气和二氧化碳浓度分别为1％～3％和5％～10％。

气调贮藏须在贮藏库（窖）内进行，每一个单元的净面积一般为3.5米×1.5米，每个单元之间走道不小于1.米，以便于操作管理。预先用聚乙烯薄膜做成密封的帐子，贮藏时先在库房地面铺上一块面积为4.5米×2.5米、厚度为0.25毫米的聚乙烯薄膜，将经挑选后待贮藏的洋葱轻轻装入柳条箱或木箱中，并根据预先设计好的规格码好；而后用聚乙烯薄膜帐子将码好的洋葱罩好，再将罩子四周底边与铺在地面上的塑料薄膜四周密接，紧紧地卷在一起，用土埋压，使塑料薄膜帐内处于密闭状态。然后可采用自然降氧和快速降氧两种方法调节帐内氧气与二氧化碳的比例。

(1) 自然降氧 刚封闭时帐内的氧气含量较高,通过洋葱自身的呼吸作用会消耗氧气,呼出二氧化碳,使帐内氧气含量越来越少,二氧化碳含量越来越高,从而抑制了洋葱的呼吸作用,使其不抽芽,延长了洋葱的贮藏期。在这种自然降氧情况下,密闭帐内的湿度会越来越高;同时洋葱在极度缺氧条件下呼吸,会产生酒精,引起腐烂。因此,每隔 3～4 天要揭开薄膜帐子进行通风换气,每隔 1 天放入氧气,大约每 100 千克洋葱放入 400 毫升氧气。也可在薄膜上设几个开闭的换气孔,当帐内氧气过少时,打开换气孔,放入空气,以补充氧气,降低温度。为了降低湿度和吸收多余的二氧化碳,可在帐内放置生石灰,大约每 100 千克洋葱放入生石灰 3.5 千克。

(2) 快速降氧 快速降氧就是不断地向帐内输送氮气以调整氧气和二氧化碳的含量,使氧气含量为 1%～3%,二氧化碳含量为 5%～10%。每天须对帐内的气体样品进行分析,并通过补充氮气调节帐内氧气和二氧化碳的含量。每隔 1 个月左右入帐检查 1 次,剔除病、烂的鳞茎。

在气调贮藏过程中,为了保持合适的温度,白天应避免日光直晒,夜间用草帘子挡风,防止降温。气调贮藏需要一定的仪器设备和大量的氮气,因此,普及这种贮藏方法比较困难。同时,在目前情况下,洋葱的气调贮藏技术不够成熟和完善,故较少商业化应用。

6. 通风库贮藏 洋葱通风库贮藏,是在气温下降后,在库内将要码放洋葱的地面垫上枕木或枕石,而后将洋葱装入柳条箱(筐)或编织袋中,码在上面。贮藏期间要注意通风,保持干燥,冬季温度不能低于−1℃。

7. 筐藏法 把经过晾晒后且无病虫、无伤口的洋葱捆成小把堆成圆垛,葱头向外,叶向内,使其内部形成空心的圆锥体。

每隔 4～5 天倒垛 1 次，并防止雨淋。等葱头干燥后，去叶后装入筐或箱中，每筐装 20～30 千克，堆放在窖内或普通库房内，保持干燥，注意通风，在冬季保持库温不低于 -3℃。

四、大葱的贮藏

（一）贮藏条件

大葱属于耐寒性蔬菜，贮藏温度以 0～1℃ 为比较适宜。温度过高，大葱呼吸增强，抗逆性下降，加之微生物活动加强，易导致大葱腐烂，同时会使大葱所含芳香加快挥发而丧失特有的风味品质，贮藏温度过低，大葱虽然受冻但产品还可食用，只是损耗太大。

大葱贮藏的空气相对湿度以 80％～85％ 为比较适宜。通风是大葱贮藏的特殊要求，这是因为空气流通，能使大葱外表始终保持干燥，可有效地防止大葱贮藏病害的发生。

（二）贮藏方法

大葱极耐贮藏，除了用恒温冷库贮藏室外，还可在冷凉、干燥、通风的自然条件下贮藏，并安全越冬，随时供应市场。

冬贮大葱收货后，首先晾晒 1～2 天，使叶片和须根逐渐失水萎蔫或干燥，假茎外皮干燥形成膜质保护层，以利于贮藏。应选择可溶性固形物含量高的品种作为贮藏葱。

大葱耐低温能力极强，冬季可用低温贮藏法和微冻贮藏法贮藏大葱。低温贮藏的适宜温度为 0℃，空气相对湿度为 85％～90％；微冻贮藏的适宜温度为 -5～-3℃。常温贮藏时，适宜湿度为 80％ 左右，湿度过高易腐烂。常用的贮藏方法有以下几种：

1. 架藏法　在露天或棚、室内，用木杆或钢材搭成贮藏架。将采收晾干的大葱捆成 7～10 千克的捆，依次堆放在架上，中间留出空隙通风透气，以防腐烂。露天架藏，要用塑料薄膜覆盖，防止雨雪淋打。贮藏期间定期开捆，及时剔除发热变质的植株。

2. 地面贮藏法　在墙北侧或房屋后墙外阴凉、干燥背风处的平地上，铺 3～4 厘米厚的沙子，把晾干捆好的大葱密码在沙上，宽 1～1.5 米，根向下，叶向上。码好后在葱根四周培 15 厘米高的沙土，葱堆上覆盖帘子或塑料薄膜防雨淋。

3. 沟藏法 在阴凉通风处挖深 20～30 厘米、宽 50～70 厘米的浅沟。将沟内灌足水，等水下渗后，把选好、晾干的 10 千克左右的葱栽入沟内。用土埋严葱白部分，四周用玉米秸围一圈，以利于通风散热。上冻前，加盖草帘或玉米秸。

4. 窖藏法 将经晾晒后约 10 千克的葱捆直立排放于干燥有阳光且避雨的地方晾晒。当气温降至 0℃ 以下时，入窖内贮藏。窖内保持 0℃ 的低温，注意防热防潮。

5. 冷库贮藏法 将无病虫害、无伤残的葱捆成 10 千克左右的捆，放入包装箱或筐中，置于冷藏库中堆码贮藏。如果没有贮藏架，可将葱捆立放或平放于各层间，架间、层间都有留有一定的通风道，以便于散热排气。库内保持 0～1℃，空气相对湿度为 80%～85%。注意避免温度变化过大。贮藏期间要定期检查葱捆内部，若发现葱捆中间有变质的葱，要及时剔除，防止腐烂蔓延。如发现葱捆潮湿，通过通风又不能排除时，须移出库外，打开葱捆，重新摊晒晾干后再入库。

6. 微冻贮藏法 在东西向墙北侧挖 10～20 厘米深、1～2 米宽的浅沟。将经晾晒的葱捆成 7～10 千克的捆，竖放在沟内。贮藏初期葱捆上部敞开，每周翻动 1 次，使葱全部干燥。天气寒冷，葱白微冻时给葱培土，顶部用草帘子盖住。

第二节　加工技术

葱蒜类蔬菜虽然可以采用各种贮藏方式以延长保鲜期，但仍然不能满足广大消费者不同消费习惯的需要，而对其产品进行加工，不仅可以变资源优势为产品优势、经济优势，同时也可以延长葱蒜类蔬菜的贮藏期，做到常年均衡供应。因此，充分利用我国葱蒜类蔬菜的丰富资源，开发系列加工产品，提高综合效益，满足国内外市场需要，对促进高效农业发展，致富农民，具有十分重要的意义。

葱蒜类蔬菜的加工产品多种多样，包括食品、医疗保健品及畜禽饮料添加剂等。葱蒜类蔬菜食品有干制、盐渍、糖醋渍、饮料、酱、酒、油及调味品等。下面重点介绍国内外市场及外贸出口需求量较大的几种葱蒜类食品加工技术。

一、蒜薹加工

（一）蒜薹罐头加工技术

美味蒜薹罐头色泽鲜艳，组织脆嫩，酸味可口，含丰富的营养物质，具开胃、消食、健脾、治肾气、杀菌、防风湿、散肿痛等作用。

1. 工艺流程　选料→洗涤→浸泡→烫漂→分选→切条→配汤→装罐→排气→密封→检查→杀菌→冷却→检验→成品

2. 配料　以优质的鲜蒜薹、红辣椒、葱头和蒜片为原料。

3. 操作要点

（1）原料选择与处理　先剔除过老、萎缩、霉变的蒜薹，用流水洗净泥沙等杂物，然后放在0.1%的高锰酸钾溶液中消毒3～5分钟，再在清水中冲洗2～3次，至水无红色为止。将洗好的蒜薹放在清水中浸泡2～6小时，以提高蒜薹的脆度。

（2）烫漂　浸泡后的蒜薹，放入80～85℃热水中烫漂0.5～1分钟，使蒜薹开始均匀软化，呈青色就立即冷却。

（3）分选切条　按原料鲜嫩程度、硬度、色泽、粗细等挑选分级，剔除软烂蒜薹。切除薹苞，再切成长7～11厘米或3～6厘米的条段。在同一罐中蒜薹大小、色泽要求均匀一致。

（4）配料　红辣椒浸泡复水后切成2～3厘米的段，蒜头纵切成1～2毫米厚的片状，葱头切成5～8毫米片形。

（5）配汤　①制香料水。桂皮120克、茴香60克、生姜

150 克、胡椒 50 克、芥籽 60 克，洗净后，放入不锈钢夹层锅或铝锅中，加水 12 千克，加热微沸 0.5～1 小时，过滤后用水调至 10 千克备用。②配汤。用夹层锅加料顺序：清水 85 千克、砂糖 8 千克、食盐 3 千克、香料水 10 千克，加热煮沸后再加入冰醋酸 1.12 千克和味精 0.08 千克，经过滤后用沸水调至 100 千克备用。

（6）装罐　装罐 500 克的配料比：蒜薹 305～315 克、汤汁 185～195 克、红辣椒 4～6 段、葱头 6～8 段、蒜头 8～10 段。注意装罐温度≥75℃。

（7）排气与密封　排气密封时，罐中心温度≥75℃；抽真空密封时，真空度 46 663～53 329 帕。

（8）杀菌与冷却　在 100℃下杀菌（抽气）5～20 分钟，随后自然冷却。

（9）质量检验　灭菌后要对罐内的蒜薹质量按标准进行抽检，凡合格的则贴上商标，即为成品。

（二）辣蒜薹加工技术

1. 工艺流程　蒜薹→清洗→切段→漂烫→晒干→装缸→初腌→倒缸→晾晒→装缸→复腌→成品

              ↑　　　　　　　　　　　　　　　　↑

            辣椒面＋酱油＋五香粉　　　　　　　　　食盐

2. 配料　蒜薹 5 千克，酱油 2 千克，辣椒面 1 千克，食盐 0.75 千克，五香粉 0.15 千克。

3. 操作要点

（1）清洗，切段　将蒜薹用清水冲洗干净，而后切成 2 厘米长的小段。

（2）漂烫，晒干，装缸　将蒜薹段放入 85～90℃的热水中漂烫一下，捞出后摊晒至干，然后一层蒜薹一层盐进行装缸。

（3）初腌，倒缸，晾晒，再装缸　初腌 15 天后倒缸一次，并将蒜薹捞出摊开晾晒至半干，然后拌入辣椒面、酱油和五香粉，再装入另一只缸中并密封。

（4）复腌，成品　再腌渍 15 天后，即为成品。

（三）糖醋蒜薹加工技术

1. 工艺流程　蒜薹→清洗→切段→漂烫→晒干→装缸→初腌→浸泡→晾晒→装缸→复腌→成品

　　　　　　　　　　↑　　　　　　　　　　　　　　　　↑

白糖＋醋　　　　　　　　　　　　　　　食盐

2. 配料　蒜薹 2.5 千克，白糖 1 千克，醋 1 千克，食盐 0.5千克。

3. 操作要点

（1）清洗，切段，漂烫，装缸　将蒜薹用清水冲洗干净，切成 2～3 厘米长的小段，再用开水焯一下（即漂烫），捞出晾凉后装缸，一层盐一层蒜薹。

（2）初腌，浸泡，晾干，装缸　初腌 7 天后，捞出用清水浸泡，捞出摊开晾干蒜薹表面的水分后，装入另一只缸里。

（3）初腌，成品　装缸后，将白糖和醋溶好的溶液均匀地浇上去，然后封好缸口，再腌渍 10 天后即为成品。

（四）酱蒜薹加工技术

1. 工艺流程　蒜薹→清洗→切段→擦盐→装缸→初腌→翻缸→封口→复腌→成品

↑　　　　　　　　　　　　　　↑

酱油　　　　　　　　　　　　花椒＋大料

2. 配料　蒜薹 5 千克，酱油 5 千克，食盐 0.75 千克，花椒、大料各 0.1 千克，青油少许。

3. 操作要点

（1）清洗，切段，擦盐　将新鲜蒜薹用清水冲洗干净，后用刀切成 3 厘米长的小段，再晾去表面上的水分，随即往蒜薹中拌入食盐，进行搓擦。

（2）装缸，初腌　待盐搓均匀后装缸，装缸时一边将蒜薹压实、压紧，一边逐层适量加入花椒和大料，然后封缸进行初腌。

（3）翻缸，封口　初腌 6～7 天后翻缸一次，同时将已烧开并冷却的酱油浇入缸中随后立即封好缸口。

（4）复腌，成品　封缸复腌 15 天左右，去封观察，若蒜薹颜色呈金黄色，即为成品，可以食用。其味鲜香，酱味浓醇。食用时若拌入适量的香油，其味更佳，是佐粥的佳品。

二、蒜头加工

蒜头可加工成糖（盐）渍蒜、蒜米、蒜片、蒜泥、蒜粉、蒜油等多种系列产品。

（一）糖蒜加工

1. 工艺流程　鲜大蒜→预处理→浸泡漂洗→沥干→装坛→封坛→滚坛→成品

汤料

2. 配料　白皮（或紫皮）蒜 100 千克，白（或红）糖 30 千克，酱油 20 千克，食盐 10 千克。

3. 操作要求

（1）选料　要求无虫伤、病变，以瓣大、皮白为佳。

（2）预处理　先剪去根须和茎（留 3 厘米左右），剥去 2 层老皮。

（3）浸泡漂洗，沥干　后用清水浸泡漂洗 2～4 天，每天换水 1 次，注意搅拌，促进辣味挥发。捞出蒜头沥干水。

（4）装坛，滚坛，成品　先将沥干水的蒜头装坛，并将红糖、酱油、盐放入锅内煮沸，冷却后倒入坛中，淹没大蒜头 2～3 厘米后（若汤料不够可加入适量的花椒水），封坛横卧在地上。每天滚坛 1～2 次，连续 1 周，40 天后即为成品。

糖蒜质量标准：

感官指标：①外观：乳白（或棕红）色，蒜瓣充实丰满，大小均匀，无杂质。②滋味：香气柔和，甜，脆，无辣味和蒜臭味。

理化指标：①总酸（以乳酸计）≤1.00 克/100 克；②全糖（以葡萄糖计）≥30.00 克/100 克；③食盐（以氯化钠计）≤4.00 克/100 克；④砷≤0.5 毫克/千克；⑤铅≤0.1 毫克/千克；水分≤60.00 克/100 克。

卫生指标：①大肠杆菌群≤30 个/100 克；②致病菌不得检出。

（二）桂花糖蒜加工

方法一：

1. 工艺流程　鲜蒜→预处理→剥去老表皮→漂洗浸泡→食盐＋水＋白糖＋桂花
↓
晾干→入坛封口→腌渍→成品

2. 配料　白皮蒜 100 千克，白糖 50 千克，食盐 2 千克，桂花 2 千克，水 30 千克。

3. 操作要点

（1）选料　原料蒜要求无虫伤、无病变等，以瓣大，皮白为佳。

（2）预处理　剪去原料蒜根须，剥去外表 2 层老蒜皮，在清水中浸泡 5～6 天，每天换水 1 次，以去掉辣味，然后捞出摊晾（或甩干）至表层水分散尽。装坛（事先用沸水灭过菌）。

（3）汤料调制　把精盐和水一并放入锅内煮沸杀菌，后冷却过滤，滤液加入白糖、桂花后充分拌匀。

（4）装坛，成品　将配料入坛、封口，横卧在地上，每天滚动 2 次；每周开坛放风 1 次，50 天后即为成品。

方法二：

1. 工艺流程　选料→预处理→浸泡→沥水晾干→装缸→初腌→装缸，封口→复腌→食前三天→成品
　　　　　　　　↑　　　　　　↑　　　　　　　　↑
　　　　　　汤料　　　　桂花　　　　　　　盐

2. 配料 白皮蒜 100 千克，白糖 43 千克，食盐 4 千克，酱油 1 千克，食醋 1 千克，五香粉 1 千克，桂花 0.4 千克，清水 27 千克。

3. 操作要点

（1）选料 原料蒜要求无虫伤、无病变等，以瓣大，皮白为佳。

（2）预处理 剪去原料蒜根须和假茎，剥去外表 2 层老蒜皮，保留 2～3 层嫩皮。

（3）浸泡、沥水、晾干 选用清水浸泡蒜头 6～7 天，每天换水 1 次，浸毕捞出蒜头，沥去水分，然后上席晾干。

（4）初腌 蒜头晾干后装缸（一层蒜一层盐），腌 1 昼夜，白天每隔 5～6 小时换缸 1 次（倒入另一空缸），共换 2 次，使盐溶化，蒜头腌得均匀。腌好后，把蒜头放到晒场上晾一夜。

（5）复腌 将晾过夜的蒜头装缸，后注入预先配制好的汤料（糖、醋、酱油、五香粉和水，煮沸后冷却），最后用一层油纸、一层塑料布封扎好缸口。

（6）滚缸、散气 将缸歪倒，斜靠着木杆与地面成 30°～40° 的斜角，便于滚动。白天滚缸 4～5 次，每隔 1 天把缸口打开散出辣味，每次敞缸口 4～5 小时。20 天后辣味渐少，改成 2～3 天滚缸、散气 1 次。40 天后浸渍过程即完成。

（7）加桂花 在食用前 3 天，加进桂花。

方法三：

1. 工艺流程 选料→预处理→浸泡→沥水→初腌→晾晒→

装坛→封口→滚坛→放气→成品

汤料＋桂花＋汤料

盐

2. 配料 白皮蒜 40 千克，白糖 16.5 千克，精盐 2.5 千克，高醋 0.8 千克，桂花 0.4 千克。

3. 操作要点

①原料蒜要求无虫伤、无病变等，以瓣大，皮白为佳。

②剪去原料蒜根须和假茎（保留2厘米长）。

③先清洗，后在清水中浸泡蒜头7天，泡3天换水1次，以后每隔1天换水1次，在第三次换水时放进1块冰，经降低水温，加速蒜头内辣味的排出。

④浸毕捞出蒜头，沥去水分，加盐1.6千克（拌匀）。初腌1天，后晾晒6小时。

⑤先将腌好的蒜头装坛，后加入白糖和桂花，再倒入预先煮好的汤料9.7千克（清水8千克，高醋0.8千克，盐0.9千克）。

⑥用芭蕉叶、油布、白布各1块，紧紧封扎好坛口，放地阴凉处，每天滚坛1次，以促进糖溶化和蒜头均匀吸收。每隔1天开坛放气1次，每次敞口6小时。40天即成。

桂花糖蒜质量标准：

感官指标：①外观：淡黄色，色泽美观诱人，大小均匀，无杂质。②滋味：桂花香气浓郁，蒜肉细嫩，味甜而稍酸咸，无蒜臭味。

理化指标：①总酸（以乳酸计）≤2.00克/100克；②总糖（以葡萄糖计）≥30.00克/100克；③食盐（以氯化钠计）≤10.00克/100克；④砷≤0.5毫克/千克；⑤铅≤0.1毫克/千克。

卫生指标：①大肠杆菌群≤30个/100克；②致病菌不得检出。

（三）糖醋蒜加工

我国糖醋蒜头加工历史悠久。产品具有味酸甜、品质脆嫩、蒜香浓郁、无异味等特点。主要加工方法介绍以下两种。

方法一：

1. 工艺流程　鲜大蒜→预处理→浸泡漂洗→沥干→漂烫→冷却晾干→入坛→翻坛→浸渍→成品

↑

（糖＋醋）溶解

2. 配料　鲜大蒜 100 千克，白糖 56 千克，食盐 8 千克，白醋 3 千克，水 70 千克。

3. 操作要点

（1）**选料**　以鲜嫩洁白的六瓣蒜为原料，蒜把长度 1.5～2 厘米。剔除虫伤、病变、老皮发红的蒜头。

（2）**去皮**　先用刀削去根部，后去掉外表 2 层老皮。这期间蒜不能见阳光，堆放不能过夜，以防表皮发红。

（3）**浸泡**　将加工好的蒜及时放入容器中，加入 2/3 的水浸泡，每天换水 2 次，连泡 3～4 天，大蒜全部沉底，水不停地冒白泡为止。

（4）**腌渍**　浸泡好的蒜头放入无水的清洁容器中，一层蒜一层细盐，每 100 千克蒜放 8 千克盐。腌渍 8 小时后，放入微量水，刚刚浸没大蒜即可。腌渍 24 小时。食盐初腌不仅可以抑制蒜酶分解，而且使蒜在糖渍时更易吸收糖水，不发生褐变反应（变红）。

（5）**晾晒**　为防止糖渍时蒜头里更多的水分被置换到糖水中影响白糖水浓度，必须选阳光充足的晴天铺席晒蒜头。厚度为以 2 头蒜厚为宜，从早晨 6 时晒到下午 5 时，使蒜头表皮发白。注意防蝇叮。

（6）**糖渍**　制作糖水和收蒜同步进行。糖水加热至沸，放入缸中冷却，后加入白醋，最后按比例放入大蒜。每天打耙 4～5 次，散发蒜辣味。打耙时耙头应沿着缸边打，打中间时用力要轻。

（7）**贮存**　贮存期间，每天观察缸内糖水的发泡程度，若极个别发泡严重，且产生刺激的酸味，应及时采取措施，以防影响其他缸的大蒜质量，同时注意通风和防蝇。贮存 3 个月即为成品，到年底时（糖渍 5 个半月），质量风味更佳。

整个加工过程温度应控制在 23～29℃ 范围内，切莫超过 30℃，尤其是前期。因大蒜在 33～35℃ 加工极易褐变，使其发红而降低商品性。

方法二：

1. 工艺流程　选料→预处理→洗净沥水→装坛→初腌→晾晒→装坛→封口→复腌→成品

糖醋液　　　　　　　　　　　　　　　　　盐

2. 配料　鲜蒜头 100 千克，盐 10 千克，食醋 0.7 千克，红糖适量，五香粉少许。

3. 操作要点

（1）选料　同前。

（2）预处理　去根须和茎，剥去老蒜皮。后清洗干净，捞出沥干水。

（3）初腌　一层蒜一层盐（10％的比例）装至大半缸即可，另备用同样规格的 1 只缸作换缸用。每天早晚各换缸 1 次，使蒜头腌制均匀，并散放蒜味。初腌 15 天后即成咸蒜头。

（4）晾晒　捞出蒜头上席晾晒，每天翻动 1 次，晒至原重的70％为宜。注意防蝇叮。

（5）装坛，复腌　将晒好的咸蒜头装坛至 3/4，轻轻压紧，后将预先配置好的糖醋液（先将食醋加热到 80℃，再加适量红糖和少许五香粉，搅拌至糖溶解）倒入坛中。装满后在坛口横放几根竹片，以免蒜头上浮甚至冲出坛口。最后用油纸或塑料布将坛口扎紧，密封好。2 个月后即为成品。

糖醋蒜质量标准：

感官指标：

①色泽：酱黄色，有光泽感；②滋味：质地脆嫩，酸甜细腻，蒜香浓，无异味。③外观：蒜体完整，无杂质。

理化指标：

①总酸（以乳酸计）≤3.00 克/100 克；②总糖（以葡萄糖计）≥30.00 克/100 克；③食盐（以氯化钠计）≤9.00 克/100

克；④砷≤0.5 毫克/千克；⑤铅≤1.00 毫克/千克。

卫生指标：

①大肠杆菌群≤30 个/100 克；②致病菌不得检出。

（四）含碘大蒜加工

碘是人体必须的微量元素之一，成人每天约需碘 400 微克。若缺碘会引起多种疾病，如巴塞多氏病、甲状腺肥大、血管梗塞、循环器官功能障碍、体质变态反应、高血压、肥胖儿等。含碘大蒜既有补碘之功能，又具有营养保健的效果，深受广大消费者的喜爱。

1. 工艺流程　大蒜→预处理→清洗→干燥→浸渍→干燥→成品

　　　　　　　　　　　　　　　　　　　　　　↑

　　　　　　　　　　　　　　　　　　含碘母液

2. 配料　大蒜 50 千克，碘化钾 1.5 克，乙醇 50 克，清水 100 千克。

3. 操作要点

（1）选料、预处理、清洗　同前。

（2）干燥　清洗干净的蒜瓣在 40℃的干燥箱内（也可以和远红外并用）干燥，至水分含量在 60% 左右，备用。

（3）含碘浸渍母液的配制　在 50 千克清水中加入 1.5 克碘化钾、50 克乙醇（乙醇对于碘化钾有助溶和增加其渗透性的作用，但在配液时不宜过多，否则产品口感差，且要增加除乙醇之工序），加热搅拌使其全部溶解，然后用清水冲稀至 100 千克即可。

（4）浸渍　将干燥好的大蒜浸渍于上述含碘母液中，在30～25℃下浸渍 60～70 小时（浸渍温度要严格控制，过高虽有利于碘的渗透，但产品质量差，甚至会腐烂；太低会降低碘的渗透力，产品含碘量较低。在 22～30℃下，最好先在 30℃下浸渍 10 小时，然后逐步降至低温）。

（5）干燥，成品　将浸渍过的大蒜取出放在干燥室（温度不超过 40℃为宜）内干燥（或用 40℃热风机吹干），至水分含量控制在 55％～65％时即为成品。

（五）盐渍大蒜加工

1. 工艺流程　鲜蒜→预处理→浸泡漂洗→沥干→入缸→盐渍→翻缸→封缸→盐渍→成品

凉开水

2. 配料　鲜蒜 100 千克，食盐 20 千克，水 24 千克（其中加入 0.5 千克橘子皮，味更佳）。

3. 操作要点

（1）选料　选刚上市的新鲜紫皮蒜为佳，其他同"糖渍蒜"。

（2）预处理　同"糖渍蒜"。

（3）浸泡，漂洗　在清水中充分漂洗，再放在清水中浸泡 24 小时，捞出沥干。

（4）装坛　先一层蒜一层盐装坛（事先清洗、灭菌），后将事先准备好的凉开水倒入缸内，以浸过大蒜为宜。

（5）翻缸，封存　第一周每天翻缸 1～2 次，待盐全部溶化，即封缸存放。腌渍 30 天左右即为成品。

（六）咸蒜米加工

1. 工艺流程　选料→预处理→漂洗→分级→烫漂→冷却→漂洗→腌渍→修整→装桶→成品

汤料

2. 配料　大蒜，食盐，柠檬酸，六偏磷酸钠，明矾。

3. 操作要点

（1）选料　蒜米要求原料严格，即成熟适宜、蒜瓣完整、无虫伤、霉烂、发热和变质等，并剔除小蒜头和独头蒜。

（2）预处理　切去须根，不能伤及蒜体，分瓣，去蒜皮（手工或溶剂处理）。

（3）漂洗　倒入缸（池）中，用清水漂洗 6～8 小时，每 2

小时换水 1 次，以汰除蒜米黄水的作用。同时，用手工去掉黏附在蒜肉上的一层透明薄沫（勿伤蒜肉），否则，将给成品带来不良影响。

（4）分级 按蒜米颗粒的大小分级，大：230～300 粒/千克，中：300～450 粒/千克，小：450～600 粒/千克。

（5）烫漂，冷却 分级入缸中再漂洗 8 小时，后倒入含有0.05％柠檬酸和 0.01％明矾的 95℃左右的热水中漂烫。漂烫时间最为关键，因为时间过长或过短都会影响产品的色泽和脆度。一般大、中、小蒜瓣分别漂烫。漂烫时间最为 3.0～3.5、2.5～3.0、1.5～2.0 分钟。并注意搅拌，外观以肉眼观察蒜蒂处停止冒小气泡、蒜米略有白心为度，切不可使蒜肉表层出现发"面"现象。漂烫后要及时出锅倒入清水中充分冷却和漂洗，使蒜头回性变脆。注意要冷透，常换清水。

（6）盐渍 将漂洗后的蒜米甩（晾）干水，先用 7 波美度的盐水浸渍 24 小时，后再加盐调至 11 波美度腌渍 48 小时，最后再加盐调至 22～23 波美度，腌渍 15～25 天。注意当盐水浓度降低时应及时加盐，以保持其浓度。

（7）修整，装桶 盐渍蒜米出缸后先剔除变色、虫斑、伤疤和有缺陷的蒜米。若有未去尽蒂和内衣的应予修整，后按级别标准定量地分别装入桶（或袋）中。随即注入事先准备好的汤料（先将 23 波美度盐水煮开、过滤，冷却后加入 0.35％柠檬酸、0.05％六偏磷酸钠、0.03％明矾，使汤液 pH 为 2.5～3.0），最后封桶（或袋），即为成品。

（七）速冻蒜米加工

1. 工艺流程 选料→预处理→漂洗→甩（沥）干→速冻→包装→成品（冷库贮存）

2. 操作要点

（1）选料、预处理和漂洗 同前。

（2）速冻 漂洗后的蒜米甩（沥）干表面水分，后平铺在冻结盘上，放入快速冻结机内快速冻结（在－35℃以下冻结 60～90 分钟），当蒜米的中心温度达－15℃以后，即可出机。

（3）包装，冷藏　出机的蒜米按要求的规格在低温（10℃）下迅速包装，以防解冻。最后将包装好的成品放入冷库，在－18℃±1℃下保藏。

蒜米的质量标准：

色泽：白或乳白色，有光泽，盐水透明，允许有少量不引起混浊的蒜肉碎屑。

组织：脆嫩，有"咬劲"。

滋味及气味：具有独特的蒜米味，无异味。

形态：颗粒饱满、完整（允许有少量的小修整）。

（八）脱水蒜片加工

1. 工艺流程　选料→预处理→漂洗→切片→漂洗→甩（沥）干→摊筛→烘干→拣选→包装→成品

2. 操作要点

（1）选料、预处理　同"蒜米加工"。

（2）漂洗　去皮蒜瓣在清水中充分漂洗，同时去除蒜皮表层上的伤斑和内衣膜，将漂洗后的蒜瓣放置在透气的容器内，堆放场所必须通风、阴凉、干燥，堆放厚度不超过 15 厘米，务必在 24 小时内投入加工，否则影响成品色泽。

（3）切片　切片时要检查切片机，刀片必须锋利并调准刀片角度，刀盘转动要平稳，转速控制在 80～100 转/分，边加料边加水切片，蒜片厚度应控制在 1.5～1.8 毫米之间，特湿的蒜可以切 2.2 毫米厚，要保证蒜片厚薄均匀，表面光洁，尽量减少碎屑及三角片等。否则，烘干后，片厚的蒜片颜色发黄，片薄者易碎，影响成品质量。

（4）漂洗　将切好的蒜片装入竹箩中（10～12.5 千克/箩）放在池中，用流水冲洗去除碎衣、碎片及表面黏液、糖分。一般冲洗 4 次，每次 30 分钟，同时用工具上下翻动，充分漂清蒜片表面黏液。若漂洗不充分，蒜片上的水溶蛋白质与糖分在烘干时将发生褐变反应，从而影响产品色泽。但漂洗又不能过度，否则会影响其风味。

（5）甩（沥）水　捞出蒜片置于离心机上甩水，如采用直径1.2米的离心机（7.5千瓦），每次装蒜片25千克，甩水1分钟即可。注意甩水时间不能过长，以防蒜片发糠，表面产生小泡，影响成品质量。

（6）摊筛　将脱净水的蒜片，先摊在木案或其他盛物上作短时间停晾，然后上帘，帘长1.2、宽0.9米，每帘摊放1.5～2.5千克蒜片。一帘一帘地置放在专供烘干用的小铁车内，每车装38～40帘，约60～70千克。摊筛要均匀不能过厚，否则会使蒜片受热不均匀，延长烘干时间，形成褐变，降低成品率。

（7）烘干　烘干是保证蒜片质量的重要工艺，其关键是既要较快地蒸发水分，又要防止湿度过高发生褐变，烘房多采用蒸汽管道供热，热风进口温度应控制在65℃左右，烘道温度略低于进风口温度（60～61℃），根据烘道温度高低来调节烘温。同时注意热风进量要保持平衡，出风量稍大于进风量为宜，以利干燥。一般烘干7～8小时即可，出烘房时蒜片含水量应控制在5%～6%，烘干一车再补进一车，连续操作，流水作业。烘干也可在特制的烘干箱ZT-1型自动控温脱水机里进行。

（8）拣选　经烘干的蒜片，先风选、过筛，除去残留的蒜衣片和碎屑，后送入分选室进行拣选。正品片大、完整、厚薄均匀、平展好，呈乳白色，无任何褐变。次品片小，不完整、不平展，色黄褐。拣选过程中必须保持清洁卫生，防蝇、灭菌。

（9）包装　这是保证烘干成品的又一项不容忽视的工艺，它是使蒜片存放期不变质，不变色的重要步骤。要求内衬双层塑料袋（0.08毫米厚）并分别扎紧口，再用防潮纸包起来，最外层用纸（或塑）箱包装。每箱装20、10或5千克不等，然后入库贮藏。注意湿度大的地方，包装要迅速，库房要干燥、通风。否则会造成蒜片吸水回软，影响质量。脱水蒜片质量标准见下表8-1。

表 8-1　脱水蒜片质量标准（GB 8861—1988）

项　　目		优级	一级	二级
感官指标	色泽	乳白	乳黄	淡黄
	气味	具蒜特有的辛辣味	无异味	允许有轻微焦味
	形态	片形完整，大小均匀，无碎片	同优级品	片形大小基本均匀
	杂质	不得检出	不得检出	≤0.1克/千克
理化指标	水分（%）	8.0	8.0	8.0
	总灰分（%）	5.5	5.8	6.0
	不溶于酸的灰分（%）	0.5	0.8	1.0

（九）普通蒜粉加工

方法一：

1. 工艺流程　蒜头→去皮→漂洗→甩水→打浆→过滤→滤液→脱水→烘干→粉碎→蒜粉

2. 操作要点

（1）选料　剔除虫伤、病变蒜，蒜头要求成熟，但无发青、萌芽现象。

（2）去皮　手工或化学去皮。

（3）漂洗　去皮蒜头用清水漂洗充分，尤其是化学去皮的，然后甩（沥）干水。

（4）打浆　在打浆机中进行（或石磨数次），带水打浆（即在蒜瓣中加1/3清水），后用粗纱布过滤，滤去蒜渣。

（5）脱水　用离心机（转速1 200转/分）脱水，也可压榨去水。要求一次迅速脱净水，否则将直接影响产品质量，另外，脱水完后立即冲洗用过的工具，避免下次用时出现异味。

（6）烘干　立即将脱水湿粉平摊在烘盘上或竹筛（垫白布）上，进入50～65℃的烘干房烘干，4～6小时即可。注意不断地

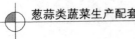

排除烘房的湿气，有条件的可用电热鼓风机烘箱，以确保质量。

（7）粉碎　烘干的蒜粉用粉碎机粉碎，即为成品。

方法二：

1. 工艺流程　脱水蒜片→粉碎→过筛→蒜粉→包装→成品
　　　　　（或烘干蒜渣）　　　　　↓

　　　　　　　　　粗粒→包装→蒜粒成品
　　　　　　　　　　↓

　　　　　　　调配液喷雾→烘干→包装→蒜粒成品
　　　　　　　　　　　　　↑

　　　　　　香菜末或添加食用色素着色

2. 操作要点

①在粉碎机内，蒜粉通过 80～100 目筛，未通过者即为蒜粒。可将蒜粒加工成蒜盐或蒜粒产品。注意剔除黄、软的蒜片，以保证质量。

②蒜盐是一种高档调味品，其生产很讲究，选用食盐、味精混合喷雾、烘干，后用一定浓度的食品包埋剂喷雾、烘干，最后配以香菜末，做成黄绿相间的颗粒蒜盐。蒜粉的质量标准见表8-2。

表 8-2　**蒜粉的质量标准**（GB 8861—1988）

项　　目		优级	一级	二级
感官指标	色泽	乳白	乳黄	淡黄
	气味	具有特有的辛辣味	无异味	允许有轻微焦味
	细度（微米）	250（60 目 筛）95%通过	250（60 目 筛）93%通过	250（60 目 筛）90%通过
	斑点	允许微量黄斑点	允许微量黄黑斑点	允许微量黑斑点
理化指标	水分（%）	6.0	6.0	6.0
	总灰分（%）	5.5	5.8	6.0
	不溶于酸的灰分（%）	0.5	0.8	1.0

方法三：

1. 工艺流程　蒜分瓣→粉碎→分离→磨粉→预干燥→再分离→干燥→冷却、包装→成品

2. 操作要点

（1）**蒜分瓣**　将收购的干蒜验收，然后把蒜头分瓣，使其水分含量为 12%～14%。收购的干蒜要求是：成熟、干燥、清洁、外皮完整，无虫蛀、无霉烂、无发热的蒜头，蒜肉洁白、辛辣味足。

（2）**破碎**　使用破碎机将蒜和皮脱掉。

（3）**分离**　用分离机使蒜和皮分开，使用吸气器将蒜皮吸走。

（4）**磨粉**　已去皮的蒜，通过传输带输送到磨粉机内。蒜在输送过程中，要进行检查，去掉已变色的蒜料，然后才能输送到磨粉机中将蒜磨成粉。

（5）**蒜粉收集和预干燥**　蒜磨成粉后，用气体输送到旋风分离器中，通过粉末收集器收集蒜粉，再进行预干燥。经过这几道工序后，残留的蒜皮几乎都被气体除去。蒜粉大部分达到了 100 目，并可除去水分的 50%。

（6）**再分离**　将预干燥后的蒜粉通过粉末收集旋风分离。

（7）**干燥**　将收集的蒜粉通过筛分机过筛，再通过沸腾床干燥（温度在 30～70℃范围内，最好 60℃）。此时的蒜粉要求水分在 5% 以下。

（8）**冷却、包装**　将蒜粉冷却，包装。为了防止这一工序中蒜粉吸湿，要求冷却和包装车间要低温干燥。包装容器材料的密封性能要好。

（十）速溶蒜粉加工

1. 工艺流程　选料→预处理→漂洗→捣碎→蒸馏→冷凝→干燥→包装→成品

2. 操作要点

（1）选料　选含纤维少、含水量低的蒜头做原料，剔除虫伤、病变的蒜瓣。

（2）预处理　先分瓣、切蒂、去皮，后充分清洗。

（3）捣碎　将洗净的蒜瓣在捣碎机内捣碎成蒜泥状。

（4）蒸馏、冷凝、干燥　用水蒸气直接喷射蒸馏蒜泥，从蒸汽中冷凝出挥发物质，后经干燥设备缓慢干燥而成。这样处理后所有的辛辣味物质的前身都与活化蒜酶反应，形成辛辣味足的芳香化合物。要注意的是，蒸馏喷射过程中温度不能过高。否则，某些芳香化合物会进一步反应产生异味。

（5）包装、成品　将干燥后的蒜粉，按不同规格或客户要求进行包装，检验合格后即为成品。

（十一）复合蒜粉加工

即以普通蒜粉作为基料，按不同配方复合其他调味料而成的多种复合蒜粉。

方法一（香辣蒜粉）：

以蒜粉为基料（占 $78\% \sim 85\%$），按比例加入姜、葱粉、茴香粉、胡椒（或花椒）粉等制成。

方法二（复合调味蒜粉）：

以蒜粉为基料（占 $90\% \sim 92\%$），按比例加入姜粉、辣椒粉、食盐、味精等制成。

方法三（鲜味复合蒜粉）：

以蒜粉为基料（$>90\%$），按比例加入葱粉、虾粉、味精等制成，主要突出鲜味。

（十二）普通蒜泥加工

1. 工艺流程　选料→预处理→漂洗→甩（沥）水→捣碎→灭菌→包装→检验→蒜泥

2. 操作要点

（1）选料　可选优质大瓣，也可用腌渍蒜头、蒜米、蒜片等加工剔出来的 3 级以下的小蒜头为原料，但要剔除霉变、糠心等蒜瓣。

（2）预处理　先切蒂、分瓣、去皮等处理，后用清水充分漂洗。

（3）甩（沥）水　把蒜瓣捞出用离心机甩水，或沥干至表面无水珠。

（4）捣碎　用捣碎机或石磨将沥干水的蒜瓣加工成泥浆状（按需要来调整泥浆规格）。

（5）灭菌　蒜泥虽有杀菌的功能，但制作过程中仍需采用瞬间蒸汽灭菌处理。

（6）包装　用灭过菌类的玻璃瓶或塑料袋按规格包装，检验合格后即为成品。

（十三）大蒜油加工

大蒜油（即大蒜素）是一种从大蒜中提取出来的油状黏稠液体，集蒜的多种功能于一身，用途十分广泛，尤其在医用上潜力巨大。

蒜油加工方法以采用乙醇萃取为佳。该法又包括干浸取和湿法浸取2种：

方法一：

乙醇干法浸取。先将脱皮蒜在一定温度下烘干，后用乙醇浸取。

1. 工艺流程

蒜渣→烘干→调配→蒜粉
　　　　　↑
大蒜→预处理→漂洗→沥水→烘干→粉碎→浸提→过滤→滤液
　　　　　　　　　　　　　　　↑　　　　　↓
乙醇←脱水←浓缩←粗蒜油→
净化→精蒜油

2. 操作要点

（1）选料、预处理、漂洗和沥水　同前。

（2）烘干　蒜米沥干水后进入热风干燥机中热风干燥或在自制干燥房中烘干（干燥温度控制在 65～70℃），充分除尽蒜体水分。

（3）粉碎　将烘干的蒜米上机粗粉碎，粒径不宜过小，似碎米花为限。

（4）浸取　在碎蒜粉中（按蒜重：乙醇重＝1∶4～1∶6）加入事先预热至 65～75℃的 95％或无水乙醇，搅拌，在此温度下充分浸取。

（5）过滤　浸取好后即过滤，得滤液。过滤很重要，若过滤布彻底，将给精炼带来麻烦，最好采用硅藻土介质过滤。若如此，浓缩后提得蒜油就不需精炼了。

（6）浓缩　将所得的滤液进行低温（40～50℃）、真空（真空度 77 327～101 325 帕）浓缩。注意回收乙醇，再用于下次浸取或前次蒜渣浸取，直至浸取完全。

（7）净化处理　现在所得粗蒜油中直接通入蒸气 4～10 分钟，后在高速离心机上分离，取其表面油层，经脱水即得精蒜油。

方法二：

乙醇湿法浸取。

将脱皮蒜米直接用乙醇浸取，该法条件温和、质量好、出油率高，但所得油中蛋白质、胶质含量较高，易给提纯精炼带来麻烦。

1. 工艺流程

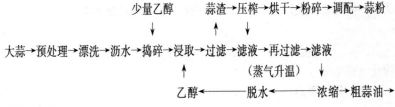

2. 操作要点

（1）选料、预处理、漂洗、沥水　同前。

（2）捣碎、浸取　将沥干后的蒜米捣碎、或压碎（不能过细），同时加入少量乙醇，及时吸收在破碎过程中转化分解的蒜素及其转化物，待捣碎完成后及时加入事先预热至 65～75℃ 的 95% 或无水乙醇中热浸，最好在浸取过程中保持恒温。

（3）过滤、分离　充分浸取后，粗滤、分离，取其滤液升温至 70～80℃（或通入水蒸气 4～10 分钟），直至滤液中产生絮状沉淀，然后再精滤，滤去沉淀，得滤液。

（4）浓缩、净化　将滤液进行减压浓缩（条件同干法浸取），即得蒜油。后再高速离心机上分离，即达净化，取其上层的油液。

（5）浓缩回收的乙醇含不少水分，需脱水后才能用于下次浸取。若不经脱水，则只用 2 次。

（十四）大蒜脱臭加工

多数人对蒜臭味都很反感，如有必要通常可采用以下几种方法对大蒜进行脱臭处理。

1. 植物油脱臭法　将大蒜榨汁，贮于容器中，在 5～10℃ 下静置 5 天（抑制蒜酶活性）后，加入 20%～40% 的植物油用搅拌机快速搅拌，再在 5～10℃ 下静置 20 天，液层完全分离。最后分离和抽提下部半透明、微黄色液层，即得无臭大蒜液，大蒜素含量 5.3%。

2. 硅溶胶、肌醇六磷酸脱臭法　将蒜头或碎大蒜在热水中浸泡 5 分钟，当温度降至 20～30℃ 时，用大蒜量 2～3 倍的 0.05%～0.1% 硅溶胶和 0.01%～0.1% 肌醇六磷酸的混合液浸渍、搅拌 30 分钟后，用清水漂洗干净，再经 65～70℃ 热处理 8～12 分钟，即得无臭大蒜。

3. 裙带菜（或海带）汁脱臭法　将 1 份裙带菜（或海带）加 30 份水，浸泡 3 小时，煮沸 1 分钟得煮汁，冷至 1～8℃。然后将去皮蒜在沸水中漂烫 5 分钟，捞出即投入煮汁中（蒜：煮汁＝1：9），浸泡 3 天后即可脱臭。

4. 茶叶水脱臭法　将 1 份去皮大蒜加 3 份茶叶水（即用 1 份茶叶泡 75 份开水，1～2 小时候过滤得之），煮沸 5～6 分钟，随即捞出沥水，晾晒（防蝇叮），再用清水 30 分钟，后捞出沥干水即得脱臭蒜米。

5. 胡椒粉脱臭法　将去皮蒜放入 20％盐水溶液（5～8℃）中浸泡 10 天，后用清水漂洗，再沥干水，随后将其摊放在容器中，均匀地撒上胡椒粉，静置 25 小时即可脱臭。

6. 脱臭液浸渍脱臭法　将 5 千克带皮蒜浸入脱臭液（即将 0.1％的活性硅酸溶胶、0.5％的植酸、0.5％$ZnSO_4$、0.1％的乙醇加到 5 升自来水中，后再加水稀释 4 倍）中，在 20℃下浸 5 天（一般为 10～40℃下浸 1～10 天），然后捞出自然干燥 2 天（或减压快速干燥），即得脱臭大蒜。

三、洋葱加工

（一）脱水洋葱加工

1. 工艺流程　选料→整理→切分→清洗→护色→甩水→脱水→成品挑选→水分平衡→包装→成品

2. 操作要点

（1）选料　选用中等或大型的健康鳞茎，要求葱头成熟，结构紧密，颈部细小，肉质呈白色或淡黄色，辛辣味强，无青皮或少青皮，干物质不低于 14％。

（2）整理　切去茎和根，剥去不可食用的鳞茎外层。

（3）切分　将整理好的洋葱切分成 4 块，作十字形切，但不要切断，再用切片机横切成厚度为 2～3 毫米的薄片。

（4）清洗　将切分好的葱片在清水中充分洗涤，以洗尽白沫为度。

（5）护色　清洗干净的洋葱片用 0.2％的碳酸钠溶液浸渍约

2～3 分钟，然后捞出沥干。

（6）**离心**　沥干的洋葱片用离心机除去表面水。

（7）**脱水**　将洋葱片均匀摊入烘筛中进行脱水，装载量是 4 千克/米²，烘房温度掌握在 55～60℃，烘至含水量在 4.5% 左右即迅速出筛，拣出潮片回烘。

（8）**成品挑选**　除去焦褐片、老皮、杂质和变色的次品（可磨粉出口）。

（9）**密封**　待产品冷却后立即堆于密闭的容器内，使水分趋于平衡。

（10）**包装**　将洋葱片装入内衬塑料薄膜袋的纸板箱内，每箱 10～20 千克。

（二）多味洋葱加工

1. 工艺流程　鲜洋葱处理→浸石灰→配料、糖渍→烘制、整形→成品、包装

2. 原料选择　洋葱、砂糖、干姜粉、姜黄粉、精盐、糖精、白胡椒粉、红辣椒粉、大蒜浆汁。

3. 操作要点

（1）**处理**　选用直径在 5 厘米以上的新鲜洋葱，去枯叶，切除尖芽，削去根部。没腰部周围转圈每隔 1 厘米纵切一下，至中心一半的深度，注意不要散瓣。

（2）**浸石灰**　把切好的洋葱即刻投入饱和澄清的石灰水中浸泡 10 小时左右。取出，用清水漂净。

（3）**配料、糖渍**　在 20 千克 50% 砂糖中加入干姜粉 0.28 千克，姜黄粉 0.2 千克，精盐 0.2 千克，糖精 0.08 千克，白胡椒粉 0.08 千克，红辣椒粉 0.08 千克，大蒜浆汁 0.08 千克，一同入锅，煮沸，再投入洋葱 30 千克，煮沸 5 分钟。停止加热，浸渍 2 天，中间翻动 2 次。然后加热煮到糖液大半干后，停止加热。

（4）**烘制、整形**　把洋葱移出，散放在托盘上，以 55～

60℃烘干外部后，再稍稍剥开，烘到中心部位，烘干到呈半透明状为止，含水量超过 20%。冷却后把洋葱整理成完整的开花形。

（5）成品包装　用透明聚乙烯袋密封包装。

（三）洋葱酸葱头加工

1. 工艺流程　选料→去老皮→浸泡→冲洗→熬制料汤→装坛浸泡→成品

2. 配料　洋葱头 10 千克，洋醋（醋精）750 克，白胡椒 25 克，白砂糖 750 克，盐 150 克，小鲜红辣椒 3～5 个。

3. 操作要点

（1）选料　要求鳞茎大小适中，质地细嫩，组织致密，无霉斑，无病变，无烂心。

（2）去老皮　将葱头的根部和顶端用刀切去，剥除外层老皮。

（3）浸泡　先将去掉老皮的洋葱头纵切成两瓣，再用清水洗净后放在冷水中，加盐少许，泡两天左右，两天中换水 1 次。

（4）冲洗　待葱头本身的辣味泡出后，即可捞出用冷水冲洗干净。

（5）熬制料汤　将食醋 750 克，白胡椒 25 克，白砂糖 750 克，盐 150 克，鲜红辣椒 3～5 个等佐料放入开水中，旺火煎熬 2 小时左右。汤的数量以葱头全部浸没为宜。熬好料汤，待其凉后即可应用。

（6）装坛　将沥干水后的洋葱头放入坛内，倒入料汤浸没，浸泡 14 天后即可食用。

酸葱头不宜久放，夏季最多可保存 1 周，冬季 15 天左右。

（四）洋葱调味蔬菜罐头

1. 原料及处理

（1）洋葱　切除根部，剥去老皮，洗净后切成 0.4～0.6 厘米的丝备用。

（2）甘蓝　剥去外部青叶，切除根部及中心柱，洗净后切片，然后切成 3 厘米见方的小片，沸水热烫 1~2 分钟，冷水中冷透，取出沥干备用。

（3）黄瓜　冷水浸泡后刷洗干净，并切去两端，再以切菜机切成 0.3~0.4 厘米的片，用 1‰ 的食盐腌 5 分钟备用。

（4）青番茄　洗净、除去蒂，切成 0.3~0.5 厘米厚的片。

（5）干红辣椒　摘取果梗，去籽，洗净后切成碎块。

2. 混合、装罐

（1）混合和拌料　拌料配比：黄瓜片 10 千克，洋葱 15 克，青番茄 5 千克，干红辣椒 0.5 千克，甘蓝 20 千克。

（2）装罐　按上述配比，装入抗酸涂料罐中。我国规定的固形物不低于净重的 70%。

（3）加汤汁　装后及时加入热的汤汁，配比为：砂糖 40 千克，水 50 千克，味精 0.1 千克。

3. 排气、密封　常采用抽气密封，也可由加热排气至 75℃ 以上。

4. 杀菌、冷却　由于含有醋酸，pH 较低，采用一般的常压杀菌即可完成。

（五）速冻油炒洋葱

1. 工艺流程　选料→清洗→切割→漂烫→脱水→油炒→混合→包装→速冻

2. 操作要点

（1）选料　要求鳞茎质地细嫩，组织紧密，无霉斑，无病变，无烂心。

（2）清理　去掉洋葱的根与茎，剥去外层老皮。

（3）清洗　用洁净水清洗 2~3 遍。

（4）切割　用切割机将洋葱切成均匀细条状。

（5）漂烫　83℃ 水中漂烫 5~6 分钟。

（6）脱水　用脱水器将表面水分甩净。

（7）油炒　将油加热后，将切好的洋葱倒入砂锅中，其间炒翻数次，一般用 600 千克洋葱加油 5～6 千克或按客户要求。

（8）混合　一般每 10 锅倒入搅拌器中混合 1 次，以使质量稳定。

（9）包装　将炒好的洋葱装入包装袋中，封口时，注意蘸一下酒精以达消毒之目的。

（10）速冻　一般于速冻间冻结。

（六）洋葱酱加工

洋葱酱可作为调味品，直接改善肉类、鱼类的异臭味，并可加到汤类、点心、蔬菜沙拉中，深受人们的喜爱。

1. 工艺流程　鲜洋葱→去皮→切根盘→冲洗→切片→切丝→破碎→胶磨→调酸→加热→酶解→打浆→胶磨→加热→浓缩→装罐→封口→杀菌→冷却→成品

2. 操作要点

（1）原料验收　用辛辣味足的鲜洋葱，可溶性固形物达到 8% 以上，无杂色霉变。

（2）去根去皮　用摩擦法去皮，用蔬菜多功能机切根盘，无残留纤维老皮及根须。

（3）切片丝　切成厚度为 0.3～0.5 厘米的圆片或丝。

（4）破碎　破碎筛孔径调整为 0.8 厘米。

（5）胶磨　胶磨间隙调整为 30 微米。

（6）调酸加热　用 0.25%～0.3% 柠檬酸液调整洋葱的 pH 到 4.4～4.6，在 85～90℃ 温度下，加热洋葱浆 8～10 分钟。

（7）酶解　洋葱浆可溶性固形物调整为 6%～7%，酶添加量 0.15%～0.2%，酶解温度 40～45℃，pH 4，时间 15～20 分钟，浆料酶解后可溶性固形物一般为 6.5%～7.5%。

（8）打浆　采用双道打浆机打浆，头道筛孔为 0.8 毫米，二道筛孔为 0.6 毫米。

（9）胶磨　胶磨间隙为头道 10 微米，二道 5 微米。

（10）浓缩　二次浓缩温度为 65～68℃，终点可溶性固形物为 16%～18%。

（11）预热　温度为 90～95℃，时间 6～8 秒。

（12）装罐、封口　用 198 克马口铁罐，顶隙 6～8 毫米，酱温 85～88℃。

（13）杀菌冷却　杀菌 5～25 分钟/85℃，冷却至 45℃左右。

（14）检验　30℃下保温 10 天，并按商业无菌标准检验。

洋葱酱产品质量标准如下：

①感观标准：酱体均匀细腻，无析水，色浅黄，洋葱香味浓郁，酸甜可口，无可见纤维、杂质。

②理化指标：可溶性固形物 16%～18%，总糖＜15%，pH3.8～4.2，黏度 0.2～0.3 厘米/秒。

③微生物指标：霉菌数＜40 个/100 个视野，致病菌不得检出。

四、大葱加工

（一）泡大葱加工

1. 原料配方　大葱 2 千克，一等老盐水 2 千克，红糖 20 克，白酒 30 克，醪糟汁 20 克，干红辣椒 30 克，食盐 50 克，香料包（八角、香草、豆蔻各 1 克，花椒 2 克，滑菇 7 克）1 个。

2. 工艺流程　选料→洗净→去汁→沥干→预处理→配料→装坛→成品

3. 操作要点

（1）选料　选个大均匀，鲜嫩无伤的扁圆大葱，剥去表皮。

（2）洗净、去汁　将选好的大葱放入清水，退去浆汁。

（3）捞起，沥干，预处理　将洗净去汁的大葱捞起沥干，预处理 7 天捞起，晾干附着表面的水分。

（4）配料、装坛　将各料调匀装坛内，放入大葱及香料包，盖上坛盖，掺足坛沿水。泡 2 天即成。

（二）盐水大葱加工

1. 配料　大葱 1 000 克，香菜 75 克，盐 100 克，味精 5 克，姜 10 克，香油 15 克。

2. 操作要点

（1）大葱洗净切段　将大葱拣洗干净，顺切成两半，再切成 4 厘米长的段。

（2）香菜处理　香菜切成 1 厘米长的小段。

（3）腌渍　把大葱段用盐腌 1～2 小时，控出盐水。

（4）调制　拌入姜末、香菜段、味精、麻油调好口味，即成。

五、小香葱加工

（一）冻干小香葱加工

1. 工艺流程　原料→分拣→清洗→切段→铺盘→预冻结→冻干→卸料→半成品分检→包装→入库

2. 操作要点

（1）原料　要求新鲜，无病害、无枯黄叶、无损伤，色泽青绿。

（2）分拣　按原料验收方法将合格的原料挑选出来，注意剔除夹杂物。

（3）清洗　用流动水漂洗，洗去表面泥沙。

（4）切段　用切片机切成 4～5 毫米的小葱段。

（5）铺盘　把截切好的葱段均匀铺入冻干盘中，装载量为 8～9 千克/米^2。

（6）速冻　铺好盘后的小香葱连同冻干盘一起放置在专用吊车上，推入急冻库中速冻，注意放置好测温探头，当温度达到 −18℃以下，维持 0.5 小时即可。

（7）冻干　把预冻结好的物料迅速推入准备好的冻干机中，迅速关上干燥箱门，并立即开始抽真空，完成上述步骤的时间一般在 10～15 分钟左右，太长则有可能引起物料表面的熔化。到工作压力后，开始按设定的加热曲线加热。

冻干小香葱加热曲线一般分成 6 段：①在 30 分钟内，均匀升温至 120℃，性能优良的设备可在 15 分钟内达到；②在 120℃维持恒温 3 小时；③在 1 小时内，均匀降温至 80℃；④在 80℃维持恒温 2 小时；⑤在 1.5 小时内，均匀降温至 60℃；⑥在 60℃维持恒温 2 小时，整个冻干周期约 10 小时（注意：由于各台冻干设备的性能不同，上述参数仅供参考）。

（8）卸料　卸料应在密闭、洁净区域内进行，室内相对湿度 50％以下，温度 22～25℃，卸料后如来不及进行半成品分拣，则应先密闭在容器中。

（9）半成品分拣　主要挑去夹杂物，分切不良及其他不合格品，其环境要求与卸料同。

（10）包装　通常有 5 千克/箱、8 千克/箱、10 千克/箱可供选择，或按客户要求的规格包装。为防止堆叠时外包装箱变形，外箱常设计成高箱式（四方底，高为底边长的两倍半左右），且装料时只装至离顶 2～2.5 厘米为宜。

（二）脱水小香葱加工

1. 工艺流程　原料→切头→漂洗→切段→洗涤消毒→烘干→挑选→机器验杂→包装

2. 操作要点

（1）原料验收　要求新鲜青绿，无枯尖，无枯焦、烂叶，无斑点及枯霉叶。

（2）切头及拣菜　用刀切去香葱头部，去除枯尖和干枯霉烂的叶子。

（3）漂洗　将香葱放在流动的含氯水中清洗干净，并剔除不符合要求的香葱。

（4）切段　将香葱放在切菜机中，切成长 5 毫米（出口一般为 3～4 毫米和 4～6 毫米两种规格）左右的葱段，同时流入下道工序。

（5）洗涤消毒 在含有效氯 25～30 毫克/千克的流动水中洗涤 2～3 分钟，将洗涤过的香葱放在篮中沥干。

（6）烘干 将沥干的香葱段放在不锈钢蒸汽烘干箱中干燥。烘干箱内径为 185 厘米×125 厘米×10 厘米，箱底为网孔状，热气由底部进入，烘干温度掌握在 85℃左右，每次烘干时间约 90 分钟。

（7）挑选 进行两次挑选。主要是拣除枯萎品及杂质等。第一次挑选过的香葱再由有经验的技工复选一次。

（8）机器验杂 由异物探测器验杂，以保证成品中不含铁碴、塑料等杂质，保证香葱的卫生质量。

（9）包装 双层塑料袋盛装，外套纸箱。

小香葱脱水产品质量标准：

（1）色泽 具翠绿色，色泽均匀较一致。

（2）组织形态 具弹性，呈管状，形状圆整，长短基本一致，葱白允许 0.2%。

（3）含水量 控制在 8% 以内，一般为 5%。

（4）杂质 不得混有。

附　录

附录1　NY 5228—2004　无公害食品 大蒜生产技术规程

1　范围

本标准规定了无公害食品大蒜生产的产地环境、生产技术、病虫害防治、采收和生产档案。

本标准适用于无公害食品大蒜的生产。

2　规范性引用文件

下列文件中的条款通过本标准的引用而成为本标准的条款。凡是注日期的引用文件，其随后所有的修改单（不包括勘误的内容）或修订版均不适用于本标准，然而，鼓励根据本标准达成协议的各方研究是否可使用这些文件的最新版本。凡是不注日期的引用文件，其最新版本适用于本标准。

GB 4285　农药安全使用标准

GB/T 8321　（所有部分）农药合理使用准则

NY/T 496　肥料合理使用准则　通则

NY 5010　无公害食品　蔬菜产地环境条件

3　产地环境

产地环境条件应符合 NY 5010 的规定，选择地势高燥，排灌方便，土层深厚、疏松、肥沃的地块。

4 生产技术

4.1 播前准备

4.1.1 茬口

与非葱蒜类作物轮作 2 年~3 年。

4.1.2 施肥原则

以优质有机肥为主，化肥为辅；以基肥为主，追肥为辅。肥料的使用应符合 NY/T 496 的要求。

4.1.3 施基肥

每 667m^2 施入充分腐熟的优质农家肥 4 000kg~5 000kg，氮肥（N）3kg~5kg，磷肥（P$_2$O$_5$）6kg~8kg，钾肥（K$_2$O）6kg~8kg。

4.1.4 整地做畦（垄）

土壤耕翻后耙细整平，按照当地种植习惯做平畦、高畦或高垄。平畦宽 1m~2m；高畦宽 60cm~70cm，高 8cm~10cm，畦间距 30cm~35cm；高垄宽 30cm~40cm，高 8cm~10cm，垄间距 20cm~25cm。

4.1.5 品种选择

选用优质、丰产、抗逆性强的品种。秋播大蒜应选抗寒力强、休眠期短的品种，春播大蒜应选冬性弱、休眠期长的品种。

4.1.6 种蒜处理

4.1.6.1 种蒜的选择与分级

精选具有品种特征，肥大圆整，蒜瓣整齐，无病斑，无损伤的蒜头，淘汰夹瓣蒜，选择无伤残、无霉烂、无虫蛀、顶芽未受伤的蒜瓣，按大、中、小分级，分别用于播种。

4.1.6.2 浸种

将选好的种蒜用清水浸泡 1d，再用 50% 多菌灵可湿性粉剂 500 倍液浸种 1h~2h，捞出沥干水分播种。

4.2 播种

4.2.1　播种时间

北纬 38°以北地区，适宜早春播种，播种时间为日平均温度稳定在 3℃～6℃时。

北纬 35°以南地区，适宜秋季播种，播种时间为日平均温度稳定在 20℃～22℃时。

北纬 35℃～38℃之间地区，春、秋均可播种。

4.2.2　播种密度及用种量

根据栽培目的、品种特性、气候条件及栽培习惯确定播种密度，平畦栽培，行距 16cm～20cm，株距 8cm～14cm；高畦、高垄栽培，行距 12cm～14cm，株距 8cm～10cm，每 667m^2 播种 25 000 株～60 000 株，用种量 100kg～150kg。

4.2.3　播种方法

4.2.3.1　开沟播种

平畦、高畦栽培，先在栽培畦一侧开沟，深 3cm～4cm，按株距播种，再按行距开第二条沟，用沟土覆盖第一条沟，依此顺序进行，播完后耙平畦面，浇水。

高垄栽培，在栽培垄上开沟，深 3cm～4cm，干播时，先按株距播种，覆土后浇水；湿播时，先在沟中浇水，待水渗下后按株距播种、覆土。

4.2.3.2　打孔播种

按行、株距打孔，深 3cm～4cm，每孔播一枚种蒜瓣，然后覆土整平，浇水。平畦、高畦或高垄栽培均可采用。

4.2.4　喷除草剂和覆盖地膜

栽培畦（垄）整平后，每 667m^2 用 33％的二甲戊乐灵乳油 150ml；或 24％乙氧氟草醚 50ml～100ml，对水喷洒。喷后及时覆盖厚 0.004mm～0.008mm 的透明地膜。

4.3　田间管理

4.3.1　出苗期

大蒜幼苗出土 3d～5d 不能自行破膜出苗的，应人工辅助破膜扶苗露出膜外，并用湿土封好出苗孔；先覆膜后打孔播种的地块，幼苗 2d～3d 不能自行出土时，应人工辅助放苗扶苗，并用湿土封好出苗孔。

4.3.2 幼苗期

秋播大蒜幼苗长出 3 片叶后，浇一次促苗水，并中耕除草。土壤上冻前，浇一次越冬水。

春播大蒜幼苗长出 2 片～3 片叶时，应及时中耕一次，4d～5d 再中耕一次。

4.3.3 花芽、鳞芽分化期

秋播大蒜在翌春天气转暖，越冬蒜苗开始返青时浇一次返青水，结合浇水每 667m² 追施氮肥（N）2kg～3kg，以后每 8d～10d 浇一次水。春播大蒜浇水，追肥应相应提前。

4.3.4 蒜薹伸长期

浇水每 5d～6d 进行一次，蒜薹采收前 3d～4d 停止浇水，结合浇水每 667m² 追施氮肥（N）3kg～5kg。

4.3.5 蒜头膨大期

蒜薹采收后，每 5d～6d 浇一次水，蒜头采收前 5d～7d 停止浇水，蒜头膨大初期，结合浇水每 667m² 追施氮肥（N）2kg～3kg，钾肥（K_2O）2kg～4kg。

5 病虫害防治

5.1 防治原则

按照"预防为主，综合防治"的原则，优先采用农业防治、生物防治、物理防治，合理使用化学防治，禁止使用国家明令禁止的高毒、高残留农药。

5.2 防治方法

5.2.1 农业防治

5.2.1.1 选种

选用抗病品种或脱毒蒜种。

5.2.1.2 晒种

播前晒种 2d～3d。

5.2.1.3 加强栽培管理

深耕土壤，清洁田园，与非葱蒜类作物轮作 2 年～3 年，有机肥充分腐熟，密度适宜，水肥合理。

5.2.2 物理防治

采用地膜覆盖栽培，利用银灰地膜避蚜；每 2hm²～4hm² 设置一盏频振式杀虫灯诱杀害虫；采用 1＋1＋3＋0.1 的糖＋醋＋水＋90％敌百虫晶体溶液，每 667m² 放置 3 盆～4 盆诱杀成虫。

5.2.3 生物防治

采用生物农药防治病虫害。每 667m² 用 1.8％阿维菌素乳油 50ml～80ml；或 BT 乳剂 2kg～3kg 防治葱蝇幼虫和叶枯病。

5.2.4 化学防治

化学防治应符合 GB 4285 和 GB/T 8321（所有部分）的要求，生产中严禁使用的农药品种；六六六、滴滴涕、毒杀芬、二溴氯丙烷、杀虫脒、二溴乙烷、除草醚、艾氏剂、狄氏剂、汞制剂、砷、铅类、敌枯双、氟乙酰胺、甘氟、毒鼠强、氟乙酸钠、毒鼠硅、甲胺磷、甲基对硫磷、对硫磷、久效磷、磷胺、甲拌磷、甲基异柳磷、特丁硫磷、甲基硫环磷、治螟磷，内吸磷、克百威、涕灭威、灭线磷、硫环磷、蝇毒磷、地虫硫磷、氯唑磷、苯线磷。

5.2.4.1 大蒜叶枯病

发病初期喷洒 30％氧氯化铜悬浮剂 600 倍～800 倍液；或 64％恶霜灵可湿性粉剂 500 倍液；或 70％代森锰锌可湿性粉剂 500 倍液，7d～10d 喷 1 次，连喷2 次～3 次，均匀喷雾，应交替轮换使用。

5.2.4.2 大蒜灰霉病

发病初期喷洒 50％腐霉利可湿性粉剂 1 000 倍～1 500 倍液；或 50％多菌灵可湿性粉剂 400 倍～500 倍液；50％异菌脲可湿性

粉剂 1 000 倍～1 500 倍液，7d～10d 喷 1 次，连喷 2 次～3 次，均匀喷雾，应交替轮换使用。

5.2.4.3 大蒜病毒病

发病初期喷洒 20％病毒 A 可湿性粉剂 500 倍液；或 1.5％植病灵乳剂 1 000 倍液；或用 20％病毒灵悬浮剂 400 倍～600 倍液，7d～10d 喷 1 次，连喷 2 次～3 次，均匀喷雾，应交替轮换使用。

5.2.4.4 大蒜紫斑病

发病初期喷洒 70％代森锰锌可湿性粉剂 500 倍液；或 30％氧氯化铜悬浮剂 600 倍～800 倍液，7d～10d 喷 1 次，连喷 2 次～3 次。均匀喷雾，应交替轮换使用。

5.2.4.5 大蒜疫病

发病初期喷洒 40％三乙膦酸铝可湿性粉剂 250 倍液；或 72.2％霜霉威水剂 600 倍～800 倍液；或 70％代森锰锌可湿性粉剂 400 倍液；或 64％恶霜灵可湿性粉剂 500 倍液，7d～10d 喷 1 次，连喷 2 次～3 次，均匀喷雾，应交替轮换使用。

5.2.4.6 大蒜锈病

发病初期喷洒 70％代森锰锌可湿性粉剂 1 000 倍液；或 25％三唑酮可湿性粉剂 2 000 倍液，7d～10d 喷 1 次，连喷 2 次～3 次。

附录 2 NY/T 5224—2004 无公害食品洋葱生产技术规程

1 范围

本标准规定了无公害食品洋葱的产地环境、生产技术、病虫害防治、采收和生产档案。

本标准适用于无公害食品洋葱生产。

2　规范性引用文件

下列文件中的条款，通过本标准的引用而成为本标准的条款。凡是注日期的引用文件，其随后所有的修改单（不包括勘误的内容）或修订版均不适用于本标准，但是，鼓励根据本标准达成协议的各方研究是否可使用这些文件的最新版本。凡是不注日期的引用文件. 其最新版本适用于本标准。

GB 4285　农药安全使用标准

GB/T 8321　（所有部分）　农药合理使用准则

NY/T 496　肥料合理使用准则　通则

NY 5010　无公害食品　蔬菜产地环境条件

3　产地环境

应符合 NY 5010 的规定。选择地势平坦，排灌方便，肥沃疏松，通气性好，2 年～3 年未种过葱蒜类蔬菜的壤土地块。

4　生产技术

4.1　品种选择

4.1.1　品种选择

不同地区应根据当地气候条件和目标市场的需要，选用与其生态类型相适应的优质、丰产、抗逆性强、商品性好的品种。华北、东北、西北等高纬度地区应选用长日照型品种，华中、华南、西南等低纬度地区应选用对长日照反应不敏感的品种。

4.1.2　种子质量

应选用当年新种子。种子质量要求纯度≥95%，净度≥98%，发芽率≥94%，水分≤10%。

4.2　播种育苗

4.2.1　播种期

应根据当地的气候条件和栽培经验确定安全播种期。华北北部、东北南部、西北部分地区在 8 月下旬至 9 月上旬播种；长江流域、黄河流域、华北南部等中纬度地区在 9 月中下旬播种；夏季冷凉的山区和高纬度北部地区 2 月中上旬于日光温室内播种，或 3 月中上旬于塑料大棚内播种。中早熟品种比晚熟品种早播 7d～10d；常规品种比杂交品种早播 4d～5d。

4.2.2 苗床的制作

4.2.2.1 地块和设施选择

选择地势高燥，排灌方便的地块，并符合本标准 3 的规定。在北方寒冷地区根据当地的气候条件选择日光温室、塑料大棚、阳畦和温床等育苗设施。

4.2.2.2 整地和施肥

育苗地选好后，每 667m² 苗床施用腐熟的优质有机肥 3 000 kg～5 000kg，将 50％辛硫磷乳油 400mL 加麦麸 6.5kg，拌匀后掺在农家肥上防治地下害虫。然后翻地使土肥混匀、耙细、整平、作畦。在畦内每 667m² 施入磷酸二铵 30kg～50kg、硫酸钾 25kg。

4.2.2.3 制作

南方采用高畦育苗，北方采取平畦育苗。畦面宽 1.2m，畦埂宽 0.4m，做好畦后踏实，灌足底水，待水渗下后播种。定植 667m² 大田洋葱需育苗 50m²～80m²。

4.2.3 播种

4.2.3.1 播种量

1m² 苗床的播种量宜控制在 2.3g～2.5g。

4.2.3.2 种子处理

用 50℃温水浸种 10min；或用 40％福尔马林 300 倍液浸种 3h 后，用清水冲洗干净；或用 0.3％的 35％甲霜灵拌种剂拌种。

4.2.3.3 播种方法

将种子掺入细土，均匀撒在畦面上，然后均匀覆盖厚度 1cm

左右细干土，在畦面上覆盖草苫、麦秸等。

4.2.4　育苗期的管理

4.2.4.1　撤除覆盖物

一般播种后 7d 开始出苗，待 60% 以上的种子出苗后，于下午及时撤除覆盖物。

4.2.4.2　浇水

齐苗后用小水灌畦，以后保持畦面见干见湿。在定植前 15d 左右适当控水，促进根系生长。

4.2.4.3　施肥

苗期一般不需追肥。若幼苗长势较弱，每 66.7m² 苗床随水冲施尿素 1kg。

4.2.4.4　除草、防病、治虫

可采取人工拔除的方法除草。化学除草的方法是：用 33% 二甲戊乐灵乳油每 667m² 用 100g～150g，或用 48% 双丁乐灵乳油 200g，对水 50kg，播后 3d 在苗床表面均匀喷雾，注意用药不宜过晚。在苗床上喷 1 次 72.2% 霜霉威水剂 800 倍液，防治洋葱苗期猝倒病。如发现蝼蛄，可喷布 50% 辛硫磷乳油 1 000 倍液，或于傍晚撒施毒饵诱杀，毒饵用 250 份麦麸或豆饼掺炒香后，加 1 份 90% 敌百虫制成。

4.2.5　壮苗标准

洋葱壮苗标准因品种、育苗季节等不同而有差异。一般为株高 15cm～18cm，茎粗 5mm～6mm，具有 3 片～4 片叶片，苗龄 50d～60d，植株健壮，无病虫害。

4.3　定植

4.3.1　整地、施肥、作畦

根据土壤肥力和目标产量确定施肥总量。磷肥全部作基肥，钾肥 2/3 做基肥，氮肥 1/3 做基肥。基肥以优质农家肥为主，2/3 撒施，1/3 沟施。施肥应符合 NY/T 496 的规定，施用的有机肥应符合无害化卫生标准。

施足基肥后，将地整平耙细，并使土肥混合均匀，然后按照当地种植习惯做畦，整平畦面后，浇水灌畦，待水渗下后，喷施除草剂。除草剂每 667m² 用 72%异丙甲草胺乳油 50mL，或 33%二甲戊乐灵乳油 100mL，全田均匀喷施，然后覆盖地膜。

4.3.2 适期定植

4.3.2.1 定植时期

洋葱的定植期应严格按照当地温度条件确定。洋葱的定植期分为冬前定植和春季定植两类。长江流域、黄河流域、华北南部等中纬度地区一般在冬前旬平均气温 4℃～5℃时（"立冬"前后）定植；华北北部、东北地区、西北部分地区应在春季土壤化冻后及早定植。

4.3.2.2 定植密度

洋葱的定植密度一般为株距 12cm～15cm，行距 15cm～18cm。因土壤肥力、品种等不同而略有差异。土壤肥力高适当稀植，土壤肥力低适当密植；晚熟品种和杂交品种适当稀植，中早熟品种和常规品种适当密植。

4.3.2.3 定植方法

4.3.2.3.1 起苗分级

先在苗床浇透水，起苗后按幼苗大小分级，剔除病苗、弱苗、伤苗。

4.3.2.3.2 定植方法

定植前将幼苗根部剪短到 2cm，然后用 50%多菌灵 500 倍～800 倍液蘸根。定植时按幼苗大小级别分区栽植。先按株、行距打定植孔，再将幼苗栽入定植孔内，定植深度埋至茎基部 1cm 左右，以埋住茎盘、不掩埋出叶孔为宜。

4.4 田间管理

4.4.1 浇水

洋葱定植后立即浇水，3d～5d 再浇 1 次缓苗水。冬前定植的，土壤封冻前浇 1 次封冻水。第二年返青时浇返青水。叶部生长盛期，保持土壤见干见湿，一般 7d～10d 浇 1 次水。鳞茎膨大期增加浇水次数，一般 6d～8d 浇 1 次水。收获前 8d～10d 停止浇水。

4.4.2　追肥

根据土壤肥力和生长状况分期追肥。返青时随水每 667m² 追施尿素 5kg～7.5kg。植株进入叶旺盛生长期进行第二次追肥，每 667m² 追施尿素、硫酸钾各 5kg～7.5kg。鳞茎膨大期是追肥的关键时期，一般需追肥 2 次，间隔 20d 左右。每次每 667m² 随水追施尿素、硫酸钾各 5kg～7.5kg，或氮、磷、钾三元复合肥 10kg。最后一次追肥时间，应距收获期 30d 以上。

5　病虫害防治

5.1　病虫害防治原则

按照"预防为主，综合防治"的植保方针，优先采用农业防治、物理防治和生物防治方法，科学合理地利用化学防治技术，达到生产无公害食品洋葱的目的。

5.2　防治方法

5.2.1　农业防治

5.2.1.1　选用抗病性、适应性强的优良品种。

5.2.1.2　实行 3 年以上的轮作；勤除杂草；收获后及时清洁田园。

5.2.1.3　培育壮苗，合理浇水，增施充分腐熟的有机肥，提高植株抗性。

5.2.1.4　采用地膜覆盖，及时排涝，防止田间积水。

5.2.2　物理防治

播种前采取温水浸种杀菌，保护育苗和保护栽培条件下采用蓝板诱杀葱蓟马。

5.2.3　生物防治

在应用化学防治时利用对害虫选择性强的药剂，减少对瓢虫、小花蝽、姬蝽、塔六点蓟马、寄生蜂和蜘蛛等天敌的杀伤作用。在葱蝇成虫和幼虫发生期，用1.1％苦参碱粉剂等喷雾或灌根。

5.2.4 化学防治

5.2.4.1 农药使用的原则和要求

农药使用应符合 GB 4285 和 GB/T 8321 的规定，生产中不使用国家明令禁止的高毒、高残留农药和国家规定在蔬菜上不得使用的农药：六六六、滴滴涕、毒杀芬、二溴氯丙烷、杀虫脒、二溴乙烷、除草醚、艾氏剂、狄氏剂、汞制剂、砷、铅类、敌枯双、氟乙酰胺、甘氟、毒鼠强、氟乙酸钠、毒鼠硅、甲胺磷、甲基对硫磷、对硫磷、久效磷、磷胺、甲拌磷、甲基异柳磷、特丁硫磷、甲基硫环磷、治螟磷、内吸磷、克百威、涕灭威、灭线磷、硫环磷、蝇毒磷、地虫硫磷、氯唑磷、苯线磷。

5.2.4.2 病害防治

5.2.4.2.1 紫斑病

发病初期，喷施50％异菌脲可湿性粉剂 1 500 倍液，或50％代森锰锌可湿性粉剂 600 倍液，或72％锰锌·霜脲可湿性粉剂 600 倍液，或64％恶霜·锰锌可湿性粉剂 500 倍液等，以上药剂交替使用，每7d～10d喷1次，连续防治2次。

5.2.4.2.2 锈病

发病初期，喷施15％三唑酮可湿性粉剂 1 500 倍～2 000 倍液，或70％代森锰锌可湿性粉剂 1 000 倍液加15％三唑酮可湿性粉剂 2 000 倍液，或40％氟硅唑乳油 8 000 倍～10 000 倍液等，以上药剂交替使用，隔10d喷1次，连续防治2次。

5.2.4.2.3 霜霉病

发病初期，喷施72％锰锌·霜脲可湿性剂 600 倍液，或64％恶霜·锰锌可湿性粉剂 600 倍～800 倍液，或72.2％霜霉威水剂 700 倍液等，每7d～10d喷1次，以上药剂交替使用，连续防治2次～3次。

5.2.4.2.4 灰霉病

发病初期，喷施 50％腐霉利可湿性粉剂 1 000 倍液，或 50％多·霉威可湿性粉剂 1 000 倍液，或 40％百霉威可湿性粉剂 1 000 倍液等，以上药剂交替使用，每 7d～10d 喷 1 次，连续防治 2 次～3 次。

5.2.4.2.5　病毒病

用 50％抗蚜威可湿性粉剂 2 000 倍～3 000 倍液防治蚜虫；或 10％吡虫啉可湿性粉剂 2 000 倍～2 500 倍液，或 40％乐果乳油 800 倍～1 000 倍液防治蚜虫和葱蓟马，减少或杜绝病毒病传播蔓延。在发病初期，喷洒 20％病毒 A 可湿性粉剂 500 倍液，或 20％吗啉胍·乙铜可湿性粉剂 500 倍液，每 7d～10d 喷 1 次，以上药剂交替使用，连续喷施 2 次～3 次。

5.2.4.3　虫害防治

5.2.4.3.1　葱蓟马

在若虫发生高峰期，喷洒 10％吡虫啉可湿性粉剂 2 000 倍～2 500 倍液，每 7d～10d 喷 1 次，连续防治 2 次～3 次。

5.2.4.3.2　葱蝇

定植前用 50％辛硫磷乳油 1 000～1 500 倍液，或 90％晶体敌百虫 1 000 倍液，或 1.8％阿维菌素乳油 5 000 倍液，浸泡苗根部 2min。成虫发病初盛期，用以上药剂喷雾，每 7d 喷 1 次，连续防治 2 次～3 次。幼虫发生初期，也用以上药剂灌根，但加水倍数缩减到喷雾时的 60％。

5.2.4.3.3　葱斑潜蝇

在成虫发生初盛期和幼虫潜叶为害盛期，用 1.8％阿维菌素乳油 2 000 倍～3 000 倍液，喷雾防治，每 7d～10d 喷 1 次，连续防治 2 次～3 次。

6　采收

6.1　收获时期

收获的适宜时期是：2/3 以上的植株，假茎松软，地上部倒伏，下部 1 片～2 片叶枯黄，第 3 片～4 片叶尚带绿色，鳞茎外层鳞片变干。

6.2 收获方法

选晴天采收。收获时连根拔起，整株放在栽培畦原地晾晒 2d～3d，用叶片盖住葱头，待葱头表皮干燥，茎叶柔软时编辫，于通风良好的防雨棚内挂藏；或于假茎基部 1.5cm 左右处剪除地上部假茎，在阴凉避雨通风处堆藏。在收获和贮藏过程中要避免损伤葱头。

7　生产档案

7.1　应建立生产技术档案。

7.2　应记录产地环境、生产技术、病虫害防治、采收等相关内容。

附录 3　NY/T 5002—2001　无公害食品韭菜生产技术规程

1　范围

本标准规定了无公害蔬菜韭菜的生产基地建设、栽培技术、肥水管理技术、有害生物防治技术以及采收要求。

本标准适用于全国无公害蔬菜韭菜的生产。

2　引用标准

下列文件中的条款通过本标准的引用而成为标准的条款。凡是注日期的引用文件，其随后所有的修改单（不包括勘误的内容）或修订版均不适用于本部分，然而，鼓励根据本标准达成协议的各方研究是否可使用这些文件的最新版本。凡是不注日期的引用文件，其最新版本适用于本标准。

GB 4286　农药安全使用标准

GB 8079　蔬菜种子

GB/T 8321　（所有部分）　农药合理使用准则

NY 5010　无公害食品　蔬菜产地环境条件

3　术语和定义

下列术语和定义适用于本标准。

3.1

安全间隔期

最后一次施药至作物收获时允许的间隔天数。

3.2

棚室

由采光和保温维护结构组成，以塑料薄膜为透明覆盖材料，东西向延长，在寒冷季节主要依靠获取和蓄积太阳辐射能进行蔬菜生产的单栋温室和采用塑料薄膜覆盖的拱圆形棚，其骨架常用竹、木、钢材或复合材料建造而成。

3.3

春播苗

清明前播种的韭菜苗。

3.4

夏播苗

立夏前播种的韭菜苗。

3.5

秋播苗

立秋后播种的韭菜苗。

3.6

青韭

在见光条件下生产的外观为绿色的韭菜。

3.7

软化韭菜

通过培土或覆盖，使韭菜在不见光环境下生产的黄化韭菜。

3.8

跳根

韭菜新长出须根随分蘖有层次地上移，生根的位置也不断地上升，使新根逐渐接近地面的现象。

3.9

中等肥力土壤

含碱解氮（N）80mg/kg～100mg/kg，有效磷（P_2O_5）60mg/kg～80mg/kg，速效钾（K_2O）100mg/kg～150mg/kg 的土壤。

3.10

高肥力土壤

碱解氮（N）在 100mg/kg 以上，有效磷在 80mg/kg 以上，速效钾在 180mg/kg 以上的土壤。

4 产地环境

无公害韭菜生产的产地环境质量应符合 NY 5010 的规定。

5 生产管理措施

5.1 前茬

非葱韭类蔬菜。

5.2 播种时间

从土壤解冻到秋分可随时播种，但夏至到立秋之间，因天气炎热，雨水多，对幼苗生长不利，故播种可分为春播、夏播和秋播。

5.2.1 品种选择

选用抗病虫、抗寒、耐热、分株力强、外观和内在品质好的品种。日光温室秋冬连续生产应选用休眠期短的品种。

5.2.2 种子质量

符合 GB 8079 中的二级以上要求。

5.2.3　用种量

每 $667m^2$ 用种 4kg～6kg。

5.2.4　种子处理

可用干籽直播（春播为主），也可用 40℃ 温水浸种 12h，除去秕籽和杂质，将种子上的黏液洗净后催芽（夏、秋播为主）。

5.2.5　催芽

将浸好的种子用湿布包好放在 16℃～20℃ 的条件下催芽，每天用清水冲洗 1 次～2 次，60％种子露白尖即可播种。

5.2.6　整地施肥

5.2.6.1　苗床应选择旱能浇，涝能排的高燥地块，宜选用砂质土壤，土壤 pH 在 7.5 以下，播前需耕翻土地，结合施肥，耕后细耙，整平做畦。

5.2.6.2　基肥品种以优质有机肥、常用化肥、复混肥等为主；在中等肥力条件下，结合整地每 $667m^2$ 撒施优质有机肥（以优质腐熟猪厩肥为例）6 000kg，氮肥（N）2kg（例如尿素6.6kg），磷肥（P_2O_5）6kg（例如过磷酸钙60kg），钾肥（K_2O）6kg（例如硫酸钾12kg），或使用按此折算的复混肥料，深翻入土。

5.2.7　播种

将沟（畦）普踩一遍，顺沟（畦）浇水，水渗后，将催芽种子混 2～3 倍沙子（或过筛炉灰）撒在沟、畦内，亩播种子 4kg～5kg，上覆过筛细土 1.6cm～2cm。播种后立即覆盖地膜或稻草，70％幼苗顶土时撤除床面覆盖物。

5.2.8　播后水肥管理

出苗前需 2d～3d 浇一水，保持土表湿润。从齐苗到苗高16cm，7d 左右浇一小水，结合浇水每 $667m^2$ 追施氮肥（N）3kg（例如尿素 6.6kg）。高湿雨季排水防涝。立秋后，结合浇水追肥2 次，每次每 $667m^2$ 追施氮肥（N）4kg（例如尿素 8.7kg）。定植前一般不收割，以促进壮苗养根。天气转凉，应停止浇水，封冻前浇一次冻水。

5.2.9　除草

出齐苗后及时拔草 2 次～3 次，或采用精喹禾灵、盖草能等除草剂防除单子叶杂草，或在播种后出苗前用 30％除草通乳油（100g～150g）/667m²，对水 50kg 喷撒地表。

5.3　定植

5.3.1　土壤施肥要求

施用的肥料品种应符合国家有关标准规定，达到无害化卫生要求。

施肥原则是有机肥料和无机肥料配合施用。有机与无机之比不低于 1∶1。

施肥量的取舍以土壤养分测定分析结果、蔬菜作物需肥规律和肥料效应为基础确定，最高无机氮素养分施用限量为 16kg/667m²，中等肥力以上土壤，磷钾肥施用量以维持土壤平衡为准；在高肥力土壤，当季不施无机磷钾肥。收获前 20d 内不得追施无机氮肥。

5.3.2　定植时间

北京地区春播苗，应在夏至后定植；夏播苗，应在大暑前后定植，以躲过高温多雨的 7、8 月份；秋播苗，应在来年清明前后定植。定植时期要错开高温高湿季节，因此时不利于定植后韭菜缓苗生长。

5.3.3　定植方法

将韭苗起出，剪去须根先端，留 2cm～3cm，以促进新根发育。再将叶子先端剪去一段，以减少叶面蒸发，维持根系吸收与叶面蒸发的平衡。在畦内按行距 18cm～20cm、穴距 10cm，每穴栽苗 8 株～10 株，适于生产青韭；或按行距 30cm～36cm 开沟，沟深 16cm～20cm，穴距 16cm，每穴栽苗 20 株～30 株，适于生产软化韭菜，栽培深度以不埋住分蘖节为宜。

5.3.4　定植后管理

5.3.4.1　露地生长阶段管理

5.3.4.1.1　水分管理：定植后浇两水，及时锄划 2 次～3 次蹲苗，此后土壤应保持见干见湿状态，进入雨季应及时排涝，当日最高气温下降到 12℃ 以下时，减少浇水，保持土壤表面不干即可，土壤封冻前应浇足冻水。

5.3.4.1.2　施肥管理：施肥应根据长势、天气、土壤干湿度的情况，采取轻施、勤施的原则。苗高 35cm 以下，每 667m² 施 10%～20% 腐熟粪肥 500kg；苗高 35cm 以上，每 667m² 施 30% 腐熟粪肥 800kg，同时加施尿素 5kg～10kg，或加施复合肥 5kg，天气干旱应加大稀释倍数。

5.3.4.2　棚室生产阶段管理

北方地区栽培的韭菜，如以收获叶片为主，可在秋冬季扣膜，转入棚室生产；如要来年收获韭薹，则不应扣膜，因韭菜需经过低温阶段才能抽薹。

5.3.4.2.1　扣膜

扣膜前，将枯叶搂净，顺垄耙一遍，把表土划松。

a）休眠期长的品种，为了促进韭菜早完成休眠，保证新年上市，可以在温室南侧架起一道风障，造成温室地面寒冷的小气候，当地表封冻 10cm 时，撤掉风障扣上薄膜，加盖草苫。

b）休眠期短的品种，适宜在霜前覆盖塑料薄膜，加盖草苫。

5.3.4.2.2　温湿度管理

棚室密闭后，保持白天 20℃～24℃，夜里 12℃～14℃，株高 10cm 以上时，保持白天 16℃～20℃，超过 24℃ 放风降温排湿，相对湿度 60%～70%，夜间 8℃～12℃。

冬季中小拱棚栽培应加强保温，夜温保持在 6℃ 以上，以缩短生长时间。

5.3.4.2.3　水肥管理

土壤封冻前浇一次水，扣膜后不浇水，以免降低地温，或湿度过大引起病害，当苗高 8cm～10cm 时浇一水，结合浇水每 667m² 追施氮肥（N）4kg（例如尿素 8.7kg）。

5.3.4.2.4　棚室后期管理

三刀收后，当韭菜长到 10cm 时，逐步加大放风量，撤掉棚膜。每公顷施腐熟圈肥 46 000kg～60 000kg、腐熟鸡粪 7 500kg～15 000kg。并顺韭菜沟培土 2cm～3cm 高。苗壮的可在露地时收 1 刀～2 刀。苗弱的，为养根不再收割。

5.3.5　收割

定植当年着重"养根壮秧"，不收割，如有韭菜花及时摘除。

5.3.5.1　收割的季节

收割季节主要在春秋两季，夏季一般不收割，因品质差。韭菜适于晴天清晨收割，收割时刀口距地面 2cm～4cm，以割口呈黄色为宜，割口应整齐一致。两次收割时间间隔应在 30d 左右。春播苗，可于扣膜后 40d～60d 收割第一刀。夏播苗，可于翌年春天收割第一刀。在当地韭菜凋萎前 50d～60d 停止收割。

5.3.5.2　收割后的管理

每次收割后，把韭茬挠一遍，待 2d～3d 后韭菜伤口愈合、新叶快出时进行浇水、追肥，每 667m² 施腐熟粪肥 400kg，同时加施尿素 10kg、复合肥 10kg。从第二年开始，每年需进行一次培土，以解决韭菜跳根问题。

5.4　病虫害防治

主要病虫害：虫害以韭蛆、潜叶蝇、蓟马为主；病害以灰霉病、疫病、霜霉病等为主。

5.4.1　物理防治

糖酒液诱杀：按糖、醋、酒、水和 90% 敌百虫晶体 3∶3∶1∶10∶0.6 比例配成溶液，每 667m² 放置 1 盆～3 盆，随时添加，保持不干，诱杀种蝇类害虫。

5.4.2　药剂防治

5.4.2.1　药剂使用的原则和要求

5.4.2.1.1　不应使用的农药品种，见附录 A。

5.4.2.1.2　使用化学农药时，应执行 GB 4286 和 GB/T 8321，农药的混剂执行其中残留性最大的有效成分的安全间隔期（见附录 B）。

5.4.2.1.3　合理混用、轮换交替使用不同作用机制或具有负交互抗性的药剂，克服和推迟病虫害抗药性的产生和发展。

5.4.2.2　病害的防治

5.4.2.2.1　灰霉病

5.4.2.2.1.1　每 667m² 用 10% 腐霉利烟剂 260g～300g，分散点燃，关闭棚室，熏蒸一夜。

5.4.2.2.1.2　用 6.5% 多菌·霉威粉尘剂，每 667m² 用药 1kg，7d 喷一次。晴天用 40% 二甲嘧啶胺悬浮剂 1 200 倍液，或 65% 硫菌·霉威可湿性粉剂 1 000 倍液，或 50% 异菌脲可湿性粉剂 1 000～1 600 倍液喷雾，7d 一次，连喷 2 次。

5.4.2.2.2　疫病

5.4.2.2.2.1　用 5% 百菌清粉尘剂，每 667m² 用药 1kg，7d 喷 1 次。

5.4.2.2.2.2　发病初期用 60% 甲霜铜可湿性粉剂 600 倍液，或 72% 霜霉威水剂 800 倍液，或 60% 烯酰吗啉可湿性粉剂 2 000 倍液，或 72% 霜脲·锰锌可湿性粉剂，或 60% 琥·乙膦铝可湿性粉剂 600 倍液灌根或喷雾，10d 喷（灌）一次，交叉使用 2 次～3 次。

5.4.2.2.2.3　锈病

发病初期，用 16% 三唑酮可湿性粉剂 1 600 倍液，隔 10d 喷 1 次，连喷 2 次。也可选用烯唑醇、三唑醇等。

5.4.2.3　害虫的防治

5.4.2.3.1　防治韭蛆

5.4.2.3.1.1 地面施药

成虫盛发期，顺垄撒施 2.5％敌百虫粉剂，每 667m^2 撒施 2kg～2.6kg，或在上午 9 时～11 时喷洒 40％辛硫磷乳油 1 000 倍液，或 2.5％溴氰菊酯乳油 2 000 倍液，及其他菊酯类农药如氯氰菊酯、氰戊菊酯、功夫、百树菊酯等。也可在浇足水促使害虫上行后喷 75％灭蝇胺，每 667m^{2}6g～10g。

5.4.2.3.1.2 灌根

早春（3 月上中旬）和晚秋（9 月中下旬）进行药剂灌根防治，以下方法任选其一。

5.4.2.3.1.2.1 选用 40.8％毒死蜱乳油 600mL，或 1.1％苦参碱粉剂 2kg～4kg，或 40％辛硫磷乳油 1 000mL，或 20％吡·辛乳油 1 000mL，或辛硫磷-毒死蜱合剂（1＋1）800mL，稀释成 100 倍液，去掉喷雾器喷头，对准韭菜根部灌药，然后浇水。

5.4.2.3.1.2.2 任选以上药剂其中之一，药剂用量加倍，随浇水滴药灌溉或喷施。

5.4.2.3.2 防治潜叶蝇

在产卵盛期至幼虫孵化初期，喷 75％灭蝇胺 5 000～7 000 倍液，或 2.5％溴氰酯菊、20％氰戊菊酯或其他菊酯类农药 1 500～2 000 倍液。

5.4.2.3.3 防治蓟马

在幼虫发生盛期，喷 50％辛硫磷 1 000 倍液，或 10％吡虫啉 4 000 倍液，或 3％啶虫脒 3 000 倍液，或 20％丁硫克百威 2 000 倍液，或 2.5％溴氰酯菊等菊酯类农药 1500～2500 倍液。

附录 A（规范性附录）
蔬菜上的禁用农药品种

甲拌磷、治螟磷、对硫磷、甲基对硫磷、内吸磷、杀螟威、久效磷、磷胺、甲胺磷、异丙磷、三硫磷、氧化乐果、磷化锌、磷化铝、甲基硫环磷、甲基异柳磷、氰化物、克百威、氟乙酰胺、砒霜、杀虫脒、西力生、赛力散、溃疡净、氯化苦、五氯酚、二溴氯丙烷、四〇一、六六六、滴滴涕、氯丹及其他高毒、高残留农药。

注：摘自 1982 年 6 月 6 日农牧渔业部和卫生部颁发的《农药安全使用规定》。

附录 B（规范性附录）
农药合理使用准则（韭菜常用药剂部分）

表 B.1

农药名称	剂型	每 667 米² 每次常用药量 g（mL）	每 667 米² 每次最高用药量 g（mL）	施药方法	最多施药次数（每季作物）	安全间隔期(d)
辛硫磷	50％乳油	600mL	760mL	浇施灌根	2	≥10
敌百虫	90％固体	60g	100g	喷雾	6	≥7
氯氰菊酯	10％乳油	20mL	30mL	喷雾	3 / 2	≥6 / ≥1
溴氰菊酯	2.6％乳油	20mL	40mL	喷雾	3	≥2
甲氰菊酯（灭扫利）	20％乳油	26mL	60mL	喷雾	3	≥3
三氟氯氰菊酯（功夫）	2.6％乳油	26mL	60mL	喷雾	3	≥7
顺式氰戊菊酯（来福灵）	6％乳油	10mL	20mL	喷雾	3	≥3
顺式氯氰菊酯	10％乳油	6mL	10mL	喷雾	2 / 3	≥3 / ≥3
毒死蜱（乐斯本）	40.7％乳油	60mL	76mL	喷雾	3	≥7
甲霜灵锰锌	68％可湿性粉剂	76g	120g	喷雾	3	≥1
速克灵（腐霉利）	60％可湿性粉剂	40g	60g	喷雾	1	≥1
粉锈宁（三唑酮）	20％可湿性粉剂	30g	60g	喷雾	2	≥3
	16％可湿性粉剂	60g	100g	喷雾	2	≥3

注：摘自 GB 4286 和 GB/T 8321。

附录 C（资料性附录）
有机肥卫生标准

表 C·1

项　目		卫生标准及要求
高温堆肥	堆肥温度	最高堆温达 60℃～66℃，持续 6～7d
	蛔虫卵死亡率	96%～100%
	粪大肠菌值	10^{-2}～10^{-1}
	苍蝇	有效地控制苍蝇滋生，肥堆周围没有活的蛆、蛹或新羽化的成蝇
沼气发酵肥	密封储存期	30d 以上
	高温沼气发酵温度	(63±2)℃持续 2d
	寄生虫卵和钩虫卵	96%以上
	血吸虫卵和沉降率	在使用粪液中不得检出活的血吸虫卵和钩虫卵
	粪大肠菌值	普通沼气发酵 10^{-4}，高温沼气发酵 10^{-2}～10^{-1}
	蚊子、苍蝇	有效地控制蚊蝇滋生，粪液中无孑孓。池的周围无活的蛆蛹或新羽化的成蝇
	沼气池残渣	经无害化处理后方可用作农肥

附录 D（资料性附录）
韭菜常见病虫害及有利发生条件

表 D·1

病虫害名称	病原或害虫类别	传播途径	有利发生条件
灰霉病	真菌：葱鳞葡萄孢菌	灌溉、农事操作	气温 16℃～30℃，相对湿度 86%以上
疫病	真菌：韭菜疫霉菌	土壤病残体、风雨	高湿，气温 26℃～32℃

（续）

病虫害名称	病原或害虫类别	传播途径	有利发生条件
锈病	真菌：葱柄锈菌	气流	天气温暖湿度高，露多雾大或种植过密、氮肥过多、钾肥不足
韭蛆	双翅目，蕈蚊科	成虫短距离迁飞	温暖潮湿

附录4　NY/T 744—2003　绿色食品葱蒜类蔬菜

1　范围

本标准规定了绿色食品葱蒜类蔬菜的要求、试验方法、检验规则、标志、包装、运输和贮存等。

本标准适用于绿色食品葱蒜类蔬菜。

2　规范性引用文件

下列文件中的条款通过本标准的引用而成为本标准的条款。凡是注日期的引用文件，其随后所有的修改单（不包括勘误的内容）或修订版均不适用于本标准，然而，鼓励根据本标准达成协议的各方研究是否可使用这些文件的最新版本。凡是不注日期的引用文件，其最新版本适用于本标准。

GB/T 5009.11　食品中总砷及无机砷的测定

GB/T 5009.12　食品中铅的测定

GB/T 5009.15　食品中镉的测定

GB/T 5009.17　食品中总汞及有机汞的测定

GB/T 5009.18　食品氟中的测定

GB/T 5009.20　食品中有机磷农药残留量的测定

GB/T 5009.105　黄瓜中百菌清残留量的测定

GB/T 5009.110　　植物性食品中氯氰菊酯、氰戊菊酯和溴
氰菊酯残留量的测定

　　GB/T 5009.188　　蔬菜、水果中甲基托布津、多菌灵的测定

　　GB/T 6195　　水果、蔬菜维生素 C 含量测定方法（2，6-二
氯靛酚滴定法）

　　GB/T 8855　　新鲜水果和蔬菜的取样方法

　　GB/T 15401　　水果、蔬菜及其制品　亚硝酸盐和硝酸盐含
量的测定

　　NY/T 391　　绿色食品　产地环境技术条件

　　NY/T 655　　绿色食品　茄果类蔬菜

　　NY/T 658　　绿色食品　包装通用准则

3　术语和定义

　　NY/T 655 确立的术语和定义适用于本标准。

4　要求

4.1　环境

　　产地环境条件应符合 NY/T 391 的要求。

4.2　感官

　　感官应符合表 1 的规定。

表 1　绿色食品绿叶类蔬菜感官要求

品　　　质	规　　　格	限　　　度
1. 同一品种或相似品种，成熟适度，色泽正，新鲜、果面清洁 2. 无腐烂、畸形、异味、发芽、抽薹、散瓣、冷害、冻害、病虫害及机械伤	同规格的样品其整齐应≥90%	每批样品中不符合品质要求的样品按质量计总不合格率不应超过5%
注：腐烂、异味和病虫害为主要缺陷。		

4.3　营养指标

营养指标应符合表 2 的要求。

表 2　绿色食品绿叶类蔬菜营养指标

单位为毫克每百克

项　目	韭菜	洋葱	葱	大蒜
维生素 C	≥20	≥5	≥15	≥5

注：本标准中的指标仅作参考，不作为判定依据。

4.4　卫生指标

卫生指标应符合表 3 的要求。

表 3　绿色食品绿叶类蔬菜卫生指标

单位为毫克每千克

序　号	项　目	指　标
1	砷（以 As 计）	≤0.2
2	汞（以 Hg 计）	≤0.01
3	铅（以 Pb 计）	≤0.1
4	镉（以 Cd 计）	≤0.05
5	氟（以 F 计）	≤0.5
6	乙酰甲胺磷（acephate）	≤0.02
7	乐果（dimethoate）	≤1
8	毒死蜱（chlorpyrifos）	≤0.05
9	敌敌畏（dichlorvos）	≤0.1
10	氯氰菊酯（cypermethrin）	≤0.2
11	溴氰菊酯（deltamethrin）	≤0.1
12	氰戊菊酯（fenvalerate）	≤0.02
13	百菌清（chlorothalonil）	≤1
14	多菌灵（carbendazim）	≤0.1
15	亚硝酸盐（以 $NaNO_2$ 计）	≤2

注：其他农药参照《农药管理条例》和有关农药残留标准。

5 试验方法

5.1 感官要求的检测

5.1.1 按 GB/T 8855 的规定，随机抽取样品 2kg～3kg，用目测法进行品种特征、散瓣、发芽、清洁、腐烂、冻害、抽薹、病虫害及机械伤害等项目的检测。病虫害症状不明显而有怀疑者，应用刀剖开检测。

5.1.2 用台秤称量大蒜和洋葱样品的质量，用直尺测量韭菜样品株长，用直尺测量大葱样品从根部到最长假茎的距离，按下述方法计算整齐度：样品的平均质量乘以（1±8%）。

5.2 维生素 C 的检测

按 GB/T 6195 规定执行。

5.3 卫生指标的检测

5.3.1 砷

按 GB/T 5009.11 规定执行。

5.3.2 铅

按 GB/T 5009.12 规定执行。

5.3.3 镉

按 GB/T 5009.15 规定执行。

5.3.4 汞

按 GB/T 5009.17 规定执行。

5.3.5 氟

按 GB/T 5009.18 规定执行。

5.3.6 氯氰菊酯、溴氰菊酯、氰戊菊酯

按 GB/T 5009.110 规定执行。

5.3.7 乙酰甲胺磷、乐果、毒死蜱

按 GB/T 5009.20 规定执行。

5.3.8 百菌清

按 GB/T 5009.105 规定执行。

5.3.9　多菌灵

按 GB/T 5009.188 规定执行。

5.3.10　亚硝酸盐

按 GB/T 15401 规定执行。

6　检验规则

6.1　检验分类

6.1.1　型式检验

型式检验是对产品进行全面考核，即对本标准规定的全部要求进行检验。有下列情形之一者应进行型式检验：

　　a）申请绿色食品标志或进行绿色食品年度抽查检验；

　　b）国家质量监督机构或主管部门提出型式检验要求；

　　c）前后两次抽样检验结果差异较大；

　　d）生产环境发生较大变化。

6.1.2　交收检验

每批产品交收前，生产单位都要进行交收检验。交收检验内容包括感官、标志和包装。检验合格后并附合格证方可交收。

6.2　组批检验

同产地、同规格、同时采收的瓜类蔬菜作为一个检验批次。批发市场同产地、同规格的瓜类蔬菜作为一个检验批次。超市相同进货渠道的瓜类蔬菜作为一个检验批次。

6.3　抽样方法

按照 GB/T 8855 中的有关规定执行。

报验单填写的项目应与实货相符，凡与实货单不符，品种、规格混淆不清，包装容器严重损坏者。应由交货单位重新整理后再行抽样。

6.4　包装检验

按第 8 章的规定进行。

6.5 判定规则

6.5.1 每批受检样品抽样检验时，对不符合感官要求的样品做各项记录。如果一个样品同时出现多种缺陷，选择一种主要的缺陷，按一个残次品计算。不合格品的百分率按式（1）计算，计算结果精确到小数点后一位。

$$X = \frac{m_1}{m_2} \times 100\% \quad \cdots\cdots\cdots\cdots\cdots\cdots\cdots \quad (1)$$

式中：

X——单项不合格百分率；

m_1——单项不合格品的质量；

m_2——检验批次样本的总质量。

各单项不合格百分率之和即为总不合格百分率。

6.5.2 限度范围

每批受检样品，不合格率按其所检单位（如每箱、每袋）的平均值计算，其值不应超过所规定限度。

如同一批次某件样品不合格百分率超过规定的限度时，为避免不合格率变异幅度太大，规定如下：规定限度总计不超过5%者，则任一件包装不合格百分率的上限不应超过8%。

6.5.3 卫生指标有一项不合格，该批次产品为不合格。

6.5.4 复验

该批次样本标志、包装、净含量不合格者，允许生产单位进行整改后申请复验一次。感官和卫生指标检测不合格不进行复验。

7 标志

7.1 包装上应明确标明绿色食品标志。

7.2 每一包装上应标明产品名称、产品的标准编号、商标、生产单位（或企业）名称、详细地址、产地、规格、净含量和包装日期等，标志上的字迹应清晰、完整、准确。

8　包装、运输和贮存

8.1　包装

8.1.1　用于产品包装的容器如塑料箱、纸箱等应按产品的大小规格设计，同一规格应大小一致，整洁、干燥、牢固、透气、无污染、无异味，内壁无尖突物，无虫蛀、腐烂、霉变等，纸箱无受潮、离层现象。包装应符合：NY/T 658 的要求。

8.1.2　按产品的品种、规格分别包装，同一件包装内的产品应摆放整齐紧密。

8.1.3　每批产品所用的包装、单位质量应一致。

8.1.4　逐件称量抽取的样品。每件的净含量应不低于包装外标志的净含量。根据检测的结果，检查与包装外所示的规格是否一致。

8.2　运输

运输前应进行预冷。运输过程中注意防冻、防雨淋、防晒、通风散热。

8.3　贮存

8.3.1　贮存时应按品种、规格分别贮存。

8.3.2　贮存的适宜温度为：韭菜 0℃，大蒜－0.6℃～3℃，大葱 0℃～4℃，洋葱－0.3℃～3℃。贮存的适宜湿度为：韭菜 85%～90%，大蒜 65%～70%，大葱 85% 左右，洋葱 65%～70%。

8.3.3　库内堆码应保证气流均匀流通、不挤压。

主要参考文献

陈晓红，陈兰英．2008．香葱一年五茬无公害丰产栽培技术［J］．农技服务（7）．

程玉琴，等．2003．葱洋葱无公害高效栽培［M］．北京：金盾出版社．

崔凤珠．2007．金丝瓜—甜瓜—玉米—大葱高效立体栽培［J］．农民致富（2）：37．

丁广礼，王旭，李友星，等．2010．沿淮地区大棚分葱高产栽培技术［J］．农业科技通讯（11）．

段晓琪，李静芳．2004．南瓜复种韭葱高产高效栽培技术［J］．农业科技与信息（5）．

冯菊霞，王芳梅，张维利，等．2007．渭河沿岸分葱高产高效栽培技术［J］．中国农技推广（10）．

傅德明，毛禄国．2005．藠头优质高产栽培技术［J］．长江蔬菜（10）．

顾建红．2010．香葱高产栽培技术［J］．上海农业科技（2）．

顾业芹，高丹，姜跃文．2008．甘蓝、大葱高效栽培模式［J］．北京农业（5）下旬刊：23-24．

顾智章．2009．韭菜葱蒜栽培技术（第二次修订版）［M］．北京：金盾出版社．

韩振亚，等．2002．徐州四季薹韭及其高产栽培技术［J］．北京蔬菜（7）．

韩振亚．1998．徐州四季薹韭高产栽培技术［J］．长江蔬菜（1）．

胡莲生，蒋长富，徐东旭，等．2007．兴化香葱越夏栽培技术［J］．上海蔬菜（1）．

黄永根，王斌，余世祥，等．2009．浅析小香葱轮作栽培［J］．上海农业科技（5）．

李关发．2007．冬香葱—春花椰菜—秋大葱一年三茬高效栽培模式［J］．科学种养（5）．

李桂珍 . 2007. 小香葱无公害栽培技术〔J〕. 现代农业（3）.

李曙轩，等 . 1990. 34 种根茎类名特蔬菜栽培技术〔M〕. 北京：中国农业出版社 .

廖军华 . 2010. 菠菜收后复种韭葱高产栽培技术〔J〕. 宁夏农林科技（3）.

陆帼一，程智慧 . 2010. 大蒜高产栽培（第 2 版）〔M〕. 北京：金盾出版社 .

吕家龙 . 2001. 蔬菜栽培学各论（南方本）〔M〕. 北京：中国农业出版社 .

孟雷，韩振亚，等 . 2011. 葱蒜类蔬菜标准化生产实用新技术疑难解答〔M〕. 北京：中国农业出版社 .

苗明三 . 2001. 食疗中药药物学〔M〕. 北京：科学出版社 .

宁盛，陈亚君 . 2008. 薤（藠头）苗的立体软化栽培〔J〕. 中国蔬菜（4）.

潘复生，邱雪文 . 2004. 春萝卜—番茄—夏青菜—香葱周年高效栽培模式〔J〕. 长江蔬菜（2）.

潘俊勇，李凤海 . 2008. 北方韭葱无公害栽培技术〔J〕. 现代化农业（1）.

商鸿生，王凤葵 . 2002. 葱蒜类蔬菜病虫害诊断与防治原色图谱〔M〕. 北京：金盾出版社 .

沈倍峥，沈静，曹忠 . 2007. 米苋—春黄瓜—丝瓜—米苋—香葱周年高效栽培模式〔J〕. 长江蔬菜（8）.

沈火均，黎春刚，殷伯贤，等 . 2007. 番茄—香葱—芹菜高效设施栽培技术〔J〕. 上海蔬菜（6）.

沈庆法 . 2000. 中医食疗学〔M〕. 上海：上海科学技术文献出版社 .

汤伟，王宜昌，袁士涛，等 . 2008. 大棚西瓜、大葱一年两作三收高产栽培技术〔J〕. 农技服务，25（6）：35 - 36，38.

汪兴汉，张爱民 . 2005. 葱蒜类蔬菜生产关键技术百问百答〔M〕. 北京：中国农业出版社 .

王兵，张朝辉，王顺利 . 2010. 冬小麦—芹菜—大葱 2 年 3 茬高效栽培模式〔J〕. 中国瓜菜，23（6）：52 - 53.

王惠娟 . 2008. 大棚苋菜—甜玉米—香葱—香葱—香葱一年五茬栽培模式〔J〕. 上海蔬菜（4）.

王昆，等 . 2004. 大蒜栽培与病虫草害防治技术〔M〕. 北京：中国农业出版社 .

王昆 . 1997. 大蒜高效栽培与贮藏加工〔M〕. 北京：科学普及出版社 .

王铁忠.2005.韭葱高产栽培方法〔J〕.农民致富之友（4）.

王文梅.2010.药用蔬菜分葱高效栽培技术〔J〕.南方农业（3）.

韦运和，管卫兵，邹秀梅，等.2008.苏北沿海地区韭葱高产栽培技术〔J〕.上海蔬菜（2）.

文振祥.2010.高寒地区章丘大葱—大白菜丰产栽培模式及效益分析〔J〕.农技服务，27（7）.

邢振铎.2000.最新蔬菜病虫防治实用技术〔M〕.徐州：中国矿业大学出版社.

闫森森，张芬，郭得平.2008.浙江省藠头的高产栽培技术〔J〕.长江蔬菜（7）.

杨光芬，等.2001.葱蒜茄果类蔬菜施肥技术〔M〕.北京：金盾出版社.

杨俊昊，张兴家，杜春来，等.2010.马铃薯复种大葱高效栽培技术〔J〕.现代农业（2）.

杨泽敏.2005.藠头高产栽培技术〔J〕.现代种业（6）.

杨增文.2011.珍珠玉藠头无公害栽培技术〔J〕.云南农业（2）.

余德明，董恩省，李锦康，等.2009.威宁分葱高产栽培技术〔J〕.农技服务（4）.

张路，李强.2002.草莓—白菜—大葱三种三收栽培技术〔J〕.北京农业（8）：5.

张培芳，张朝阳，田耀辉，等.2008.陇南名特产楼葱栽培技术〔J〕.中国蔬菜（6）.

张全志.2000.种子管理全书〔M〕.北京：科学技术出版社.

张绍文，等.2003.大蒜韭菜无公害高效栽培〔M〕.北京：金盾出版社.

张献平，赵洪.2002.鲜食甜玉米、大葱栽培模式〔J〕.上海农业科技（4）：72-73.

张真和，李建伟.2002.无公害蔬菜生产技术〔M〕.北京：中国农业出版社.

赵立宏.2011.香葱优质高产高效栽培技术〔J〕.现代园艺（3）.

赵守桂，华小平，沈军，等.2005.薤优质高产栽培技术〔J〕.上海蔬菜（3）.

郑卫红，卫计运.2008.无公害韭葱栽培技术要点〔J〕.中国农技推广（12）.

中国农业百科全书编委会 . 2010. 中国农业百科全书：蔬菜卷 [M] . 北京：中国农业出版社 .

中国农业科学院蔬菜花卉研究所 . 2010. 中国蔬菜栽培学 [M] . 中国农业出版社 .

周翠英 . 2011. 香葱周年无公害高效栽培 [J] . 吉林蔬菜 （3） .

周华光，张仁杰，陈炯斐，等 . 2007. 薤头无公害栽培技术 [J] . 上海农业科技 （6） .

图书在版编目（CIP）数据

葱蒜类蔬菜生产配套技术手册/张爱民等编著．—
北京：中国农业出版社，2012.1
（新编农技员丛书）
ISBN 978-7-109-16206-8

Ⅰ.①葱…　Ⅱ.①张…　Ⅲ.①鳞茎类蔬菜－蔬菜园艺
－技术手册　Ⅳ.①S633-62

中国版本图书馆CIP数据核字（2011）第217696号

中国农业出版社出版
（北京市朝阳区农展馆北路2号）
（邮政编码100125）
责任编辑　贺志清

北京中兴印刷有限公司印刷　新华书店北京发行所发行
2012年6月第1版　2012年6月北京第1次印刷

开本：850mm×1168mm 1/32　印张：11.75　插页：2
字数：292千字　印数：1～6 000册
定价：24.50元
（凡本版图书出现印刷、装订错误，请向出版社发行部调换）

彩图1 地膜大蒜

彩图2 地膜洋葱

彩图3 四季薹韭采种田

彩图4 四季薹韭生产田

彩图5 大蒜外层型二次生长株与正常株
　　　比较（陆帼一等摄）

彩图6 大蒜内层型二次生长株与正常株比
　　　较（陆帼一等摄）

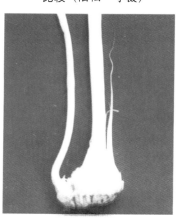

彩图7 大蒜外层型和内层型二次
　　　生长株（陆帼一等摄）

彩图8 韭菜灰霉病病叶

彩图10 韭蛆幼虫

彩图9 韭菜疫病病叶

彩图11 葱蓟马危害状

彩图12 大蒜白腐病病株（陆恫一等摄）

彩图13 徐州白蒜

彩图14 徐州白蒜成株

彩图15 徐州白蒜田间长相

彩图16 徐州四季薹韭

彩图18 洋葱品种——丰金黄大玉葱

彩图17 洋葱苗期长相

彩图19 紫皮蒜